LABORATÓRIO DE MECÂNICA DOS SOLOS
ENSAIOS ESPECIAIS

Roberta B. Boszczowski
organizadora

Grafia atualizada conforme o Acordo Ortográfico da Língua Portuguesa de 1990, em vigor no Brasil desde 2009.

Capa e projeto gráfico Malu Vallim
Diagramação Victor Azevedo
Preparação de figuras Victor Azevedo
Preparação de textos Natália Pinheiro
Revisão de textos Anna B. Fernandes
Impressão e acabamento Mundial gráfica

Dados Internacionais de Catalogação na Publicação (CIP)
(Câmara Brasileira do Livro, SP, Brasil)

Laboratório de mecânica dos solos / Roberta Bomfim Boszczowski...[et al.]. -- São Paulo : Oficina de Textos, 2023.
Outros autores: Lucas Ghion Zorzan, Carla Vieira Pontes, Isabela Grossi da Silva, Michelle Lima Rodrigues

ISBN 978-65-86235-89-0

1. Engenharia civil (Geotecnia) 2. Mecânica do solo 3. Rochas I. Boszczowski, Roberta B. II. Zorzan, Lucas Ghion. III. Pontes, Carla Vieira. IV. Silva, Isabela Grossi da. V. Rodrigues, Michelle Lima.

23-145850 CDD-624

Índices para catálogo sistemático:
1. Engenharia civil 624
Eliane de Freitas Leite - Bibliotecária - CRB 8/8415

Rua Cubatão, 798
CEP 04013-003 São Paulo SP
tel. (11) 3085 7933
www.ofitexto.com.br atendimento@ofitexto.com.br

Sobre os autores

Roberta Bomfim Boszczowski

Desde a graduação Roberta está "dentro" de um laboratório de solos, inicialmente como estagiária da Companhia Paranaense de Energia (Copel) no Laboratório de Materiais e Estruturas (LaME) da Universidade Federal do Paraná (UFPR) e, na sequência, como bolsista de iniciação científica no mesmo laboratório. O mestrado na Pontifícia Universidade Católica do Rio de Janeiro (PUC-Rio) também foi de desenvolvimento laboratorial, com determinação da tensão lateral de argilas sobreadensadas, e o doutorado em solos não saturados, na mesma universidade, trouxe-lhe novos desafios nos ensaios. Entre 2001 e 2010, foi pesquisadora no Instituto de Tecnologia para o Desenvolvimento (Lactec), atuando sempre no campo de Engenharia de Solos, participando de pesquisas e ensaios relacionados a geração, transmissão e distribuição de energia em áreas como barragens, instrumentação, melhoramento de solos e fundações. Entre 2010 e 2011, trabalhou na Fugro, coordenando o laboratório de solos. Professora da UFPR desde 2011, atua na graduação e na extensão, lecionando disciplinas de Introdução à Engenharia Geotécnica, Mecânica dos Solos, Laboratório de Geotecnia, Obras Geotécnicas, Engenharia de Fundações e Geotecnia Ambiental.

Lucas Ghion Zorzan

Engenheiro Civil pela Universidade Federal do Paraná (UFPR), desde o primeiro contato com a Geotecnia tem-se envolvido em atividades no laboratório de solos. Começou sua trajetória em um projeto de iniciação científica de recuperação de margens degradadas utilizando técnicas de Engenharia Natural. Como essas obras utilizam plantas vivas com função estrutural, o papel do solo é importante do ponto de vista biológico, mas a questão geotécnica sempre foi o que mais lhe atraiu. Dos ensaios de caracterização aos de resistência, procurou evoluir no entendimento de procedimentos e práticas de laboratório, bem como auxiliar na reestruturação dos laboratórios de Geotecnia da UFPR. Em seu trabalho final de curso, estudou a resistência dos solos com foco nos diferentes ensaios utilizados na sua determinação. Entre 2018 e 2020, trabalhou no laboratório de ensaios especiais da Fugro. Atualmente, trabalha como engenheiro geotécnico na VLB Engenharia, projetista de obras de infraestrutura, energia e mineração, prescrevendo e interpretando ensaios de laboratório dos mais diversos tipos. Na academia, é mestrando em Engenharia Geotécnica na Pontifícia Universidade Católica do Rio de Janeiro (PUC-Rio), e pesquisa sobre métodos numéricos em Geotecnia e modelagem numérica de barragens de mineração.

Carla Vieira Pontes

Engenheira Civil pela Universidade Federal do Paraná (UFPR) e atualmente mestranda em Engenharia Geotécnica na Pontifícia Universidade Católica do Rio de Janeiro (PUC-Rio). Admiradora de Geotecnia desde a primeira disciplina cursada na área, iniciou sua participação em projetos de ensino e extensão do Grupo de Estudos em Geotecnia (GEGEO) da UFPR em 2017. Estagiou em projeto de pesquisa de gestão de riscos de taludes rodoviários no Programa de Pós-Graduação em Engenharia de Construção Civil. No trabalho final de curso, mapeou riscos geológico-geotécnicos em uma comunidade socioeconomicamente vulnerável e analisou a suscetibilidade dos seus taludes à ruptura. Foi estagiária e, depois, trabalhou como *trainee* de engenharia na Egel Engenharia, em projetos de obras geotécnicas para empreendimentos de saneamento e prediais.

Isabela Grossi da Silva

Formada em Engenharia Civil pela Universidade Federal do Paraná (UFPR) em 2018, com mestrado em Geotecnia pela mesma instituição. Desde o início da graduação, a Geotecnia sempre lhe chamou atenção e, em 2016, participou da criação do Grupo de Estudos de Geotecnia (GEGEO-UFPR), no qual atuou até a saída da universidade. Atualmente, trabalha na área de Geotecnia pela empresa G5 Engenharia, e compreende a importância de entender os ensaios de laboratório para solicitá-los em investigação, interpretá-los, conhecer seus usos e limitações. A autora espera que este livro auxilie os profissionais da área em relação ao tópico de ensaios de laboratório em solo, para que a cultura de investigação do solo seja cada vez mais difundida e utilizada nas obras, diminuindo as incertezas em análises numéricas, interpretações de comportamento de instrumentação, entre outros.

Michelle Lima Rodrigues

Engenheira Civil pela Universidade Federal do Paraná (UFPR) e mestranda do Programa de Pós-Graduação de Engenharia de Recursos Hídricos e Ambiental da mesma universidade, atualmente é residente técnica na Divisão de Licenciamento Estratégico do Instituto Água e Terra (IAT), órgão ambiental do Paraná. Em 2017, ingressou no Grupo de Estudos em Geotecnia (GEGEO-UFPR), e participou no projeto de extensão "GeoPrevenção", voltado a democratizar o conhecimento sobre os mecanismos e consequências de desastres ambientais. No mesmo ano, iniciou os estudos e pesquisas sobre ensaios geotécnicos para o desenvolvimento deste livro. Ainda na área de Geotecnia, em 2020 estagiou na empresa TechSolum Engenharia, trabalhando em projetos de pilhas de disposição de rejeito e estéril.

Agradecimentos

Muitos foram os que contribuíram para tornar possível a publicação deste livro. Inicialmente, os autores agradecem aos colaboradores do Grupo de Estudos em Geotecnia da Universidade Federal do Paraná (GEGEO-UFPR), pelo tempo e dedicação no auxílio à elaboração de alguns dos capítulos que compõem esta obra, tanto na escrita do texto quanto nos trabalhos de laboratório para criação de procedimentos, treinamentos, fotografias e resultados que são aqui apresentados. Em ordem alfabética: Damille Pacheco, Isabela Maria Nicaretta, Jordana Furman, Kemmylle Sanny Ferreira, Letícia Maria Oenning, Thiago da Silva Ribeiro e Victória Torres Rafael.

Agradecemos à equipe do laboratório de solos da Fugro *in situ* Geotecnia (Curitiba, PR), em especial Monica Priscilla Hernandez Moncada e José Henrique Ferronato Pretto, pelas visitas que forneceram subsídio para o aprofundamento das abordagens em termos de procedimentos para realização de ensaios de laboratório.

À UFPR, pelo financiamento de equipamentos e bens de consumo dos laboratórios de Geotecnia do Departamento de Construção Civil, Setor de Tecnologia.

Aos antigos e atuais professores da área de Geotecnia da UFPR, cuja colaboração ultrapassa as barreiras deste livro, mas com certeza permitiu sua realização. Em especial, aos professores Alessander Morales Kormann e Paulo Roberto Chamecki, cujos trabalhos forneceram os dados dos solos da Formação Guabirotuba que ilustram muitos dos exemplos de ensaios, e à professora Larissa Passini, que muito contribuiu na revisão dos capítulos e formatação do texto.

A todos os pesquisadores aqui mencionados que contribuíram para a consolidação do conhecimento geotécnico não somente regionalmente, no Estado do Paraná, como também a nível nacional.

Apresentação

O livro *Laboratório de Mecânica dos Solos* é uma iniciativa do Grupo de Estudos em Geotecnia da Universidade Federal do Paraná (GEGEO-UFPR). As atividades e os projetos desenvolvidos pelo GEGEO são guiados pela tríade ensino, pesquisa e extensão, buscando contribuir para a formação profissional e cidadã dos seus integrantes para além da sala de aula. Hoje, o GEGEO é um Programa de Extensão da UFPR.

A motivação para escrever surgiu da dificuldade de encontrar referências para subsidiar os estudos de ensaios de laboratório de solos além das normas técnicas. Começou com o intuito de elaborar boas planilhas e procedimentos de ensaios, evoluiu para a ideia de apostila e culminou com a produção deste livro.

Esperamos que esta publicação seja útil para o desenvolvimento dos futuros engenheiros brasileiros, em especial os engenheiros geotécnicos, e que possa ser referência nos laboratórios de Geotecnia e nas salas de aula.

Grupo de Estudos em Geotecnia (GEGEO)

Prefácio

Já faz algum tempo que a Engenharia Geotécnica está incluída entre os principais objetos do curso de Engenharia Civil. Afinal, o solo encontra-se em todas as obras civis, seja como material de construção ou suporte da fundação, e as disciplinas relacionadas ao solo são ministradas aos alunos em todo o currículo profissionalizante do curso. E não é só na Engenharia Civil que a Geotecnia se mostra importante: também é abordada nos cursos de Geologia, Engenharia Ambiental, Engenharia Sanitária e Engenharia de Produção.

A solução de problemas de Geotecnia inicia-se com a caracterização do material. Sem uma descrição adequada do solo, a solução não será satisfatória, por melhores que sejam os processos e tecnologias utilizados.

Os conceitos básicos de mecânica dos solos e caracterização geotécnica são introdutórios ao estudo da Geotecnia. Há uma lista de boas obras disponíveis no mercado sobre esses temas, mas a caracterização em laboratório ainda carece de um livro didático sobre o assunto.

Com o objetivo de ter um material para as aulas, este livro começou a ser escrito. Aos poucos, vimos que tínhamos muita informação sobre o laboratório, mas também sobre os solos regionais de Curitiba, produto de algumas teses e dissertações de colegas da UFPR que levantavam interesse de outros colegas engenheiros.

Dessa forma, esta obra trata dos ensaios especiais de solo, prescrevendo as práticas laboratoriais de caracterização hidráulica, compressibilidade e colapsibilidade, e resistência. Também apresentamos os métodos de ensaio de caracterização geotécnica em laboratório e os resultados e valores médios para os nossos solos regionais: Formação Guabirotuba e solos residuais de granito/gnaisse da Bacia de Curitiba.

Pretende-se que o livro sirva de consulta para os nossos alunos de Engenharia e colegas engenheiros.

Roberta Bomfim Boszczowski

Lista de siglas e símbolos

A Área de seção transversal
a Área da bureta
ABNT Associação Brasileira de Normas Técnicas
ASTM *American Society for Testing and Materials*
a_v Coeficiente de compressibilidade
BS British Standard
c' Intercepto coesivo efetivo
Cc Índice de compressão
Cr Índice de recompressão
Cs Índice de expansão
c_v Coeficiente de adensamento
C_v Compressibilidade do fluido dos vazios
c_{vi} Coeficiente de adensamento isotrópico
C Coeficiente de adensamento secundário
D Diâmetro
DNER Departamento Nacional de Estradas e Rodagem
E Grau de expansão
e Índice de vazios
G Módulo de rigidez
G_s Peso especifico relativo das partículas solidas
H Altura de corpo de prova
h Carga hidráulica
i Gradiente hidráulico
$i_{crítico}$ Gradiente hidráulico crítico
ISO *International Organization for Standardization*
k Coeficiente de empuxo
k Condutividade hidráulica ou coeficiente de permeabilidade
k_0 Coeficiente de empuxo no repouso
k_h Coeficiente de permeabilidade horizontal
k_v Coeficiente de permeabilidade vertical
L Largura
M Massa
M_s Massa seca
M_u Massa úmida
m_v Coeficiente de compressibilidade volumétrica

N	Força normal
n	Porosidade do solo
OCR	*Overconsolidation Ratio* (Razão de Pré-Adensamento)
S	Grau de saturação
SF	Fator adimensional relacionado a forma dos grãos
S_u	Resistência ao cisalhamento não drenada
T	Força tangencial
t	Tempo
U	Grau de adensamento
u	Poropressão
V	Volume
v_f	Velocidade de ruptura
v_s	Velocidade de percolação
w	Teor de umidade gravimétrica
γ_d	Peso especifico aparente seco
γ	Deformação cisalhante ou distorção angular
γ_n	Peso específico aparente
γ_{sub}	Peso específico submerso do solo
γ_w	Peso específico da água
σ_h	Deslocamento horizontal
σ_v	Deslocamento vertical
ε	Deformação axial
ε_a	Deformação axial específica
ε_v	Deformação volumétrica
$\varepsilon_{v,a}$	Deformação volumétrica específica
θ	Teor de umidade volumétrica
ρ	Massa específica aparente
ρ_d	Massa específica aparente seca
ρ_w	Massa específica da água
σ	Tensão total normal
σ'	Tensão efetiva
σ'_v	Tensão vertical efetiva
σ'_{vm}	Tensão de pré-adensamento
σ_1	Tensão principal maior total
σ_2	Tensão principal intermediária total
σ_3	Tensão principal menor total ou tensão confinante
σ_{cn}	Tensão de pré-consolidação virtual do solo na umidade natural
σ_{cs}	Tensão de pré-consolidação virtual do solo inundado
σ_d	Tensão desviadora
σ_{vo}	Tensão vertical devido ao peso próprio do solo em campo
τ	Tensão tangencial ou cisalhante
τ_a	Tensão cisalhante inicial
τ_{cy}	Tensão cisalhante cíclica
ϕ'	Ângulo de atrito efetivo interno
ψ	Sucção matricial

Sumário

1 Caracterização hidráulica dos solos ... 15
1.1 Ensaios de permeabilidade ... 17
1.2 Ensaio de sucção ... 49
1.3 O que aprendemos neste capítulo? ... 62

2 Compressibilidade e colapsibilidade ... 63
2.1 Conceitos fundamentais ... 64
2.2 Ensaios de compressibilidade ... 65
2.3 Colapsibilidade ... 92
2.4 Pressão de expansão ... 94
2.5 Adensamento hidráulico (HCT) ... 95
2.6 O que aprendemos neste capítulo? ... 100

3 Cisalhamento direto e cisalhamento direto simples ... 101
3.1 Cisalhamento direto ... 102
3.2 Cisalhamento direto simples (DSS) ... 121
3.3 O que aprendemos neste capítulo? ... 140

4 Ensaios triaxiais ... 141
4.1 Conceitos fundamentais ... 142
4.2 Modalidades de ensaios triaxiais ... 153
4.3 Normas ... 155
4.4 Equipamentos, materiais e acessórios ... 156
4.5 Processo executivo ... 162
4.6 Ensaios triaxiais convencionais ... 179
4.7 Ensaio para determinação do K_0 ... 187
4.8 Cálculos e resultados ... 191
4.9 O que aprendemos neste capítulo? ... 225

5 Aspectos da calibração de instrumentos de laboratório 227
5.1 Princípios da calibração 227
5.2 Calibração de instrumentos mecânicos 229
5.3 Calibração de instrumentos eletrônicos 230
5.4 Calibração de medidores de volume 232

Referências bibliográficas 233

Material complementar
Disponível na página do livro
<http://www.ofitexto.com.br/laboratorio-mecanica-solos/p>

Caracterização hidráulica dos solos

1

Dos parâmetros do solo com interesse para a Engenharia, o coeficiente de permeabilidade é o que apresenta a maior gama de valores: pode variar até um bilhão de vezes na faixa de solos usuais. Por essa razão, a permeabilidade de um solo por muitas vezes é definida apenas por sua ordem de grandeza (potência de 10), importando em menor medida o seu valor numérico. Definida como a propriedade que representa a maior ou menor dificuldade com que a percolação de um fluido ocorre através dos vazios do solo, a permeabilidade é bastante útil no cálculo das vazões em barragens, na análise de recalques, nos estudos de estabilidade de taludes e estruturas de contenção e no rebaixamento do lençol freático. Como consenso, cinco características influenciam a permeabilidade de um solo, sendo elas: (i) tamanho das partículas, (ii) estrutura das partículas, (iii) composição mineralógica, (iv) índice de vazios e (v) grau de saturação.

Em uma massa de solo, todos os vazios estão conectados entre si, mesmo nas argilas, cujas partículas se encontram muito próximas umas das outras. Uma vez que há essa conexão, a água ou qualquer outro fluido neles existente flui segundo uma trajetória, a depender da diferença de potencial total entre dois pontos. A constante experimental que define esse fluxo é o coeficiente de permeabilidade (k), algumas vezes denominado coeficiente de Darcy. Sua utilização é válida para a maioria dos casos de escoamento em solos, com exceção de movimentos com velocidades elevadas.

A determinação da permeabilidade de um solo pode ser realizada por meio de ensaios de campo e de laboratório. A condução dos procedimentos laboratoriais é relativamente mais fácil; porém, questões relacionadas à amostragem, ao transporte e ao armazenamento demandam atenção especial para permitir bons resultados. Mesmo assim, os ensaios de laboratório permitem relacionar a permeabilidade do solo ao índice de vazios e podem ser complementares aos estudos de campo.

Em geral, podem-se utilizar permeâmetros de parede rígida ou de parede flexível. Entre os de parede rígida, podem-se destacar o tipo de molde de compactação, o tubo amostrador (*shelby*) e até mesmo uma célula de adensamento. O permeâmetro de parede flexível consiste basicamente de um corpo de prova envolvido por uma membrana impermeável e confinado em uma câmara triaxial. Quanto à metodologia de ensaio, podem-se empregar ensaios à carga constante, para solos granulares, ou à carga variável, para solos de baixa permeabilidade.

Aplica-se o primeiro método, à carga constante, para solos granulares saturados com coeficiente de permeabilidade superior a 10^{-5} m/s (10^{-3} cm/s), utilizando os princípios da lei de Darcy. O segundo método, à carga variável, é aplicável para solos saturados com coeficiente de permeabilidade inferior a 10^{-5} m/s. Quando o coeficiente de permeabilidade do solo é muito baixo, a determinação desse parâmetro é mais precisa pelo permeâmetro de carga variável, que pressupõe a existência de proporcionalidade direta entre as velocidades de fluxo e os gradientes hidráulicos, ou seja, escoamento laminar. No entanto, a diferença de carga que provoca o fluxo não é constante. Em ambos os ensaios se admite também a continuidade do escoamento, sem variações de volume de solo e grau de saturação do corpo de prova durante o ensaio.

Na área dos solos não saturados, a sua principal propriedade hidráulica é denominada sucção. A sucção é uma medida que determina a diferença de tensão nos vazios compostos por ar e água presentes no solo. Dessa forma, a variação da sucção com o teor de umidade – ou seja, a curva característica de retenção de umidade dos solos – é utilizada em estudos que envolvem o acoplamento hidromecânico em solos não saturados, análises de infiltração de água e estabilidade de encostas.

Entre as técnicas de medição da sucção em laboratório, podem-se citar o funil de pedra porosa, a câmara de pressão e o equilíbrio de fase vapor e a técnica do papel-filtro. Esta última consiste na colocação de um papel-filtro diretamente sobre o solo até que haja o equilíbrio das sucções do papel e do material analisado. Calibra-se o volume da água no papel-filtro com a sucção do solo por meio das curvas de calibração.

A técnica do papel-filtro permite medir a sucção matricial e a sucção total, dependendo apenas da existência do contato direto entre o papel e a amostra de solo. A sucção matricial é medida quando o fluxo ocorre por capilaridade, através do contato direto entre as partículas do solo e o papel, pois apenas tensões capilares são vencidas nesse processo. A sucção total, por sua vez, é medida quando o fluxo ocorre em forma de vapor, sem contato direto entre o solo e o material poroso, já que são vencidas as forças osmóticas e capilares, as quais retêm a molécula de água.

Nas seções seguintes serão apresentados os ensaios para a determinação do coeficiente de permeabilidade dos solos em laboratório e o ensaio com o papel-filtro para a determinação da variação dos valores de sucção dos solos com o grau de saturação, assim como os conceitos fundamentais de permeabilidade e condutividade hidráulica em meios saturados e fluxo de água nos meios não saturados.

1.1 Ensaios de permeabilidade

1.1.1 Lei de Darcy

Os métodos para determinação do coeficiente de condutividade hidráulica têm sua fundamentação teórica embasada e validada pela lei de Darcy. Em 1856, Henry Darcy conduziu na França um experimento clássico para analisar as propriedades do fluxo da água em um filtro de areia. O autor utilizou uma configuração experimental semelhante à apresentada na Fig. 1.1, e verificou que a vazão variava proporcionalmente com a diferença de carga hidráulica e a seção transversal à direção do fluxo, mas em proporção inversa ao comprimento do corpo de prova. Com essas observações experimentais, Darcy desenvolveu a lei que hoje leva seu nome – uma equação que considera os fatores geométricos e físicos que influenciam a vazão da água, como apresentado nas Eqs. 1.1 e 1.2.

$$Q = kiA \quad (1.1)$$

$$i = \frac{\Delta h}{L} \quad (1.2)$$

em que:
Q = vazão (m^3/s);
k = condutividade hidráulica (m/s);
A = área transversal do corpo de prova (m^2);
i = gradiente hidráulico (m/m);
Δh = altura de carga dissipada na percolação (m);
L = distância ao longo da qual a carga se dissipa (m).

A condutividade hidráulica indica a velocidade de percolação da água quando o gradiente hidráulico é igual a 1. A unidade de medida, no sistema internacional, é m/s, sendo usual também sua apresentação em cm/s. Como o valor para os solos é muito baixo, se expressa, no geral, em potência de 10.

Como os ensaios de permeabilidade são realizados utilizando os conceitos da lei de Darcy, algumas características devem ser mantidas, tais como: fluxo continuo, ou seja, sem variações de volume do corpo de prova durante o ensaio; amostra em condição de saturação total; e existência de proporcionalidade direta entre as velocidades de fluxo e os gradientes hidráulicos, isto é, regime de escoamento laminar. O gradiente hidráulico, diretamente relacionado à carga hidráulica que gera o fluxo no solo, pode se apresentar variável ou constante.

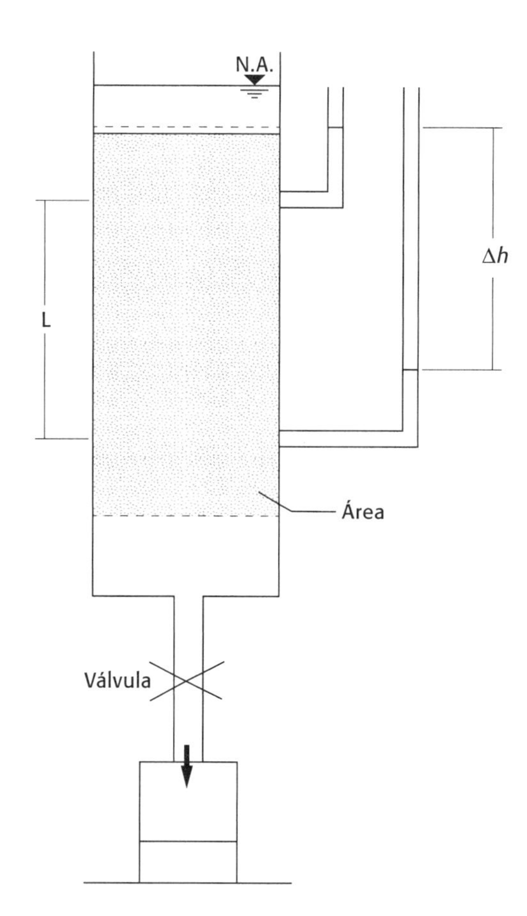

Fig. 1.1 *Permeâmetro de carga constante, semelhante ao utilizado por Henry Darcy*
Fonte: adaptado de Cedergren (1967 apud *Romanel, 2020).*

1.1.2 Permeabilidade e condutividade hidráulica

A permeabilidade de um solo diferencia-se da condutividade hidráulica por se tratar de uma característica também do meio em que ocorre o escoamento. Há influência de diversas e complexas variáveis, além daquelas estudadas por Darcy em seus experimentos de condutividade. Um dos meios de separar a influência do fluido e do sólido no escoamento é utilizando o coeficiente de permeabilidade intrínseca (K), uma medida em relação ao ar com unidade de área e largamente empregada em problemas de fluxo multifásico. O cálculo de K e sua relação com o coeficiente de permeabilidade são apresentados na Eq. 1.3.

$$K = k \frac{\mu_w}{\gamma_w} \qquad (1.3)$$

em que:
K = coeficiente de permeabilidade intrínseca (cm²);
k = coeficiente de permeabilidade de Darcy (cm/s);
μ_w = viscosidade dinâmica da água (milipoises = 10^{-3} g/(cm · s));
γ_w = peso específico da água (kN/m³).

1.1.3 Valores típicos para o coeficiente de permeabilidade

A granulometria é o fator mais relevante para a permeabilidade de um solo. Por essa razão, costuma-se classificar o tipo de solo de acordo com seu coeficiente de permeabilidade (Tab. 1.1), permitindo a avaliação crítica dos resultados obtidos em laboratório. Embora tal classificação seja bastante útil, ressalta-se que a permeabilidade é influenciada também pelo índice de vazios, pela estrutura do solo e sua composição mineralógica, bem como pelo grau de saturação.

Tab. 1.1 Valores típicos do coeficiente de permeabilidade para solos sedimentares

Tipo de solo	k (m/s)	Grau de permeabilidade
Pedregulhos limpos	$> 10^{-2}$	Alto
Areia grossa	10^{-2} a 10^{-3}	Alto
Areia média	10^{-3} a 10^{-4}	Médio
Areia fina	10^{-4} a 10^{-5}	Médio
Areia siltosa	10^{-5} a 10^{-6}	Baixo
Siltes	10^{-6} a 10^{-8}	Muito baixo
Argilas	10^{-8} a 10^{-10}	Muito baixo a praticamente impermeável

Fonte: Fernandes (2016).

Algumas expressões empíricas podem ser úteis para a estimativa do coeficiente de permeabilidade, permitindo delimitar uma ordem de grandeza para os valores obtidos em ensaios de laboratório. A Eq. 1.4 foi proposta por Hazen para areia de filtro, limpa e fofa.

$$k = 100\, D_{10^2} \qquad (1.4)$$

em que:
k = coeficiente de permeabilidade (cm/s);
D_{10} = diâmetro efetivo do solo (cm).

A equação de Hazen é essencialmente empírica, devendo ser utilizada com cautela e apenas nas situações para as quais foi desenvolvida. Já a Eq. 1.5, proposta por Konezy-Carman, apresenta um desenvolvimento mais elaborado quanto ao fluxo em meios porosos, levando em consideração os parâmetros do fluido, a superfície específica das partículas (Eq. 1.6), as características do meio e a forma dos grãos.

$$k = 2 \cdot 10^6 \left(\frac{1}{S_0} \right)^2 \frac{e}{1+e} \tag{1.5}$$

$$S_0 = SF \sum_{i=l}^{n} \frac{f_i}{D_{I,M}^{0,595} \cdot D_{i,m}^{0,405}} \tag{1.6}$$

em que:
k = coeficiente de permeabilidade (m/s);
S_0 = superfície exterior das partículas por unidade de volume (m^{-1});
e = índice de vazios;
f_i = porcentagem (algébrica) de partículas entre duas peneiras consecutivas no trecho genérico i da curva granulométrica, admitida linear nesse trecho;
$D_{I,M}$ e $D_{i,m}$ = maior e menor diâmetro (em m), respectivamente, no trecho genérico i da curva granulométrica;
SF = fator adimensional que depende da forma dos grãos, situando-se no intervalo de 6 a 8, sendo o limite inferior para partículas esféricas e o superior, para angulosas.

As expressões empíricas apresentadas não são, de modo geral, aplicáveis a solos argilosos. Nesses solos, a característica dos grãos e o modo como eles se agrupam tornam difícil relacionar suas dimensões com o tamanho dos poros. Ainda, o fator que mais afeta a permeabilidade nesses solos finos é a composição mineralógica, pois o movimento da água depende das forças eletroquímicas, além das gravitacionais. Por exemplo, quando o sódio é o íon intercambiável, a permeabilidade é bastante reduzida, como no caso das montmorillonitas sódicas. De modo geral, quanto maior a atividade de uma argila, menor seu coeficiente de permeabilidade.

Argilas com o mesmo índice de vazios e diferentes microestruturas – uma com microestrutura floculada e outra dispersa (Fig. 1.2) – apresentarão coeficientes de permeabilidade diferentes. Em geral, na estrutura floculada existem poros maiores que oferecem menor resistência à água, acarretando coeficientes de permeabilidade maiores. As argilas marinhas, por terem sido depositadas em água contendo sal, tendem a apresentar estrutura floculada. Nas argilas de água doce, prevalece a estrutura dispersa.

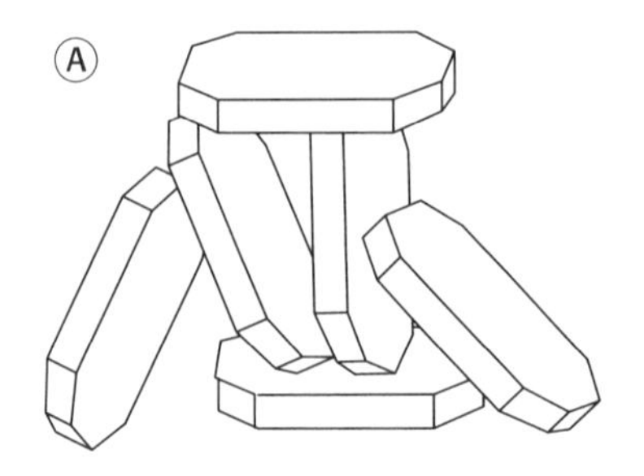

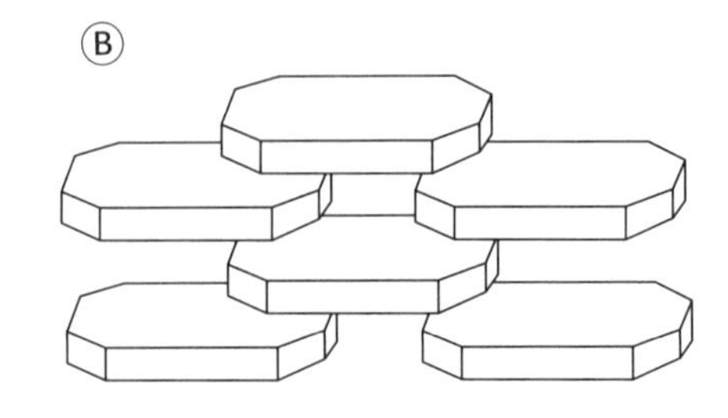

Fig. 1.2 *Estrutura (A) floculada e (B) dispersa*
Fonte: Lambe e Whitman (1969b).

1.1.4 Gradiente hidráulico crítico

A lei de Darcy é válida apenas para fluxo laminar. Quando a velocidade de fluxo supera certo valor, denominado crítico, o escoamento torna-se turbulento e a relação de proporcionalidade direta com o gradiente hidráulico não é mais válida. Caso o fluxo seja descendente, a força de percolação tende a aproximar as partículas de solo, mantendo-as juntas. No caso de fluxo ascendente, o solo entra em um estado de suspensão, com tendência de separação entre as partículas. O estado em que as partículas passam a perder contato corresponde ao gradiente hidráulico crítico ($i_{crítico}$), definido como a relação entre o peso específico submerso do solo (γ_{sub}) e o peso específico da água (γ_w), como mostrado na Eq. 1.7.

$$i_{crítico} = \frac{\gamma_{sub}}{\gamma_w} \qquad \textbf{(1.7)}$$

Como o peso específico submerso da maioria dos solos é próximo ao peso específico da água, o gradiente hidráulico crítico é perto de 1. A ruptura hidráulica do solo em ensaios com fluxo ascendente ou no processo de saturação ocorrerá quando o gradiente hidráulico da Eq. 1.2 for igual ou maior ao gradiente crítico da Eq. 1.7, sendo que essa condição-limite deve ser evitada para garantir ensaios confiáveis. Para tornar mais prático e evitar problemas executivos, a ASTM D 5084 (ASTM, 2016a) recomenda gradientes hidráulicos máximos de acordo com a permeabilidade dos solos, conforme a Tab. 1.2. Esses valores podem ser utilizados em conjunto com os fornecidos na Tab. 1.1 para definição do gradiente de ensaio.

Tab. 1.2 Gradientes hidráulicos máximos a serem aplicados em ensaios de permeabilidade

Coeficiente de permeabilidade (m/s)	Gradiente hidráulico máximo
10^{-5} a 10^{-6}	2
10^{-6} a 10^{-7}	5
10^{-7} a 10^{-8}	10
10^{-8} a 10^{-9}	20
menor que 10^{-9}	30

Fonte: ASTM (2016a).

1.1.5 Normas

A determinação do coeficiente de permeabilidade por meio do ensaio com carga constante é preconizada, no Brasil, pela norma técnica NBR 13292 (ABNT, 2021a) e, internacionalmente, pela ASTM D 2434-22 (ASTM, 2022). O ensaio com carga variável é normatizado pela NBR 14545 (ABNT, 2021b).

Em relação ao tipo de permeâmetro, a ASTM D 5856 (ASTM, 2015b) apresenta o método de ensaio para a medição do coeficiente de permeabilidade no molde de compactação, o qual é um tipo de permeâmetro de parede rígida. Já a norma ASTM D 5084 trata da obtenção do coeficiente de permeabilidade em materiais granulares saturados usando permeâmetro de parede flexível.

As normas citadas discorrem, em sua maioria, sobre os ensaios realizados com o fluxo vertical descendente. A ASTM D 5856 comenta sobre o ensaio com fluxo ascendente, citando que, mesmo que o permeâmetro de parede rígida deva ser projetado e operado para que a água percorra o corpo de prova de forma descendente, é possível utilizá-lo com fluxo ascendente. Para tanto, é necessário que o topo do corpo de prova seja protegido por um elemento rígido poroso, para evitar movimento de grãos de solo. A ASTM D 5084, por sua vez, mostra que o ensaio pode ser realizado com fluxo ascendente sem mudar os procedimentos a serem executados.

Alternativamente, o coeficiente de permeabilidade pode ser estimado em corpos de prova empregados em ensaios edométricos. Não há, todavia, normatização para essa aplicação. Na sua realização, recomenda-se utilizar as normas referentes ao ensaio de adensamento (Cap. 2), em consonância com as prescrições levantadas pelas referidas normas de permeabilidade. Também não há norma que padronize o ensaio realizado com fluxo horizontal, sendo utilizados os mesmos cuidados e características do ensaio com fluxo vertical.

1.1.6 Equipamentos, materiais e acessórios

Para a realização dos ensaios de permeabilidade, podem ser utilizados dois tipos de permeâmetro: de parede rígida e de parede flexível, como já mencionado. Esta seção apresenta a descrição dos equipamentos, os materiais e acessórios necessários para a execução dos ensaios.

Permeâmetro de parede rígida

No permeâmetro de parede rígida, o corpo de prova é colocado nas células de condutividade que são formadas por tubos rígidos, geralmente de seção circular. As células de condutividade podem ser de três tipos: molde de compactação (cilindro Proctor), tubo amostrador ou cilindro rígido. Este último não permite contato entre o corpo de prova e a parede. O material das células pode ser aço niquelado, aço inox, alumínio, acrílico, PVC ou até mesmo vidro.

A escolha da célula está relacionada ao tipo de amostra, se é deformada ou indeformada. Para a configuração deformada, o tipo mais usado de permeâmetro de parede rígida é o cilindro de compactação. Nesse caso, o solo é compactado diretamente no molde com as características requisitadas e depois percolado. Solos de variadas granulometrias, isto é, de pedregulho a argila, podem ser ensaiados nesse tipo de permeâmetro.

Com o tubo amostrador, ou de parede fina, utilizam-se amostras indeformadas obtidas por meio da cravação do tubo. Na maioria das vezes, a amostra é percolada pelo líquido no próprio tubo amostrador. A cravação pode causar efeito cisalhante e amolgamento do solo e, a fim de mitigar tal efeito, alguns amostradores são fabricados com uma abertura um pouco menor que o diâmetro interno do tubo. Essa mudança aumenta a possibilidade de fluxo lateral, o que é mais comum em solos que vão de muito duros a rígidos, ou com fração granular. Por isso, para esse tipo de célula de condutividade, é recomendada a utilização de solos de fácil amostragem.

O cilindro rígido (genericamente denominado permeâmetro), quando utilizado com solos coesivos, emprega um selante anelar, normalmente bentonita, para que não haja contato entre a parede e o corpo de prova. A maior dificuldade enfrentada, nesse caso, é evitar vazios entre o corpo de prova e o material de selamento.

Quando realizado ensaio com carga constante em permeâmetro de parede rígida, ou seja, em solos granulares, podem-se utilizar tubos manométricos conectados ao topo e à base do corpo de prova (Fig. 1.3), para medição das cargas hidráulicas sem a consideração das perdas de carga nas conexões.

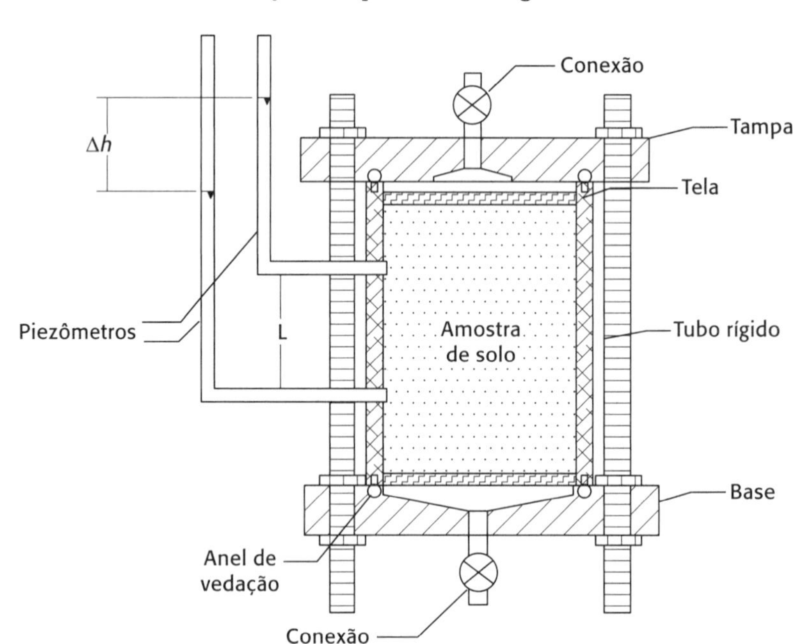

Fig. 1.3 *Permeâmetro de parede rígida com manômetros para medida das cargas hidráulicas Fonte: adaptado de Daniel (1994 apud Romanel, 2020).*

Permeâmetro de parede flexível

O permeâmetro de parede flexível (Fig. 1.4) consiste basicamente na mesma câmara utilizada para ensaios triaxiais. Essa metodologia é denominada método A pela NBR 14545. Nesse ensaio, é possível a aplicação de tensões confinantes no corpo de prova por meio de água pressurizada; para tanto, o corpo de prova é envolvido por uma membrana de látex. São necessários, além da câmara triaxial, dispositivos para aplicação de contrapressão e de pressão de câmara, e um sistema de medição de poropressão, em semelhança aos instrumentos exigidos em ensaios triaxiais apresentados no Cap. 4.

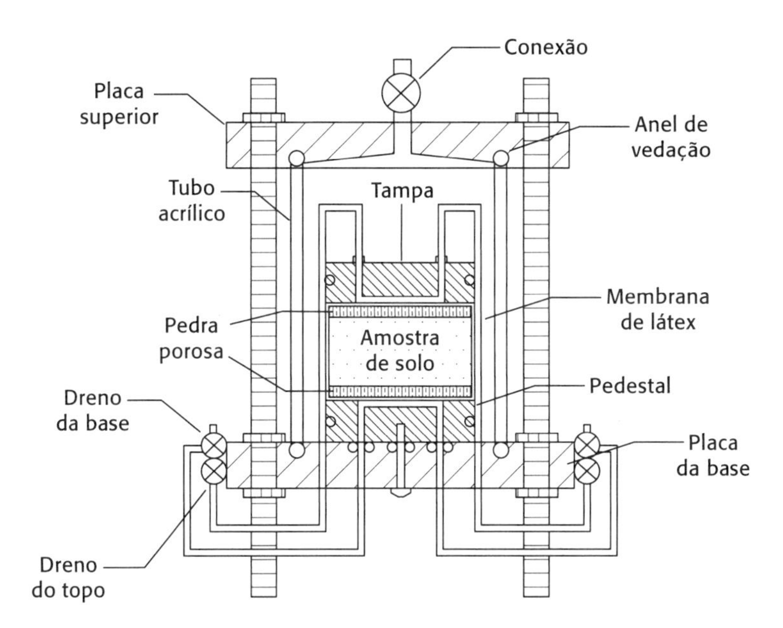

Fig. 1.4 *Permeâmetro de parede flexível*
Fonte: adaptado de Daniel (1994 apud *Romanel, 2020).*

Entre as vantagens desse sistema, destacam-se: a diminuição dos problemas de fluxo preferencial pelas laterais das amostras; o controle da tensão efetiva aplicada; e o menor tempo de ensaio para materiais de baixa permeabilidade, o que motiva sua maior utilização em solos argilosos. Por outro lado, as desvantagens são a possibilidade de variação de volume da amostra; o custo elevado da câmara de ensaio; a maior complexidade na construção e operação do equipamento; e as dimensões reduzidas dos corpos de prova, devido às dimensões usuais das câmaras triaxiais.

1.1.7 Preparação dos corpos de prova

A preparação dos corpos de prova difere para solos coesivos e granulares. Os solos granulares são preparados em uma determinada condição de umidade e peso específico aparente seco, e os índices de vazio máximo e mínimo são determinados para especificação das características do corpo de prova. Em solos argilosos, os corpos de prova são compactados, remoldados ou obtidos de amostras indeformadas. As seguintes características iniciais devem ser tomadas de cada corpo de prova, de modo análogo a outros ensaios de laboratório: altura, diâmetro, massa e teor de umidade.

A NBR 14545, que trata de ensaio de permeabilidade com carga variável, recomenda que o diâmetro e a altura dos corpos de prova do permeâmetro de parede flexível tenham, no mínimo, 35 mm. Para o permeâmetro de parede rígida, a mesma norma cita que a célula deve apresentar aproximadamente 150 mm de diâmetro e 130 mm de altura. O corpo de prova, por sua vez, deve possuir altura e diâmetro da ordem de 100 mm. Na prática, a maioria dos laboratórios faz uso de corpos de prova compactados com diâmetros que variam entre 38 mm e 152 mm.

A ASTM D 5084 (ensaio com permeâmetro de parede flexível), por sua vez, recomenda que o diâmetro e a altura dos corpos de prova sejam maiores que seis vezes o tamanho do diâmetro efetivo da maior partícula. As normas não especificam qual a razão H/D (altura/diâmetro) a ser utilizada nesses ensaios; há subjetividade na sua determinação.

Para permeâmetros de parede flexível, entende-se que, quanto maior a relação H/D, maior é a diferença de pressão entre o topo e a base para um determinado gradiente hidráulico. A análise da diferença de pressão é importante para solos muito compressíveis ou quando não se deseja diferentes índices de vazios no topo e na base do corpo de prova. Sugere-se que a relação H/D, nesses casos, não ultrapasse 1 ou 2, para evitar que o topo e a base adensem sob tensões efetivas diferentes.

De forma prática, assume-se que, quanto maior o diâmetro do corpo de prova, maior o coeficiente de permeabilidade. Isso porque, estatisticamente, a probabilidade de se retratarem as feições geológicas presentes no solo, como trincas e fissuras, aumenta quanto maior for o diâmetro do corpo de prova. A interferência do diâmetro no resultado do coeficiente de permeabilidade, contudo, ainda é discutível.

1.1.8 Processo executivo

Ensaios de permeabilidade podem ser executados sob diferentes condições, como anteriormente abordado. O Quadro 1.1 apresenta diferentes possibilidades para ensaios de permeabilidade, a depender do fluido percolante (na maior parte das aplicações usuais é a água), grau de saturação, índice de vazios, método de saturação, tensão efetiva, direção do fluxo, tipo de carga e condição de contorno.

Quadro 1.1 Possibilidades de execução de ensaios de permeabilidade de acordo com diferentes critérios

Critério	Possibilidades
Fluido percolante	Água Outro fluido
Grau de saturação	Saturado Não saturado
Índice de vazios	Natural Reconstituído
Método de saturação	Percolação Contrapressão
Tensão efetiva	Não determinada Determinada (processo de adensamento)

Quadro 1.1 (continuação)

Critério	Possibilidades
Direção do fluxo	Vertical ascendente
	Vertical descendente
	Horizontal
	Inclinada
Carga	Constante
	Variável
Contorno	Rígido
	Flexível

Não fazem parte do escopo deste livro ensaios de permeabilidade em solos não saturados. Os ensaios aqui descritos podem ser realizados tanto no índice de vazios natural, com amostras indeformadas, quanto em índices de vazios desejados em amostras reconstituídas. Ensaios em tensões efetivas diversas podem ser realizados em prensas de adensamento ou câmaras triaxiais, por exemplo. Quanto à direção do fluxo, podem-se construir diferentes combinações de modo a se avaliar a anisotropia de permeabilidade. Entre todas essas divisões, a característica da carga e as condições de contorno são as que mais merecem destaque, sendo abordadas separadamente nesta publicação.

Descrevem-se, na sequência, os métodos de saturação por percolação e por contrapressão, sendo o segundo aplicável em permeâmetros de parede flexível.

Operações preliminares

Inicialmente, coletam-se amostras do solo ensaiado para o cálculo dos seus índices físicos, como teor de umidade e peso específico natural (massa pelo volume do corpo de prova). Pelas equações básicas da Mecânica dos Solos, calculam-se o índice de vazios e o grau de saturação inicial. Essas propriedades devem ser determinadas ao final do ensaio de modo análogo. Também é necessário realizar as medições e calcular a área da seção transversal e o volume do corpo de prova utilizado para o ensaio (utilizar relação H/D entre 1 e 2).

Em equipamentos triaxiais, devem ser realizados os procedimentos preliminares para a preparação da câmara descritos em detalhe no Cap. 4, com o principal objetivo de evitar a presença de ar no sistema.

A área da bureta, utilizada em ensaios à carga variável, deve ser determinada, seja por medição direta do diâmetro ou pela percolação de um volume conhecido entre dois pontos graduados na bureta. O segundo processo é o mais indicado: deve-se encher a bureta até um nível conhecido próximo ao topo da escala; em seguida, esgota-se a água em um recipiente de massa conhecida até que a carga caia ao menos 50 cm; lê-se a marcação final na escala e pesa-se a água no recipiente. Por fim, a área da bureta é calculada pela Eq. 1.8. Recomenda-se determiná-la ao menos duas vezes, considerando a média como o valor representativo.

$$a = \frac{1.000 M_w}{h_1 - h_2} \quad \textbf{(1.8)}$$

em que:
a = área da bureta (mm²);
M_w = massa de água (g);
h_1 = nível inicial na bureta (mm);
h_2 = nível final na bureta (mm).

Os permeâmetros devem ter sempre seus anéis de vedação verificados, devendo estar em boas condições e lubrificados de modo a não possibilitar vazamentos. O equipamento não deve apresentar distorções e danos mecânicos, garantindo a selagem de todo o sistema. Esse critério é válido tanto para permeâmetros de parede rígida quanto de parede flexível, incluindo células de adensamento.

Montagem do permeâmetro

a) Permeâmetro de parede rígida

A sequência de montagem de um permeâmetro de parede rígida, para ensaios com carga tanto constante como variável, consiste em colocar o corpo de prova de solo a ser ensaiado na célula de condutividade (molde de compactação, tubo amostrador ou cilindro rígido) sobre um filtro (ou pedra porosa) posicionado na base, de modo a impedir o carreamento de partículas durante o fluxo de água. Um filtro igual é posicionado no topo do corpo de prova.

Primeiramente, prepara-se a base do permeâmetro colocando na tampa inferior uma tela de arame com malha de abertura de 2 mm e, sobre ela, uma camada de areia grossa com espessura da ordem de 10 mm, seguida de um geotêxtil separador de materiais e papel-filtro. Esse processo deve ser realizado com o cilindro já em sua posição final.

Quando utilizado molde de compactação ou tubo amostrador, o corpo de prova fica em contato com a parede da célula (Fig. 1.5). Amostras não coesivas montadas em cilindro rígido também apresentam essa configuração.

Já quando um corpo de prova coesivo é montado em um cilindro rígido, não há esse contato com a parede, e o vazio existente deve ser preenchido com um material de permeabilidade bastante reduzida, para evitar fluxo preferencial. A utilização de bentonita é comum nesses casos, e ela deve ser processada em camadas da ordem de 20 mm de altura, tomando-se o cuidado de não deixar vazios (Fig. 1.6). Assim, deve-se posicionar o corpo de prova acima do papel-filtro e preencher o espaço entre ele e o cilindro rígido com bentonita umedecida, utilizando cilindros do material e esculpindo a camada com as mãos. Para evitar percolação de água pelas laterais do corpo de prova, a bentonita é recoberta por um anel de borracha. Posicionar o anel de borracha para vedação e, em cima, o papel-filtro, o geotêxtil, a camada de areia grossa e a tela, em

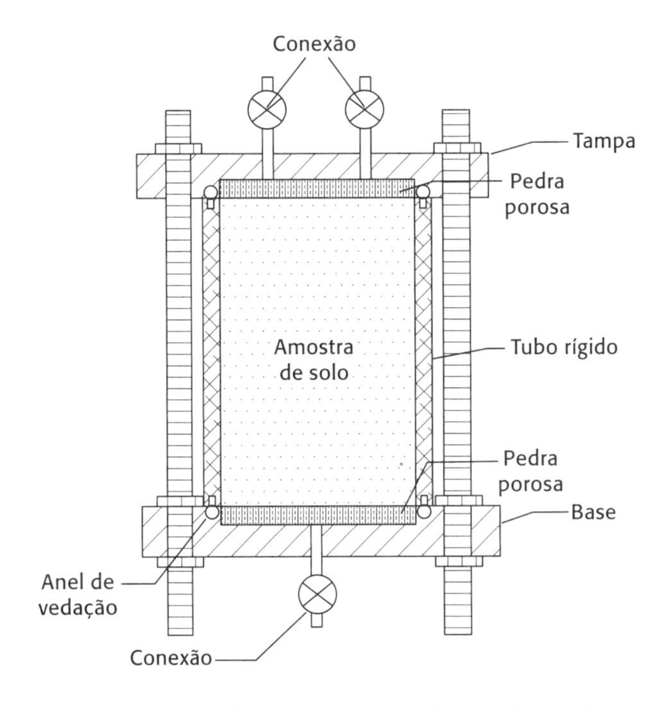

Fig. 1.5 *Montagem de amostra no permeâmetro de parede rígida do tipo molde de compactação ou cilindro rígido em amostra não coesiva*
Fonte: adaptado de Daniel (1994 apud *Romanel, 2020).*

Fig. 1.6 *Permeâmetro de parede rígida para solo coesivo. O corpo de prova é envolvido por bentonita para evitar ocorrência de fluxo lateral*

sequência inversa à inferior. Finalmente, posicionar a tampa superior e fechar a câmara, apertando todos os parafusos ao mesmo tempo, de modo a garantir o selo do permeâmetro.

b) Permeâmetro de parede flexível

A montagem do corpo de prova para ensaio em permeâmetro de parede flexível tem as mesmas características de montagem do ensaio triaxial, descrito em detalhes no Cap. 4. Após a saturação dos canais, posiciona-se a pedra porosa e o papel-filtro, ambos saturados, sobre o pedestal da base da câmara. Acima do papel-filtro, assenta-se o corpo de prova, sendo envolvido por uma membrana de borracha e com anéis de vedação selando o conjunto. Esquematicamente, a sequência de montagem sumarizada na Fig. 1.4 encontra-se ilustrada na Fig. 1.7.

Fig. 1.7 *Montagem de corpo de prova para ensaio de permeabilidade em permeâmetro de parede flexível: (A) corpo de prova na base com papel-filtro e pedra porosa; (B) corpo de prova envolvido por membrana e selado por anéis; (C) câmara fechada pronta para o início do ensaio*

Saturação

Após a montagem, os corpos de prova utilizados para ensaios de permeabilidade devem ser saturados. Nos permeâmetros de parede rígida, a saturação é geralmente feita por processo de percolação, podendo-se utilizar uma bomba de vácuo conectada ao topo do corpo de prova, como recomenda a NBR 13292. A percolação deve ser realizada no sentido ascendente (de baixo para cima), de modo a facilitar a saída do ar presente nos vazios. Um volume equivalente a nove vezes o volume de vazios do solo em geral é um valor adequado a ser percolado para garantir a saturação quase completa de corpos de prova reconstituídos em laboratório. O processo de percolação é considerado satisfatório quando ocorre a aparição de água no orifício localizado na tampa superior sem a surgência de bolhas de ar.

Durante o processo de percolação de água, deve-se atentar para não provocar ruptura hidráulica no corpo de prova devida ao fluxo ascendente. Isso é feito pelo controle do gradiente hidráulico, o qual deve ser inferior ao gradiente crítico, como mencionado na seção 1.1.4 deste capítulo. A NBR 14545 permite a utilização de gradientes entre 2 e 15, sendo o gradiente maior quanto menor for a permeabilidade do corpo de prova. De qualquer forma, deve-se considerar que gradientes elevados podem provocar carreamento de finos, adensamento por forças de percolação e até ruptura do corpo de prova caso o gradiente hidráulico crítico seja atingido. Pela NBR 13292, o máximo gradiente hidráulico no processo de saturação é 1, o valor médio do gradiente hidráulico crítico para areias. Outros valores de referência podem ser encontrados na Tab. 1.2. O cálculo das pressões e gradientes para processos de percolação é apresentado no Cap. 4, devendo ser, de toda forma, considerado o equilíbrio entre as forças de percolação e o peso específico submerso do corpo de prova.

Nos permeâmetros de parede flexível, pode-se realizar a saturação por incrementos de contrapressão, além dos processos de percolação. Esse processo está descrito em detalhes no Cap. 4. A NBR 14545 preconiza que a tensão efetiva mínima atuando sobre o corpo de prova seja de 20 kPa, sendo os incrementos de pressão feitos de 10 em 10 kPa, checando-se o parâmetro B a cada incremento de pressão de câmara. Quanto a tensão efetiva de ensaio for maior que 100 kPa, os incrementos devem ser feitos de 50 em 50 kPa.

Adensamento

Ensaios realizados na câmara triaxial utilizando sistemas de contrapressão ou na prensa de adensamento têm como vantagem a aplicação de diferentes tensões efetivas. O processo de adensamento isotrópico em câmaras triaxiais é descrito em maiores detalhes no Cap. 4. De maneira geral, o corpo de prova é consolidado para a tensão efetiva desejada até que a pressão de água medida na base seja igual à contrapressão, ou até que a drenagem externa da água tenha cessado. Quando esse critério é atingido, iniciam-se as medidas de permeabilidade. A NBR 14545 exige que o corpo de prova seja adensado em uma tensão efetiva mínima de 20 kPa, caso nenhuma tensão tenha sido definida para a finalidade específica. Em ensaios edométricos, a permeabilidade pode ser medida diretamente por percolação de água ao final do estágio de carregamento de interesse, como será abordado adiante.

Direção do fluxo

A permeabilidade dos solos é uma propriedade que, de maneira geral, é anisotrópica, ou seja, os coeficientes medidos em direções distintas apresentarão magnitudes e valores consideravelmente diferentes. Na determinação do coeficiente de permeabilidade, a água é normalmente percolada no sentido descendente (de cima para baixo), ao contrário do processo de saturação. Isso ocorre porque esse é, em geral, o sentido da infiltração de água em campo. Em laboratório, é possível a realização de arranjos variados, permitindo a medida da permeabilidade no sentido ascendente ou descendente e com direção de fluxo horizontal ou inclinada (Fig. 1.8). A escolha da direção de fluxo está diretamente ligada ao problema de campo a ser avaliado, sendo o fluxo descendente o mais usual em laboratório. No fluxo vertical ascendente, valem os mesmos cuidados apresentados na seção 2.5 quanto à ruptura hidráulica.

Permeâmetros horizontais são comumente utilizados para avaliar a permeabilidade de materiais de sub-base para pavimentação e filtros horizontais. Esse ensaio pode ser realizado com amostras estratificadas, podendo-se determinar o coeficiente de permeabilidade equivalente como apresentado na seção 1.1.9 deste capítulo. Os corpos de prova possuem seção quadrada de 30 cm e comprimentos de cerca de 1 m, a depender do número de camadas utilizadas (Head, 1998).

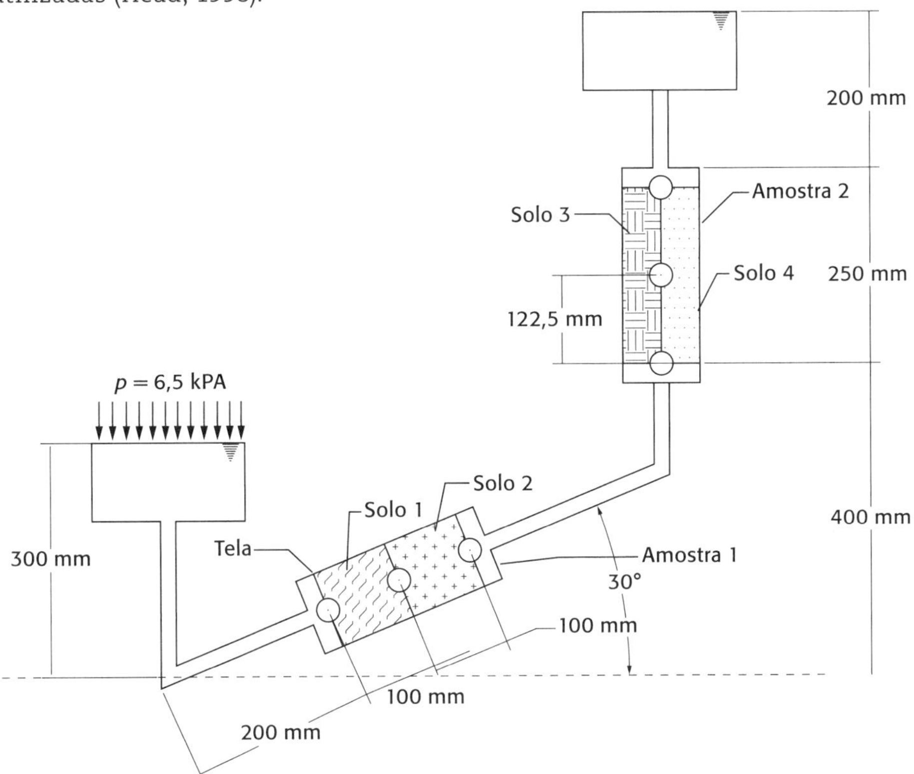

Fig. 1.8 *Esquema de ensaio de permeabilidade com estratigrafia, fluxo inclinado e vertical ascendente*
Fonte: adaptado de Romanel (2020)

Ensaio à carga constante

O ensaio à carga constante é utilizado para medir o coeficiente de permeabilidade de solos com elevada permeabilidade, ou seja, solos com a maior parte dos grãos do tamanho de areia e/ou pedregulho. O ensaio consiste basicamente no experimento de Darcy (Fig. 1.1): utilizam-se dois reservatórios com níveis de água distintos e constantes, o de maior carga ligado ao topo do corpo de prova e o de menor carga, à base do corpo de prova. A diferença de carga total provoca um fluxo entre esses dois pontos. Após determinado tempo, a água percolada pelo corpo de prova é recolhida e seu volume é medido.

a) Permeâmetro de parede rígida

Inicialmente, é aplicada ao corpo de prova uma diferença de carga total (Δh, Fig. 1.1) de valor igual à diferença entre as cargas de água no topo e na base do corpo de prova. Essa diferença de carga deve garantir a existência de fluxo laminar, respeitando a lei de Darcy. O fluxo laminar é garantido com gradientes muitos baixos, inferiores ao crítico. Como sugestão, deve-se iniciar o ensaio com gradiente hidráulico entre 0,2 e 0,3 para solos fofos, e entre 0,3 e 0,5 para compactos, sendo o menor valor para os materiais graúdos e o maior para os finos. Os limites apresentados na Tab. 1.2 devem ser respeitados.

Estabelecida a diferença de carga, deve-se abrir todas as válvulas do permeâmetro (a válvula do topo, da base e dos tubos manométricos). Em seguida, deve-se aguardar a estabilização das cargas, isto é, até que não se apresentem variações consideráveis nos níveis de água dos manômetros da Fig. 1.3. Depois, dispara-se o cronômetro, mede-se e registra-se a carga hidráulica no topo e na base pelos tubos manométricos e a temperatura do fluido percolante. Após a coleta de aproximadamente 100 mL de fluido, registra-se o tempo de ensaio e aumenta-se a diferença de carga de 0,5 cm em 0,5 cm, repetindo as considerações já feitas.

Com o aumento do gradiente hidráulico nas diversas medidas do coeficiente de permeabilidade, é estabelecida uma região de fluxo laminar no qual a velocidade é diretamente proporcional ao gradiente hidráulico (pode-se plotar, por exemplo, um gráfico de velocidade *versus* gradiente hidráulico para verificar a linearidade da curva). O regime de fluxo é considerado turbulento quando o gradiente hidráulico deixa de ser diretamente proporcional à velocidade, condição significante caso a mesma situação ocorra em campo – é o caso, por exemplo, de solos grosseiros, para os quais a lei de Darcy não é válida. A mudança de regime é verificada por uma mudança abrupta na curva velocidade *versus* gradiente hidráulico (Fig. 1.9). Nesse caso, os incrementos de carga podem ser realizados de 1 cm em 1 cm. A precisão de medida das cargas, da temperatura, do tempo e do volume deve ser de 0,1 cm, 0,1 °C, 1 s e 2,0 cm^3, respectivamente.

Após a finalização do ensaio, drena-se o corpo de prova e, de forma visual, é verificado se ele se apresenta homogêneo e isotrópico. A segregação de finos é evidenciada, por exemplo, caso existam horizontes com tonalidade alternando

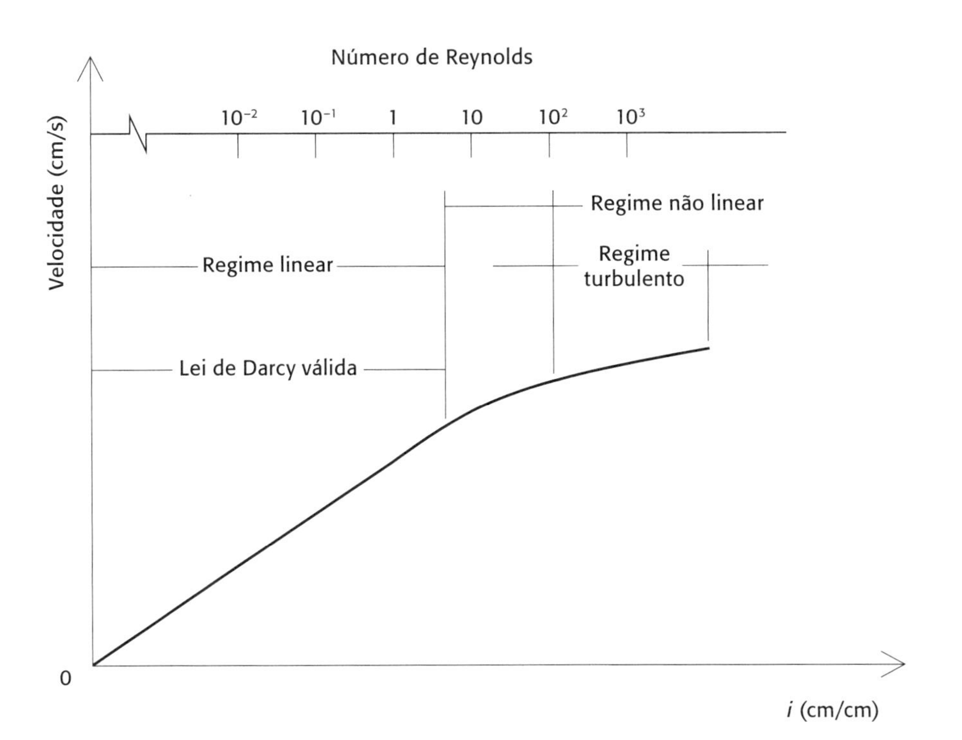

Fig. 1.9 *Regimes de escoamento observados em ensaios de permeabilidade*

entre nuances claras e escuras. Recomenda-se, ainda, o registro da altura final do corpo de prova e do teor de umidade final para verificação do grau de saturação.

b) Permeâmetro de parede flexível

O procedimento de ensaio é similar ao ensaio com o permeâmetro de parede rígida: determina-se o volume de água que ocorre em determinado tempo, passando pelo corpo de prova. Dois métodos são mais usuais na determinação do coeficiente de permeabilidade à carga constante em câmaras triaxiais: (i) utilizando dois sistemas de contrapressão ou (ii) utilizando apenas um sistema de contrapressão. Um terceiro método emprega duas buretas graduadas, uma em cada extremidade do corpo de prova, mas não é muito prático em ensaios à carga constante. Em todos os casos, a pressão confinante deve ser mantida sempre maior do que a contrapressão aplicada, para garantir que não haverá percolação entre a membrana e o corpo de prova.

(i) Ensaio com dois sistemas de contrapressão

Esse procedimento de ensaio, embora seja à carga constante, é aplicável a solos com permeabilidade baixa a intermediária (isto é, argilas e siltes), sendo normatizado pela BS 1377-6 (BS, 1990a) e pela ASTM D 5084.

Quando se utilizam dois sistemas de contrapressão, é possível a aplicação de pressões tanto no topo quanto na base do corpo de prova, medindo-se o volume de entrada e o de saída (Fig. 1.10). Nesse caso, a pressão do topo deve ser diferente da aplicada na base para que se tenha percolação de água (diferença de carga total). Se a contrapressão do topo for maior que a da base, o fluxo será descendente e, caso contrário, o fluxo será ascendente.

A diferença entre a contrapressão do topo e a da base deve permanecer constante durante todo o ensaio, para caracterizar um ensaio de permeabilidade à carga constante. A diferença de carga depende do gradiente hidráulico necessário para fornecer uma taxa razoável de fluxo de água que percole o corpo de prova, sendo os valores máximos para diversas ordens de grandeza definidos na Tab. 1.2. Um fluxo alto que possibilite a erosão do material ensaiado deve ser sempre evitado e, sempre que possível, o gradiente hidráulico usado no ensaio deve ser compatível com o que provavelmente ocorrerá no campo.

Caso a amostra tenha sido consolidada em determinada tensão efetiva, a pressão no topo do corpo de prova deve ser igual à poropressão ao final do adensamento. Com as válvulas fechadas, a pressão no topo do corpo de prova é ajustada a um valor superior, de modo a induzir um fluxo vertical descendente; no caso de fluxo ascendente, a pressão na base é aumentada. Ressalta-se que não é recomendado reduzir o valor da contrapressão, devido ao seu importante papel na dissolução das bolhas de ar e na garantia da saturação do solo.

Após os ajustes, deve-se aguardar a estabilização das pressões nos controladores de contrapressão e, então, abrir as válvulas B e D (Fig. 1.10) para permitir a percolação de água na amostra ensaiada, sendo a contagem de tempo no cronômetro imediatamente iniciada. As leituras nos indicadores de mudança de volume podem ser registradas ao longo do tempo, de forma que haja coerência dos valores lidos em um mesmo intervalo de tempo.

A vazão de água é calculada para cada intervalo de leitura, para o volume tanto de entrada quanto de saída. Pela lei de Darcy, é possível calcular o coeficiente de permeabilidade. O ensaio deve continuar até que seja observada linearidade no gráfico volume *versus* tempo, indicando que um estado de fluxo permanente foi atingido (Fig. 1.11). Depois, o ensaio pode ser interrompido, e a temperatura da água deve ser medida e aproximada para o mais perto de 0,5 °C. Finalmente, determina-se o teor de umidade final do corpo de prova.

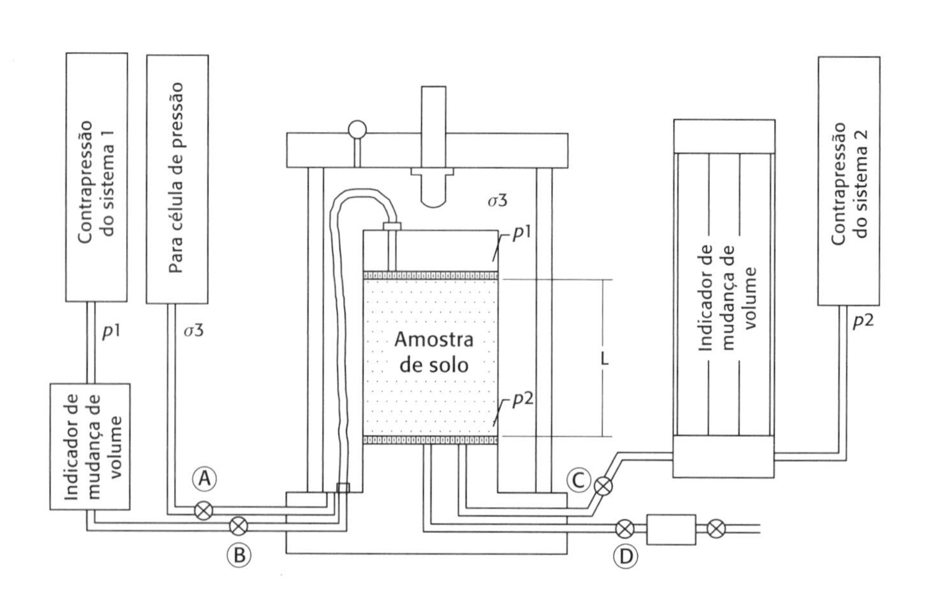

Fig. 1.10 *Aparato para ensaio de permeabilidade à carga constante com permeâmetro de parede flexível Fonte: adaptado de Head (1998).*

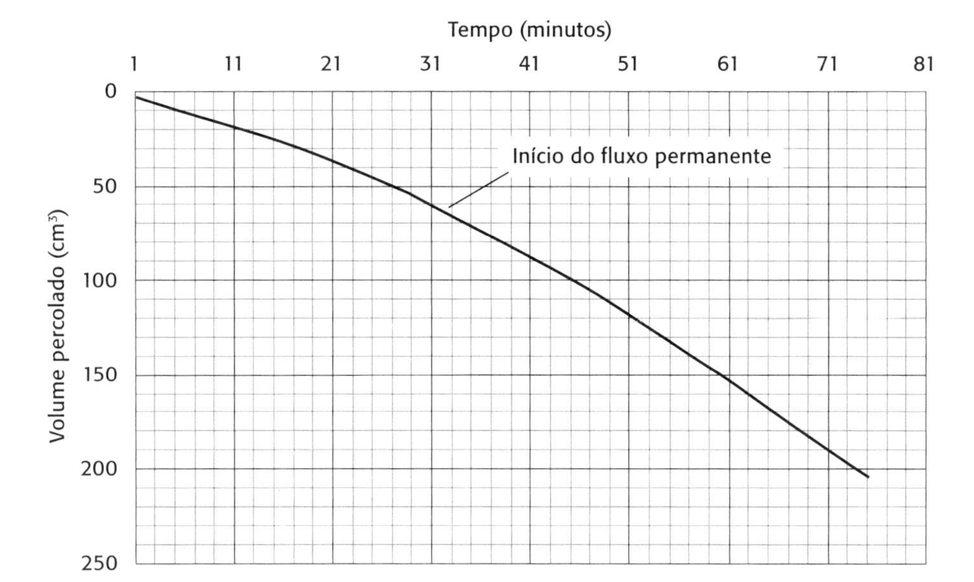

Fig. 1.11 *Variação de volume de percolação com o tempo em ensaio de permeabilidade à carga constante em permeâmetro de parede flexível com um sistema de contrapressão*

(ii) Ensaio com um sistema de contrapressão

No caso da utilização de apenas um sistema, a contrapressão pode ser aplicada tanto no topo (fluxo vertical descendente) quanto na base (fluxo vertical ascendente), e a outra extremidade é conectada à atmosfera, com pressão relativa nula, ou a uma bureta com capacidade de extravasamento, mantendo a carga constante (Fig. 1.12). Nesse caso, mede-se o volume de entrada com o dispositivo de contrapressão e o de saída com um recipiente graduado. Assim, o volume de saída pode ser determinado por medição direta ou por pesagem da água percolada.

Nessa situação, a contrapressão escolhida deve considerar a pressão nula ou de uma determinada carga hidráulica constante na extremidade oposta. Ou seja,

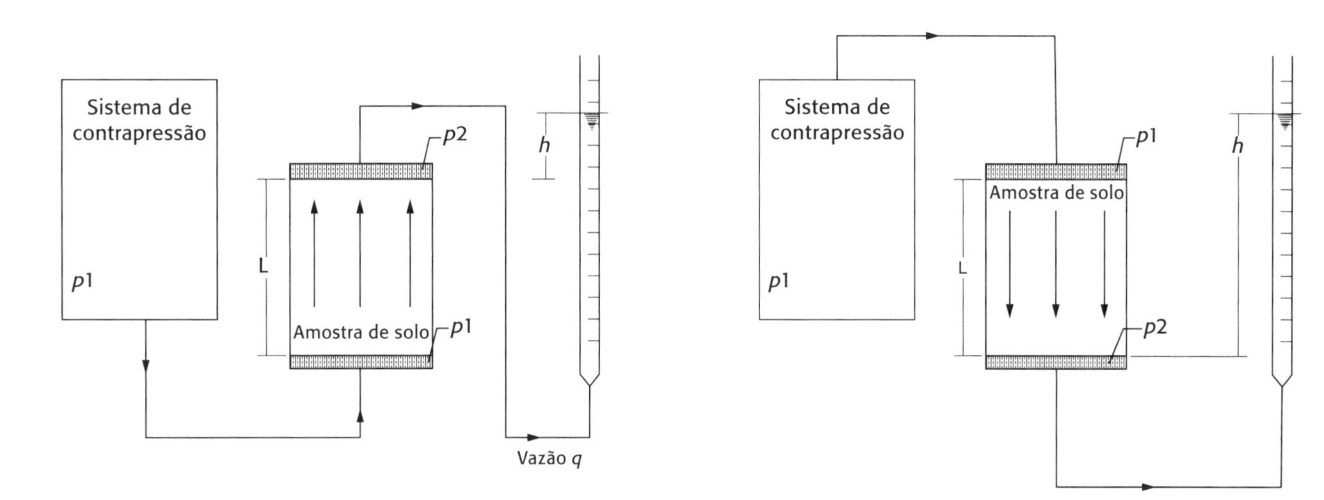

Fig. 1.12 *Ensaio à carga constante em parede flexível com apenas um sistema de contrapressão: (A) fluxo ascendente e (B) fluxo descendente. Observar que a carga* h *é mantida constante ao longo do ensaio por meio de extravasamento*
Fonte: adaptado de Head (1998).

o valor da diferença entre essas cargas dividido pelo comprimento do corpo de prova define o gradiente hidráulico, o qual deve estar em concordância com os valores máximos de referência da Tab. 1.2.

As pressões devem ser ajustadas e a água percolada da mesma maneira descrita no método com dois sistemas de contrapressão. O registro do volume percolado é feito tanto na contrapressão quanto no recipiente de saída, calculando-se o coeficiente pela lei de Darcy.

(iii) Ensaio com duas buretas

Como comentado, os ensaios à carga constante em parede flexível também podem ser realizados sem dispositivos de contrapressão, embora estes últimos estejam quase sempre disponíveis em sistemas triaxiais. Em todo caso, pode-se utilizar duas buretas conectadas ao topo e à base do corpo de prova, induzindo uma diferença de carga $h_0 = x_1 - y_1$ pela diferença de carga total (Fig. 1.13). O volume de água é medido pelas leituras em ambas as buretas.

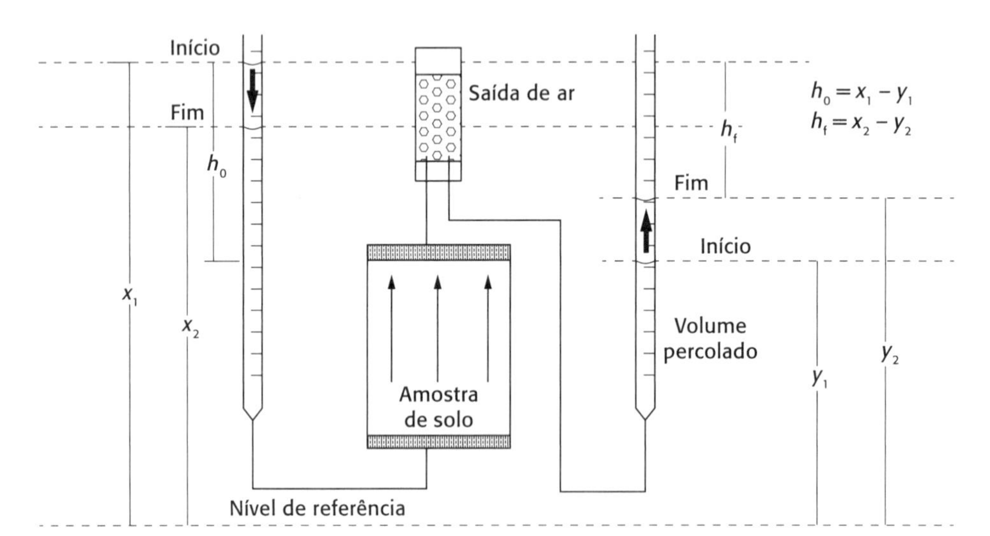

Fig. 1.13 *Ensaio de permeabilidade em parede flexível com duas buretas*
Fonte: adaptado de Head (1998).

É facilmente identificável que esse método é mais adequado para a realização de ensaios com carga variável, como será abordado na sequência, mas, se as mangueiras por onde a água flui forem flexíveis e longas, a carga total h_0 pode ser mantida constante erguendo-se a bureta de entrada e baixando-se a bureta de saída. Esse método não é prático e é pouco empregado nos laboratórios.

Ensaio à carga variável

A norma NBR 14545 prescreve dois métodos de ensaio: o método A utiliza permeâmetro de parede flexível, e o método B de parede rígida. O método A utiliza a contrapressão, a qual assegura a efetiva saturação do corpo de prova, e a realização do ensaio por esse método ocorre em um nível controlado de tensões efetivas. A execução pelo método B se dá em um nível sensivelmente menos controlado, mas é de mais fácil execução.

a) Permeâmetro de parede rígida

Para a aplicação da carga variável, uma bureta é conectada ao orifício localizado na tampa superior (ou inferior, a depender da direção da percolação) do permeâmetro através de uma mangueira flexível. Após a saturação do sistema apresentado na Fig. 1.14 (percolação de água ascendente e não observação de bolhas de ar), deve-se preencher a bureta com água até o valor da carga inicial, calculada a partir do gradiente inicial desejado para o ensaio. Como o ensaio com carga variável é aplicável a solos com baixa permeabilidade, é comum usar gradientes muito maiores em relação àqueles usados em areias. Esses gradientes elevados são necessários para induzir um fluxo possível de ser medido. Na prática, a carga inicial é aumentada até que se obtenha fluxo considerável que possibilite a realização das leituras.

O ensaio é iniciado permitindo a percolação de água pelo solo e efetuando-se medidas das cargas hidráulicas na bureta, do tempo decorrido entre as medidas e da temperatura da água que é percolada pelo corpo de prova. O operador do ensaio pode escolher entre fixar o tempo e realizar as leituras das alturas ou manter a diferença entre as alturas constante e realizar a leitura do tempo para elas. Essas peculiaridades são escolha do executor, e a experiência auxilia na identificação das características do solo e na tomada de decisão para cada caso, visto que o intervalo entre as leituras é função da permeabilidade do solo. Deve-se continuar com as medições até obter, no mínimo, quatro determinações do coeficiente de permeabilidade relativamente próximas, sem que elas apresentem tendências de crescimento ou diminuição.

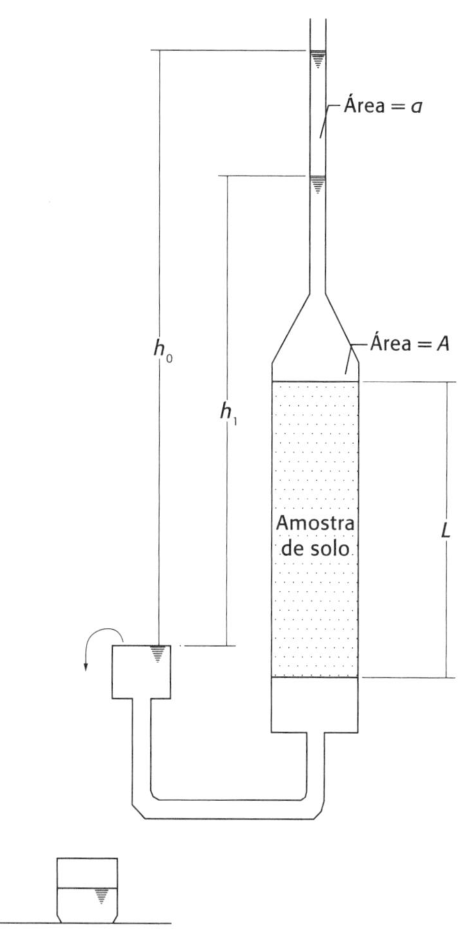

Fig. 1.14 *Permeâmetro de carga variável*
Fonte: adaptado de Cedergren (1967).

(b) Permeâmetro de parede flexível

Além do (i) método A da NBR 14545, nos permeâmetros de parede flexível podem-se empregar dois métodos à carga variável: utilizando um sistema de (ii) contrapressão ou (iii) duas buretas.

(i) Ensaio com o método A da NBR 14545

Neste método, o sistema de contrapressão é utilizado apenas para garantir a saturação do corpo de prova. Após esse processo e o adensamento do solo em uma tensão efetiva mínima de 20 kPa, as cargas hidráulicas são ajustadas no reservatório de água e na bureta blindada (Fig. 1.15), de modo a se respeitar o

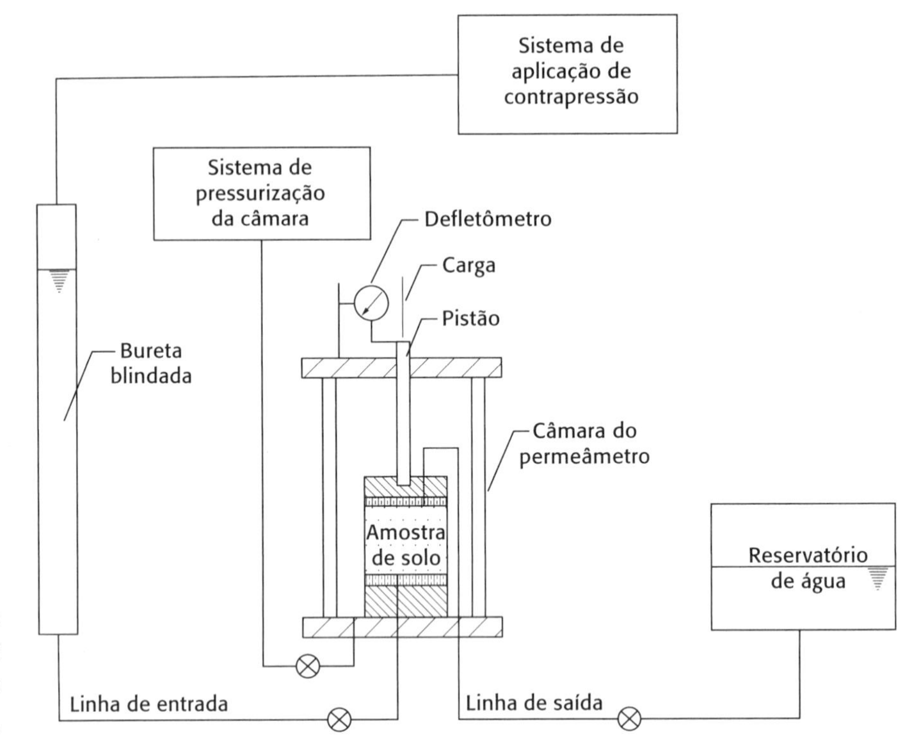

Fig. 1.15 *Ensaio à carga variável com parede flexível pela NBR 14545*
Fonte: ABNT (2021b).

gradiente hidráulico adequado (entre 2 e 15 para essa normatização). Depois, as válvulas de entrada e saída são abertas, e medidas das cargas hidráulicas e dos tempos decorridos são realizadas conforme a percolação ocorre. A temperatura da água deve ser medida de forma concomitante. O ensaio é prosseguido até a determinação de ao menos quatro coeficientes de permeabilidade próximos sem tendência evidente de crescimento ou diminuição. Ao final, o teor de umidade do corpo de prova deve ser determinado.

(ii) Ensaio com um sistema de contrapressão

Caso a pressão de entrada p_1 na Fig. 1.12 não seja muito maior que a pressão de saída (coluna de água na bureta) e não se utilize um sistema de extravasamento na bureta, a variação da carga de saída, ou seja, a subida do nível de água, é bastante significativa. Essa situação caracteriza um ensaio de carga variável em que a carga de entrada é mantida constante e a carga de saída é continuamente aumentada. Nesse caso, após o ajuste das pressões, é permitida a percolação de água, e realizam-se leituras de volume ao longo do tempo no sistema de contrapressão e na bureta. A percolação é realizada até a definição de ao menos quatro leituras coerentes, e o coeficiente de permeabilidade é calculado como em um ensaio à carga variável.

(iii) Ensaio com duas buretas

Na Fig. 1.13, a diferença de carga inicial (h_0) pode não ser mantida constante pelo ajuste da posição das buretas, caracterizando um ensaio à carga variável. Nesse cenário, à medida que o fluxo ocorre em um estado permanente após um tempo t conhecido, a carga passa de h_0 para um valor final $h_f = x_2 - y_2$, e o coeficiente de permeabilidade pode ser determinado pela equação de carga variável. Recomenda-se garantir repetitividade de ao menos quatro valores nesse método.

Ensaio de permeabilidade no adensamento

A velocidade com que um solo se deforma é, como será abordado no Cap. 2, função da velocidade com que a água sai dos vazios em que está contida. A obtenção de parâmetros de permeabilidade – mais especificamente, o coeficiente de permeabilidade – é possível a partir do ensaio edométrico (ou ensaio de adensamento unidimensional) de maneira indireta. Alternativamente, o coeficiente de permeabilidade pode ser obtido de modo direto, a partir da percolação da água, em uma prensa de adensamento convencional. Não há, atualmente, normatização nacional e internacional para o ensaio de permeabilidade por meio do ensaio de adensamento, sendo a principal referência a publicação de Head (1998).

Realizar o ensaio de permeabilidade em uma prensa de adensamento garante maior agilidade, devido às menores dimensões do corpo de prova. A menor distância de drenagem assegura também uma percolação mais acelerada. Em contrapartida, a relação entre a altura e o diâmetro do corpo de prova (altura/diâmetro) pode não garantir a existência de fluxo vertical, tornando os resultados do ensaio passíveis de interferências indesejadas. De forma complementar, o anel que garante o confinamento do solo pode possibilitar a existência de um caminho de percolação preferencial para o fluxo da água.

Nesta seção, serão discutidos os dois métodos para estimativa do coeficiente de permeabilidade a partir do ensaio de adensamento com determinação direta e indireta.

a) Método direto

O fenômeno do adensamento é um dos mais abrangentes da Mecânica dos Solos, possuindo interface com diversos outros temas. Nesta seção, serão descritos os ensaios e métodos para determinação direta do coeficiente de permeabilidade à carga variável (mais usual devido à simplicidade) como uma extensão do ensaio edométrico.

(i) Equipamentos

São necessários os seguintes equipamentos para a realização do ensaio: prensa de adensamento, célula de adensamento, anéis de vedação, mangueira flexível, bureta graduada e água desaerada (Fig. 1.16).

A grande maioria das células de adensamento permite a realização de ensaios de permeabilidade. O arranjo geral da célula é ilustrado na Fig. 1.16. Para realizar o ensaio, é exigida apenas a existência de uma conexão na parte inferior entre uma mangueira e um reservatório (normalmente uma bureta). A fim de minimizar efeitos de percolação por caminhos fora da estrutura do

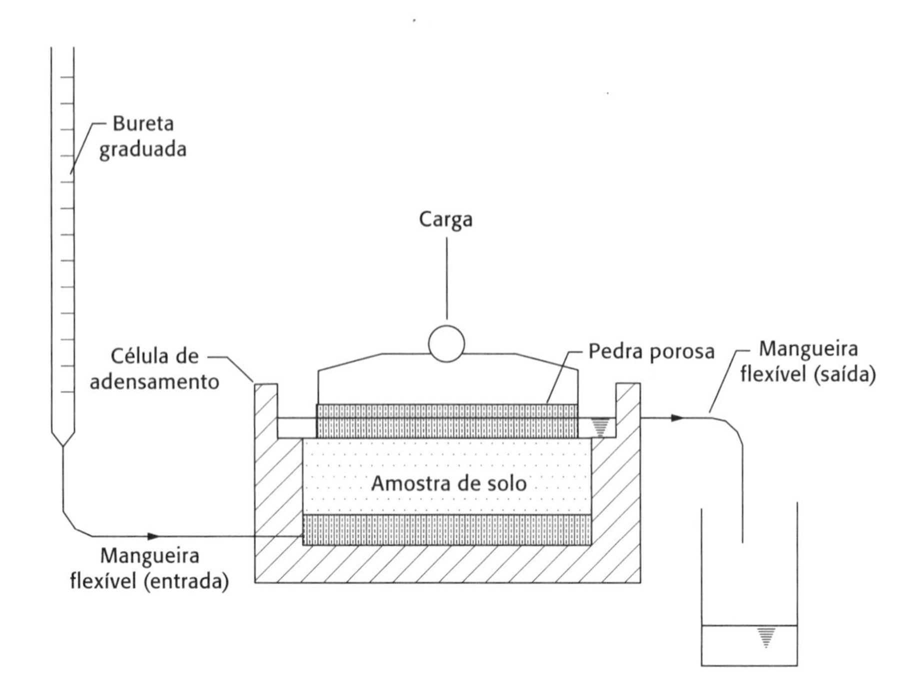

Fig. 1.16 *Célula de adensamento com capacidade de medida da permeabilidade Fonte: adaptado de Head (1998).*

solo, algumas células de adensamento permitem inserir anéis de vedação nos encaixes anelares próximos à pedra porosa inferior. Ainda assim, não é possível eliminar completamente a existência de fluxo no contato entre o corpo de prova e o anel metálico.

(ii) Processo executivo

Os processos de preparação e montagem do corpo de prova são idênticos aos recomendados para o ensaio de adensamento (Cap. 2). Após o posicionamento da célula na prensa, a mangueira flexível conectada à bureta deve ser ligada à base da célula de adensamento. Esse canal conduzirá a água para a base do corpo de prova. Nessa ligação há também uma válvula (Fig. 1.16) que permite a interrupção do fluxo durante o ensaio.

Concluídas as conexões, deve-se realizar o adensamento da amostra até a tensão efetiva na qual deverá ser determinado o coeficiente de permeabilidade. Após a estabilização dos deslocamentos verticais, realizar um processo de percolação de água até que não se observe mais a saída de bolhas de ar. Recomenda-se que seja percolado pelo corpo de prova um volume de água desaerada mínimo correspondente a nove vezes o volume de vazios, no caso de corpos de prova compactados ou remoldados. Particularmente para o caso da determinação do coeficiente de permeabilidade pelo ensaio de adensamento, a amostra já se encontra em um estado de saturação inicial mais elevado, devido à inundação do corpo de prova.

Encerrada a percolação, dá-se início ao processo de medida da permeabilidade. Fecha-se a conexão do corpo de prova com a bureta, com o subsequente enchimento do reservatório até se atingir um gradiente hidráulico desejável (de 1 até no máximo 15, a depender da permeabilidade do solo). Na sequência, deve-se abrir a válvula e permitir que a água flua pelo corpo de prova, verificando-se as leituras do nível de água na bureta em intervalos de tempo compatíveis com a velocidade de fluxo. Deve-se prosseguir o ensaio até se obter pelo menos quatro determinações do coeficiente de permeabilidade relativamente próximas, sem tendências evidentes de diminuição ou crescimento.

Os ensaios de permeabilidade utilizando o ensaio de adensamento são realizados, em geral, sob carga variável, visto que os solos em que o adensamento é pronunciado são finos. Os cálculos para determinação dos parâmetros de permeabilidade do solo são semelhantes aos das outras metodologias apresentadas e serão mostrados nas seções seguintes.

Ressalta-se que a utilização do corpo de prova cilíndrico de pequena altura do ensaio de adensamento para a medida da permeabilidade consiste apenas em uma estimativa das propriedades hidráulicas do solo. A altura do corpo de prova necessária deve ser maior para que o fluxo vertical e unidimensional se consolide. Tal fenômeno, que caracteriza uma das hipóteses da lei de Darcy, pode não se verificar nos corpos de prova do ensaio de adensamento a depender do tipo e da granulometria do solo ensaiado. Desse modo, os coeficientes de permeabilidade obtidos em ensaios na prensa edométrica não são comparáveis com aqueles do permeâmetro, sendo utilizado para a verificação da variação do coeficiente de permeabilidade com a tensão efetiva.

b) Método indireto

O método indireto para determinação do coeficiente de permeabilidade utilizando a prensa de adensamento é uma extensão do ensaio de adensamento, abordado no Cap. 2, utilizando-se dos conceitos da Teoria do Adensamento e sua relação com a lei de Darcy. A análise matemática elaborada por Terzaghi (1925a) demonstrou que o fenômeno do adensamento é regido pela Eq. 1.9.

$$\frac{\partial u}{\partial t} = c_v \frac{\partial^2 u}{\partial z^2} \tag{1.9}$$

em que:
u = excesso de poropressão em um tempo t;
z = distância vertical até o ponto considerado;
c_v = coeficiente de adensamento.

O coeficiente de adensamento (c_v) apresentado na Eq. 1.9 possui relação direta com o coeficiente de permeabilidade do solo (k), conforme Eq. 1.10.

$$c_v = \frac{k}{\gamma_w m_v} \tag{1.10}$$

em que:
c_v = coeficiente de adensamento (m^2/s);
k = coeficiente de permeabilidade do solo (m/s);

γ_w = peso específico da água (kN/m³);
m_v = coeficiente de compressibilidade volumétrico (kPa⁻¹).

O processo executivo do ensaio para determinação indireta do coeficiente de permeabilidade é o mesmo válido para o ensaio de adensamento unidimensional e será abordado no Cap. 2. Por ora, para a determinação da permeabilidade dos solos, é suficiente entender a influência de proporcionalidade inversa dada por esse coeficiente no processo de adensamento. Após a realização do ensaio edométrico, deverão ser determinados os parâmetros que regem a compressibilidade dos solos (c_v e m_v). Por consequência, é possível o cálculo de k.

1.1.9 Considerações quanto à direção do fluxo em solos estratificados

De maneira geral, as propriedades hidráulicas dos solos não são isotrópicas, ou seja, variam significativamente de acordo com a direção considerada. Como comentado, uma das vantagens da determinação do coeficiente de permeabilidade em laboratório é a possibilidade de utilização de diversos arranjos para o solo, sendo possível o cálculo do coeficiente de permeabilidade em quaisquer direções.

No caso de solos estratificados, como mostrado na Fig. 1.17, o coeficiente de permeabilidade horizontal (k_h) (Fig. 1.17A) tende a ser maior que o vertical (k_v) (Fig. 1.17B), pois a direção da estratificação facilita a percolação horizontal.

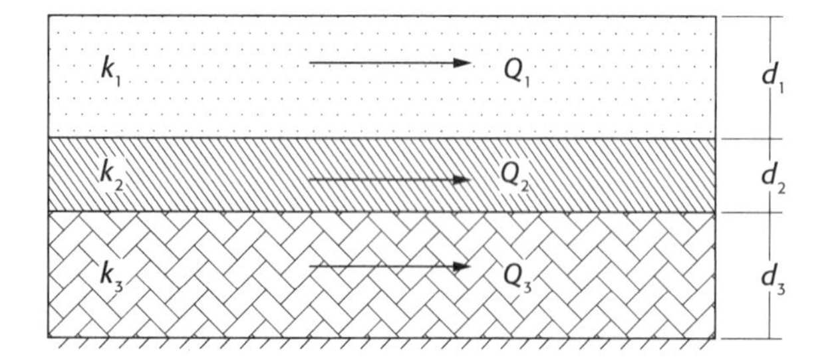

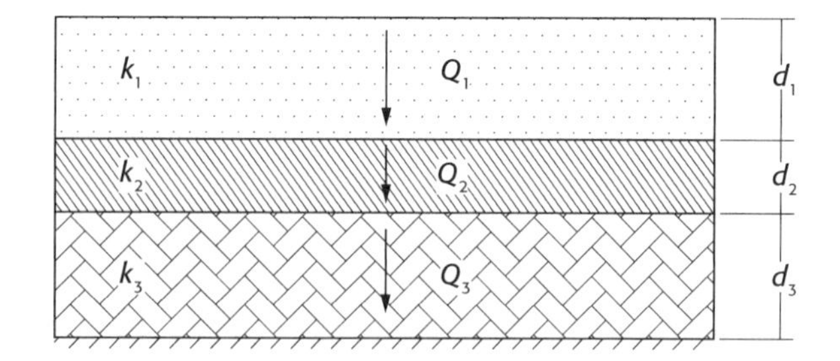

Fig. 1.17 *Fluxo em solos estratificados: (A) fluxo horizontal e (B) fluxo vertical*

Quanto à determinação do coeficiente de permeabilidade em fluxo paralelo às camadas do solo (fluxo horizontal), a vazão total (Q) se torna o somatório das vazões de cada camada (Q_1, Q_2, Q_3,..., Q_n), e a camada com maior permeabilidade (k_n) é a que tem a maior vazão (Q_n). Todas as camadas de solo têm o mesmo gradiente hidráulico (i), e o coeficiente horizontal pode ser calculado pela Eq. 1.11. A água percola horizontalmente nos estratos do solo e o ensaio pode ser realizado a fim de simular a percolação horizontal da água no solo devida a uma tubulação de água danificada, por exemplo.

$$k_h = \frac{\sum_{i=1}^{n} k_i d_i}{\sum_{i=1}^{n} d_i} \tag{1.11}$$

em que:
k_h = coeficiente de permeabilidade equivalente na direção horizontal (m/s);
k_i = coeficiente de permeabilidade de camada da estratigrafia (m/s);
d_i = espessura de cada camada da estratigrafia (m).

Quando o cálculo do coeficiente de permeabilidade se dá por fluxo perpendicular à estratigrafia do solo (fluxo vertical), a vazão total (Q) é a mesma para todas as camadas (Q_i), e na camada de menor permeabilidade (k_n) há maior perda de carga. O gradiente hidráulico (i) não é o mesmo em toda profundidade, mas, se o escoamento for contínuo, a velocidade é constante entre as camadas. O coeficiente de permeabilidade vertical pode ser calculado pela Eq. 1.12. A infiltração da água da chuva é um exemplo de caso em que a percolação da água se dá verticalmente.

$$k_v = \frac{\sum_{i=1}^{n} d_i}{\sum_{i=1}^{n} d_i / k_i} \tag{1.12}$$

em que:
k_v = coeficiente de permeabilidade equivalente na direção vertical (m/s).

Reforça-se, com isso, a possibilidade de realizar dois tipos de ensaios: com percolação vertical ou horizontal de água. Os procedimentos de preparação de amostra e execução dos ensaios são os mesmos para ambos os casos. O cuidado a ser tomado é quanto à consideração do diâmetro (perpendicular ao fluxo) e altura (paralela ao fluxo).

1.1.10 Cálculos e resultados

O gradiente hidráulico em ensaios de permeabilidade para cada leitura deve ser calculado pela Eq. 1.2, utilizando a carga dissipada e o comprimento do corpo de prova. Nos ensaios à carga constante, esse valor também é constante, enquanto no ensaio à carga variável o gradiente se altera entre as leituras. A área do corpo de prova deve ser determinada com base no diâmetro do corpo de prova utilizado.

Ensaios à carga constante

O coeficiente de permeabilidade é obtido inicialmente para a temperatura T (em °C) de realização do ensaio. Primeiro, calcular a vazão percolada em um intervalo de tempo Δt pela Eq. 1.13. Repetir esse processo para ao menos três gradientes hidráulicos diferentes adotados no ensaio, utilizados para definir o regime laminar, como mostrado na Fig. 1.9. Em seguida, calcular a média das vazões obtidas. Pela Eq. 1.14, obter a velocidade do escoamento na temperatura T para cada uma das vazões em diferentes gradientes. Devido à influência da temperatura na viscosidade do fluido, é usual apresentar o coeficiente de permeabilidade referente à temperatura de 20 °C; portanto, pode-se realizar a correção da velocidade pela Eq. 1.15. A relação μ_T/μ_{20} é obtida pela Tab. 1.3, da NBR 13292.

Na sequência, plotar um gráfico utilizando os pontos de velocidade obtidos versus o gradiente hidráulico (v_{20} *versus* i). Por interpolação, ajustar uma reta que passe pela origem e por esses pontos e determinar o coeficiente angular dessa reta (Eq. 1.16), que corresponde ao coeficiente de permeabilidade k_{20} do material ensaiado. Observar que esse processo de cálculo implica a aplicação direta da lei de Darcy (Eq. 1.1), podendo ser aplicada diretamente a Eq. 1.17 quando utilizado apenas um gradiente hidráulico.

$$Q = \frac{V_w}{\Delta_t} \tag{1.13}$$

$$v_T = \frac{Q}{A} \tag{1.14}$$

$$v_{20} = v_T \left(\frac{\mu_T}{\mu_{20}} \right) \tag{1.15}$$

$$k_{20} = \frac{\Delta v_{20}}{\Delta i} \tag{1.16}$$

$$k_{20} = \frac{V_w}{\Delta t\, i\, A} \left(\frac{\mu_T}{\mu_{20}} \right) \tag{1.17}$$

em que:
Q = vazão percolada (m^3/s);
V_w = volume de água percolado em um intervalo genérico de tempo (m^3);
Δt = intervalo de tempo genérico (s);
v_T = velocidade de Darcy na temperatura de ensaio (m/s);
v_{20} = velocidade de Darcy na temperatura de 20 °C (m/s);
μ_T/μ_{20} = relação entre a viscosidade da água na temperatura de ensaio e na temperatura de 20 °C, obtida na Tab. 1.3;
k_{20} = coeficiente de permeabilidade na temperatura de 20 °C (m/s);
Δv_{20} = variação da velocidade de fluxo na temperatura de 20°C entre dois pontos da reta velocidade *versus* gradiente hidráulico (m/s);
Δi = variação do gradiente hidráulico entre dois pontos da reta velocidade *versus* gradiente hidráulico (m/m);
i = gradiente hidráulico (m/m);
A = área da seção transversal do corpo de prova (m^2).

Observar que o coeficiente de permeabilidade final, de preferência, deve levar em consideração a velocidade de fluxo calculada para pelo menos três estágios com diferentes gradientes, de modo a definir o regime laminar permanente.

Ensaios à carga variável

Nos ensaios à carga variável, calcular o coeficiente de permeabilidade na temperatura T (°C) a partir da Eq. 1.18. Em seguida, referenciar o coeficiente de permeabilidade à temperatura de 20 °C utilizando a Eq. 1.19 e os dados da Tab. 1.3. O coeficiente de permeabilidade final deve levar em consideração ao menos

Tab. 1.3 Relação entre a viscosidade da água na temperatura *T* e na temperatura de 20°C

T (°C)	0,0	0,1	0,2	0,3	0,4	0,5	0,6	0,7	0,8	0,9
8	1,374	1,370	1,366	1,362	1,358	1,354	1,352	1,348	1,344	1,340
9	1,360	1,332	1,328	1,325	1,323	1,318	1,314	1,310	1,306	1,302
10	1,298	1,294	1,292	1,288	1,284	1,281	1,277	1,273	1,269	1,266
11	1,262	1,259	1,256	1,252	1,249	1,245	1,241	1,238	1,234	1,231
12	1,227	1,224	1,221	1,218	1,245	1,211	1,208	1,205	1,202	1,198
13	1,195	1,192	1,189	1,196	1,188	1,180	1,177	1,174	1,170	1,167
14	1,650	1,162	1,159	1,156	1,158	1,150	1,147	1,144	1,141	1,138
15	1,135	1,132	1,129	1,126	1,123	1,121	1,118	1,115	1,112	1,109
16	1,106	1,103	1,100	1,098	1,095	1,092	1,089	1,086	1,084	1,088
17	1,078	1,075	1,073	1,070	1,067	1,064	1,062	1,059	1,056	1,054
18	1,051	1,480	1,046	1,043	1,048	1,038	1,035	1,033	1,030	1,028
19	1,018	1,023	1,020	1,018	1,015	1,013	1,010	1,008	1,005	1,003
20	1,000	0,998	0,995	0,993	0,991	0,989	0,986	0,984	0,982	0,979
21	0,975	0,973	0,971	0,968	0,966	0,964	0,961	0,959	0,957	0,954
22	0,952	0,950	0,948	0,945	0,943	0,941	0,939	0,937	0,934	0,932
23	0,930	0,928	0,926	0,923	0,921	0,919	0,917	0,915	0,912	0,910
24	0,908	0,906	0,904	0,902	0,900	0,898	0,895	0,893	0,891	0,839
25	0,887	0,885	0,883	0,881	0,879	0,877	0,875	0,873	0,871	0,869
26	0,867	0,865	0,863	0,861	0,859	0,857	0,855	0,853	0,851	0,849
27	0,847	0,845	0,843	0,841	0,839	0,838	0,836	0,834	0,832	0,830
28	0,828	0,826	0,825	0,823	0,821	0,820	0,818	0,816	0,814	0,813
29	0,811	0,809	0,807	0,806	0,804	0,802	0,800	0,798	0,797	0,795
30	0,793	0,798	0,789	0,788	0,786	0,784	0,782	0,780	0,779	0,777
31	0,776	0,775	0,773	0,772	0,770	0,768	0,767	0,765	0,763	0,762

Fonte: ABNT (2021a).

quatro valores experimentais, sendo a média dessas determinações um valor representativo caso a variabilidade entre elas seja adequada.

$$k_T = \frac{aL}{A\Delta t}\ln\left(\frac{h_0}{h_f}\right) = \frac{2{,}3a \cdot L}{A\Delta t}\left(\frac{h_0}{h_f}\right) \quad \mathbf{(1.18)}$$

$$k_{20} = k_T\left(\frac{\mu_T}{\mu_{20}}\right) \quad \mathbf{(1.19)}$$

em que:

k_T = coeficiente de permeabilidade na temperatura de ensaio (m/s);

a = área da bureta (mm^2);

A = área do corpo de prova (mm^2);

L = comprimento do corpo de prova (m);

Δt = intervalo de tempo entre as medidas de carga hidráulica (s);

h_0 = carga hidráulica inicial, no início do intervalo Δt (m);

h_f = carga hidráulica final, no final do intervalo Δt (m).

Velocidade de percolação

A velocidade determinada utilizando a lei de Darcy representa o comportamento macroscópico do fenômeno da percolação. Caso seja necessário conhecer o fluxo com relação aos poros individuais do solo, deve-se considerar a área real onde há fluxo – a área de vazios da seção transversal. Para fazer esse cálculo, basta dividir a velocidade de Darcy pela porosidade do material. Essa velocidade, dita de percolação, é sempre maior que a velocidade média do fluido porque a área efetiva de percolação é menor.

$$v_s = \left(\frac{v}{n}\right) \tag{1.20}$$

em que:
v_s = velocidade de percolação (m/s);
v = velocidade de Darcy (m/s);
n = porosidade do solo.

Resultados

Na expressão dos resultados, apresentar a normatização utilizada ou as referências consultadas, tendo em vista a existência de diversos métodos para realização de ensaios de permeabilidade. Além disso, destacar:

- características geométricas do corpo de prova e do permeâmetro;
- tipo de permeâmetro utilizado (parede rígida ou flexível);
- características da carga aplicada (constante ou variável);
- índices físicos (grau de saturação, teor de umidade, peso específico aparente e seco e índice de vazios) iniciais e finais;
- descrição do solo e, se possível, classificação e curva granulométrica;
- método de preparação do corpo de prova (indeformado, reconstituído, compactado);
- método de saturação (percolação, contrapressão ou ambos);
- valor do parâmetro B encontrado, caso aplicável;
- dados do adensamento e tensão efetiva de ensaio, caso aplicável;
- direção de fluxo durante a medida da permeabilidade;
- diferença de carga e gradiente hidráulico durante o ensaio;
- coeficiente de permeabilidade vertical na temperatura de 20°C, com duas casas decimais e em potência de 10, podendo ser expresso em m/s ou cm/s;
- gráficos e registros fotográficos pertinentes.

Boxe 1.1 Ensaio à carga constante

Um solo não coesivo foi ensaiado de modo a se obter seu coeficiente de permeabilidade. O peso específico dos grãos é de 2,70 g/cm³, e os dados iniciais do ensaio são apresentados na Tab. 1.4. Durante o ensaio, foram realizadas medidas de volume e carga hidráulica a cada 30 s, com a temperatura da água em 25 °C. Os dados coletados estão apresentados na Tab. 1.5.

Tab. 1.4 Dados iniciais do corpo de prova (CP) ensaiado

Massa do CP (g)	Altura do CP (cm)	Área do CP (cm²)	Distância entre as medidas de carga (cm)	Teor de umidade inicial
1.390,00	164,00	50,26	9,00	35,80%

Tab. 1.5 Dados obtidos na realização de ensaios sob carga constante

Ensaio	Tempo (s)	Volume (cm³)	*T* (°C)	Carga hidráulica no topo (cm)	Carga hidráulica na base (cm)	$i = \Delta h/L$
1	30	48	25	17,2	0	1,91
2	30	51	25	18,54	0	2,06
3	30	53	25	19,89	0	2,21
4	30	57	25	21,15	0	2,35
5	30	59	25	22,5	0	2,50

Inicialmente, pode-se calcular o peso específico natural (ou aparente, γ_n) e, com ele, obter o peso específico seco (γ_d), o índice de vazio (e) e o grau de saturação inicial (S), pelas equações básicas de índices físicos da Mecânica dos Solos:

$$\gamma_n = \frac{\text{Peso do CP}}{\text{Volume do CP}} = \frac{1{,}39(\text{kg}) \times 9{,}81\left(\frac{\text{m}}{\text{s}^2}\right)}{0{,}05026 \times 16\,(\text{m}^3)} = 1.695{,}67\ \text{kgf/m}^3 = 16{,}63\ \text{kN/m}^3$$

$$\gamma_d = \frac{\gamma_n}{1+w} = \frac{16{,}63}{1+0{,}3580} = 12{,}52\ \text{kN/m}^3$$

$$e = \frac{\gamma_s}{\gamma_d} - 1 = \frac{27{,}0}{12{,}24} - 1 = 1{,}21$$

$$S = \frac{\gamma_s\, w}{\gamma_w\, e} = \frac{27{,}0 \times 0{,}3580}{9{,}81 \times 1{,}21} = 81{,}43\%$$

Para cada ensaio, aplica-se a Eq. 1.13 para o cálculo da vazão. Na sequência, pode-se utilizar a Eq. 1.14 para determinar a velocidade de fluxo e a Eq. 1.15 para referenciá-la à temperatura de 20°C.

Vazão (cm^3/s)	Velocidade v_T (cm/s)	Velocidade v_{20} (cm/s) - $\mu_T/\mu_{20} = 0{,}877$
$Q_1 = \frac{V_w}{\Delta_t} = \frac{48}{30} = 1{,}60\ cm^3/s$	$v_T = \frac{Q}{A} = \frac{1{,}60}{103{,}87} = 0{,}0154\ cm/s$	$v_{20} = 0{,}0137$
$Q_2 = \frac{V_w}{\Delta_t} = \frac{51}{30} = 1{,}70\ cm^3/s$	$v_T = \frac{Q}{A} = \frac{1{,}70}{103{,}87} = 0{,}0164\ cm/s$	$v_{20} = 0{,}0145$
$Q_3 = \frac{V_w}{\Delta_t} = \frac{53}{30} = 1{,}77\ cm^3/s$	$v_T = \frac{Q}{A} = \frac{1{,}77}{103{,}87} = 0{,}0170\ cm/s$	$v_{20} = 0{,}0151$
$Q_4 = \frac{V_w}{\Delta_t} = \frac{57}{30} = 1{,}90\ cm^3/s$	$v_T = \frac{Q}{A} = \frac{1{,}90}{103{,}87} = 0{,}0183\ cm/s$	$v_{20} = 0{,}0162$
$Q_5 = \frac{V_w}{\Delta_t} = \frac{59}{30} = 1{,}97\ cm^3/s$	$v_T = \frac{Q}{A} = \frac{1{,}97}{103{,}87} = 0{,}0190\ cm/s$	$v_{20} = 0{,}0169$

Finalmente, plotam-se os valores de v_{20} com os gradientes hidráulicos (Eq. 1.2) para obter o coeficiente de permeabilidade (Fig. 1.18). Pelo método dos mínimos quadrados, considerando que a reta que ajusta os cinco pontos também passa pela origem, determina-se um coeficiente de permeabilidade $k_{20} = 6{,}80 \times 10^{-3}$ cm/s ou $6{,}80 \times 10^{-5}$ m/s. Comparando com os dados da Tab. 1.1, conclui-se que se trata de um solo com granulometria similar a de uma areia siltosa.

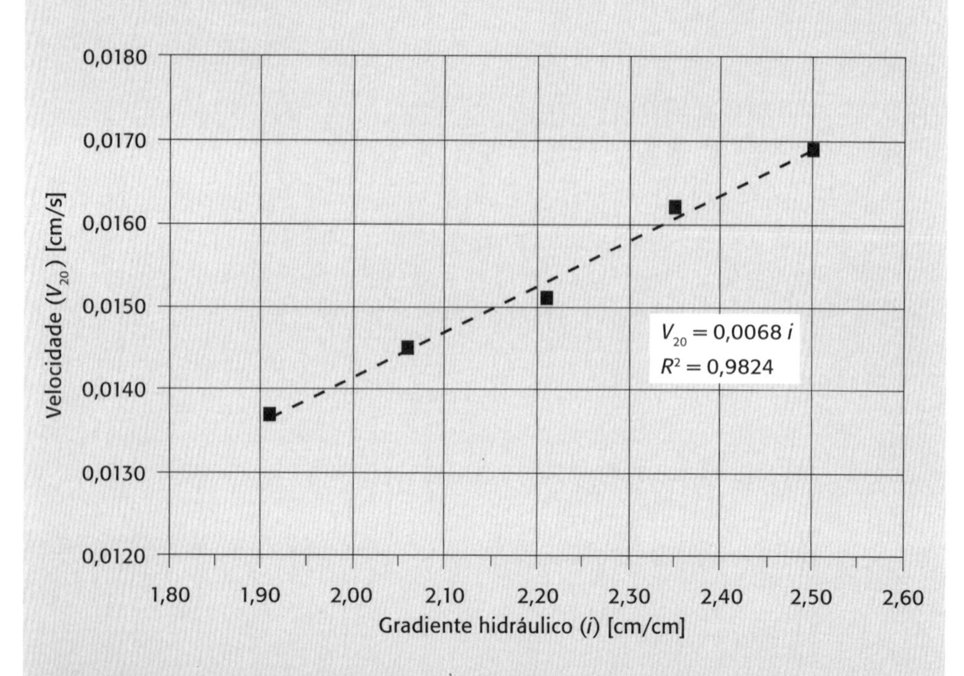

Fig. 1.18 *Curva de velocidade versus gradiente hidráulico para definição do coeficiente de permeabilidade à carga constante*

Boxe 1.2 Ensaio à carga variável

Para outro solo residual de granito-gnaisse da região de Curitiba (PR), é realizado um ensaio de permeabilidade à carga variável, pois o tempo de percolação em ensaios à carga constante é muito elevado. O peso específico dos grãos é de 2,75 g/cm³, e o teor de umidade de 41,2%, sendo os outros dados iniciais apresentados na Tab. 1.6.

Tab. 1.6 Dados do CP utilizado em ensaio de permeabilidade à carga variável

Diâmetro do CP (cm)	Altura do CP (cm)	Massa do CP (g)	Área da bureta (cm²)	Área do CP (cm²)
7,25	14,15	955,83	0,75	41,26

Os índices físicos do solo ensaiado podem ser determinados de modo análogo ao apresentado no Boxe 1.1. Aplicando-se a Eq. 1.18, pode-se determinar o coeficiente de permeabilidade na temperatura de ensaio para uma das medições, e, depois, referenciá-lo à temperatura de 20 °C com a Eq. 1.19. O coeficiente obtido na Tab. 1.3 vale 0,859. Realizando esse cálculo para os dois primeiros ensaios:

$$k_{T-1} = \frac{0{,}75 \times 14{,}15}{41{,}26 \times 900} \ln \ln\left(\frac{118{,}4}{101{,}0}\right) = 4{,}54 \times 10^{-5} \text{ cm/s}$$

$$k_{T-2} = \frac{0{,}75 \times 7{,}25}{41{,}26 \times 900} \ln \ln\left(\frac{101{,}0}{86{,}4}\right) = 4{,}46 \times 10^{-5} \text{ cm/s}$$

$$k_{20-1} = 4{,}54 \times 10^{-5} \times (0{,}859) = 3{,}90 \times 10^{-5} \text{ cm/s}$$

$$k_{20-2} = 4{,}46 \times 10^{-5} \times (0{,}859) = 3{,}83 \times 10^{-5} \text{ cm/s}$$

O cálculo é repetido para todas as leituras. Os resultados são apresentados na Tab. 1.7. A análise conjunta desses dados com o representado na Fig. 1.19 permite observar que, embora os valores do coeficiente de permeabilidade obtidos nas duas primeiras leituras sejam ligeiramente discrepantes dos restantes, a ordem de grandeza dos valores permanece a mesma. Por essa razão, o valor médio de k_{20} pode ser tomado como a média dos valores obtidos em todos os ensaios, resultando em um valor de $2{,}20 \times 10^{-5}$ cm/s (ou $2{,}20 \times 10^{-7}$ m/s). Confrontando esse dado com a Tab. 1.8, pode-se dizer que se trata de um solo com comportamento siltoso quanto à permeabilidade.

Tab. 1.7 Dados de ensaio de permeabilidade à carga variável

Ensaio	Leitura inicial (h_0) (cm)	Leitura final (h_f) (cm)	Tempo inicial (s)	Tempo final (s)	T (°C)
1	118,4	101,0	0	900	26,4
2	101,0	86,4	0	900	26,4
3	86,4	78,1	0	900	26,4
4	78,1	70,8	0	900	26,4
5	70,8	64,7	0	900	26,4
6	64,7	59,4	0	900	26,4
7	59,4	56,3	0	900	26,4
8	56,3	53,3	0	900	26,4
9	53,3	50,6	0	900	26,4
10	50,6	48,3	0	900	26,4

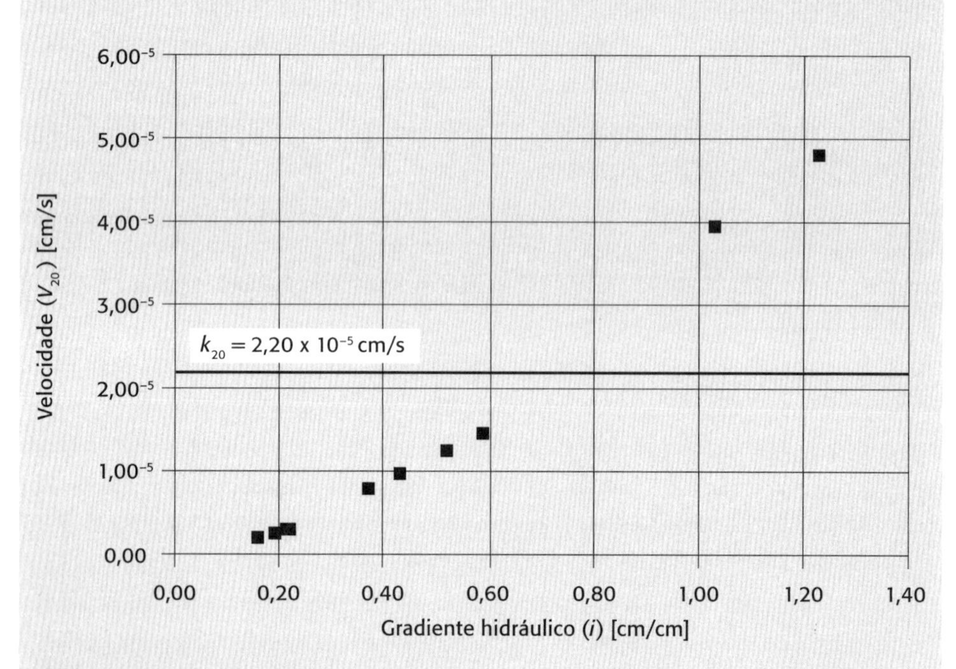

Fig. 1.19 *Curva de velocidade* versus *gradiente hidráulico em ensaio de permeabilidade à carga variável*

Tab. 1.8 Resultados do ensaio de permeabilidade à carga variável

Ensaio	k_T (cm/s)	k_{20} (cm/s)	i (cm/cm)	v_{20} (cm/s)
1	$4{,}54^{-5}$	$3{,}90^{-5}$	1,23	$4{,}80^{-5}$
2	$4{,}46^{-5}$	$3{,}83^{-5}$	1,03	$3{,}95^{-5}$
3	$2{,}89^{-5}$	$2{,}48^{-5}$	0,59	$1{,}46^{-5}$
4	$2{,}80^{-5}$	$2{,}41^{-5}$	0,52	$1{,}24^{-5}$
5	$2{,}57^{-5}$	$2{,}21^{-5}$	0,43	$9{,}52^{-6}$
6	$2{,}44^{-5}$	$2{,}10^{-5}$	0,37	$7{,}85^{-6}$
7	$1{,}53^{-5}$	$1{,}31^{-5}$	0,22	$2{,}88^{-6}$
8	$1{,}56^{-5}$	$1{,}34^{-5}$	0,21	$2{,}84^{-6}$
9	$1{,}49^{-5}$	$1{,}28^{-5}$	0,19	$2{,}44^{-6}$
10	$1{,}33^{-5}$	$1{,}14^{-5}$	0,16	$1{,}86^{-6}$

1.2 Ensaio de sucção

A sucção é um parâmetro muito importante para o estudo de um solo não saturado. Para defini-la, o método do papel-filtro tem-se mostrado muito vantajoso, sendo um dos mais utilizados para a obtenção da medida de sucção. Trata-se de um método indireto cujo objetivo é determinar a tensão de sucção do solo através de uma curva de calibração, que relaciona sucção com a umidade de uma folha de papel-filtro (referência Whatman nº 42) colocada sobre a amostra de solo, num arranjo selado por um filme plástico dentro de um recipiente fechado. A simplicidade do método, seu baixo custo e a possibilidade de medir a sucção total ou mátrica em largos limites (30-30.000 kPa) são as vantagens observadas com essa técnica. Entretanto, tem como inconveniente o tempo para obtenção da curva e a necessidade de extremo cuidado na execução.

1.2.1 Conceitos fundamentais

Quando um solo úmido (w_1) é colocado em contato com um material poroso (w_2) com capacidade de absorver água, esta tende a passar do solo para o material poroso até que o equilíbrio seja estabelecido, ou seja, até que não ocorra mais fluxo entre o solo (w_3) e o papel (w_4) (Fig. 1.20). O tempo de equilíbrio é muito importante para a obtenção da sucção correta, pois no equilíbrio se observa que a sucção é a mesma para os dois materiais, ainda que eles possuam teores de umidade diferentes. Logo, a água absorvida pelo papel-filtro pode ser utilizada para obter a sucção do sistema (Feuerharmel, 2003).

Segundo Marinho (1995), a troca de água entre os materiais pode ocorrer de duas formas: através de fluxo de vapor, quando não há contato entre os materiais; ou através de fluxo capilar, quando há contato entre os materiais. A Fig. 1.21 representa esses dois tipos de fluxos entre solo e papel-filtro.

Se o fluxo ocorrer através de vapor, a sucção medida será a total, pois as moléculas devem se separar e sair dos poros, vencendo forças capilares e osmóticas. Se o fluxo ocorrer por capilaridade, mede-se a sucção mátrica, pois o componente osmótico não atua como uma força adicional que impede o fluxo de água para o papel-filtro. A única maneira de estabelecer a sucção osmótica pelo método do papel-filtro é realizando a diferença entre a sucção total e a sucção mátrica (Feuerharmel, 2003).

A técnica do papel-filtro é muito simples, mas deve ser realizada e analisada cuidadosamente para aumentar o grau de confiabilidade nos resultados. Alguns aspectos da realização do ensaio devem receber atenção especial, entre eles, o tipo de contato entre o papel-filtro e o solo. Se o solo estiver mais úmido, o papel-filtro se adere bem ao material. Já se o solo estiver mais seco, o papel fica mais solto, e nesse caso propõe-se colocar um peso sobre a amostra, a fim de garantir um bom contato solo-papel.

Algumas limitações do método são: o tempo exigido para atingir o equilíbrio da sucção entre o papel e o solo; a necessidade de medições exatas de massa do papel-filtro; e o efeito da variação da temperatura. A variação da temperatura pode provocar evaporação ou condensação, alterando, assim, o tempo de equilíbrio necessário. Dessa forma, recomenda-se o uso de caixas isolantes, como caixa de isopor, para conservação das amostras durante o período de espera até a obtenção do equilíbrio. Para obtenção da massa do papel-filtro, um dos problemas é que, quando desfeito o contato com o solo, o papel perde água rapidamente e, quando retirado da estufa, absorve rapidamente água do ambiente, o que faz variar a massa do papel (Teixeira, 2014). Deve-se utilizar uma balança com precisão de leitura de 0,0001 g e um tempo de transferência de no máximo 5 segundos.

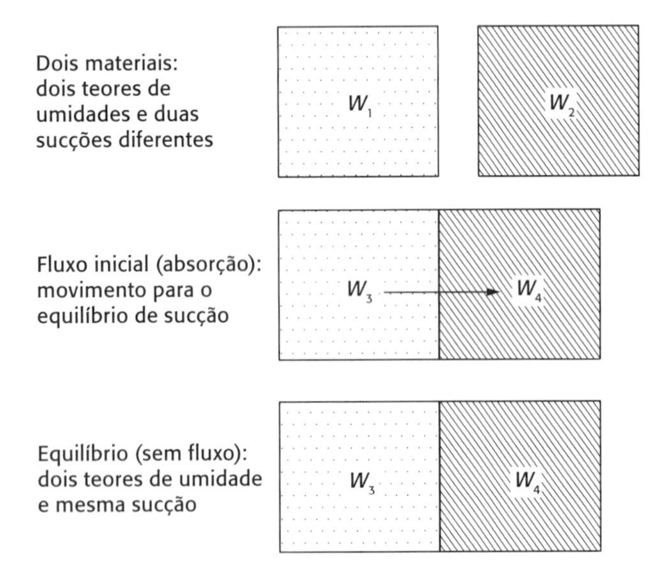

Fig. 1.20 *Fluxo de água entre materiais*
Fonte: adaptado de Furman (2019).

O tempo de equalização é uma das considerações mais importantes para o método do papel-filtro. O tempo exigido pela norma ASTM D 5298 (ASTM, 2016b) é de sete dias, independentemente do

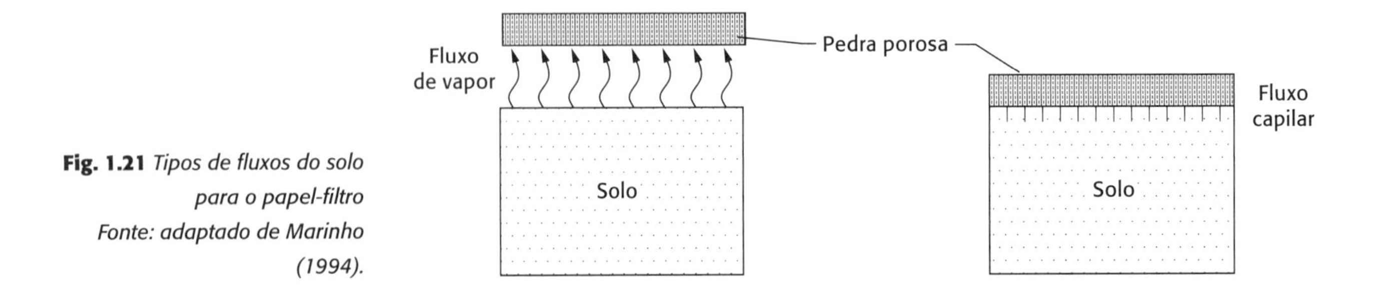

Fig. 1.21 *Tipos de fluxos do solo para o papel-filtro*
Fonte: adaptado de Marinho (1994).

nível e do tipo de sucção. Como citado em Marinho (1994), para o papel-filtro em contato com a água de poro (medição da sucção mátrica), grande parte da água é absorvida nos primeiros minutos e, a partir daí, ela é absorvida lentamente até chegar ao equilíbrio, em aproximadamente sete dias. No caso de o papel não estar em contato com a água de poro (medição da sucção total), quanto mais baixo o valor da sucção, maior o tempo de equilíbrio. Feuerharmel (2007) sugere o tempo de equalização de sete dias para valores de sucção acima de 10.000 kPa e de quatro dias para valores menores que 10.000 kPa. A Tab. 1.9 apresenta sugestões para o tempo de equilíbrio em função do nível de sucção total para o papel-filtro Whatman n° 42.

Tab. 1.9 Tempo de equilíbrio para medida da sucção total em função do nível de sucção

Nível de sucção total (kPa)	Tempo de equilíbrio sugerido
0-100	> 30 dias
100-250	30 dias
250-1.000	15 dias
1.000-30.000	7 dias

Fonte: Marinho (1994).

Para o papel-filtro Whatman n° 42, Marinho (2005) indica que a umidade inicial no estado seco do ar é de aproximadamente 6%, a qual permite medições de sucção de zero até 29 MPa, considerando a formulação proposta por Chandler *et al.* (1992 *apud* Marinho, 2005). Esta é a máxima sucção matricial que o solo pode ter para que o papel-filtro absorva água dele.

Irregularidades superficiais ou descontinuidades na face da amostra em relação ao papel-filtro podem causar imprecisão nas aferições, acarretando medições incorretas. Para contornar esse problema, é possível aumentar o tempo de reserva no ambiente hermético, ampliando o tempo de interação entre papel-filtro e solo. Aconselha-se que, após o tempo estabelecido para equilíbrio (depois do qual não há mais movimentação significativa de água entre papel--solo), o papel-filtro seja removido do ambiente hermético e sua massa seja aferida o mais rápido possível, a fim de evitar alteração de sua umidade.

1.2.2 Normas

Não existe norma brasileira que prescreva o ensaio. A norma americana ASTM D 5298 apresenta os procedimentos para a realização do ensaio. No entanto, existem algumas divergências e especificações destacadas na literatura, como a necessidade ou não de secagem prévia do papel-filtro antes da realização do ensaio, as diversas curvas de calibração recomendadas para o papel-filtro e a possibilidade de uso dos dois tipos de papel, Whatman n° 42 e Schleicher & Schuell n° 589.

Marinho (2005) aponta que, apesar de a norma americana ASTM D 5298 sugerir que o papel-filtro seja seco em estufa por, no mínimo, 16 horas antes do uso, esse procedimento pode alterar a curva de calibração. Dessa forma, o papel-filtro deve ser usado diretamente quando retirado da caixa, ou seja, seco ao ar.

1.2.3 Equipamentos, materiais e acessórios

O ensaio feito com o papel-filtro não precisa de equipamentos complexos ou sofisticados. Os materiais necessários são: tesoura, luva, cápsulas, papéis-filme, filtro e alumínio, pinça plástica, fita durex e anel metálico. Destaca-se o uso de luva e pinça plástica durante todo o processo, para evitar variações de peso do papel e facilitar o seu manuseio.

1.2.4 Preparação dos corpos de prova

O preparo dos corpos de prova é feito cravando o anel metálico em uma porção indeformada do solo. Recomenda-se realizar talhamento lateral contínuo, para que o cravamento do anel não altere a estrutura original do solo, até que o anel esteja cravado com espessura excedente de solo na parte superior e inferior do anel, como observado na Fig. 1.22A. No caso de o solo estar muito seco, é possível borrifar água destilada para permitir a moldagem dos corpos de prova. É extremamente importante que o solo ocupe todo o volume do anel metálico, ilustrado na Fig. 1.22B, uma vez que a umidade volumétrica será determinada considerando esse volume.

Em seguida, acrescenta-se a quantidade de água necessária para alcance de diferentes umidades que se deseja mensurar e o papel-filtro, distante ou não do corpo de prova. Primeiro, sela-se com um papel--filme e, em seguida, com papel alumínio, como pode ser visto na Fig. 1.22C,D. Repete-se o procedimento quatro vezes, duas em cada lado. Além disso, é deixado um excesso de papel na lateral para posterior corte na altura do anel, conforme Fig. 1.22E,F. O embrulho do corpo de prova realizado dessa maneira não apenas garante que não haja perda de umidade durante o tempo de equilíbrio, mas também facilita a retirada do papel-filtro para pesagem ao final desse período.

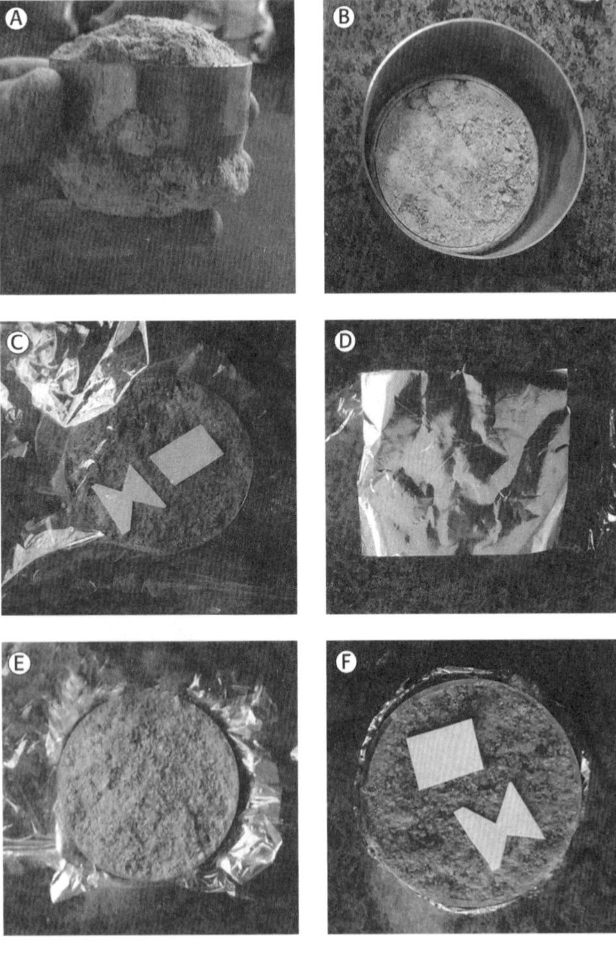

Fig. 1.22 *Procedimento para preparação de amostras no ensaio do papel-filtro*

1.2.5 Processo executivo

A curva característica pode ser determinada com um único corpo de prova, seu teor de umidade variando no tempo e, para cada teor, uma determinação de sucção com o papel-filtro. Ou com vários corpos de prova, cada um preparado com um teor de umidade diferente. A vantagem da utilização de um único corpo de prova está na homogeneidade da amostra, e a desvantagem é o tempo para a obtenção da curva característica e a menor precisão na determinação do teor de umidade, uma vez que esse parâmetro é obtido apenas ao final do processo, ou seja, para um único ponto da curva característica diretamente. Os teores de umidade intermediários são determinados indiretamente, pela pesagem do corpo de prova ao longo do processo. Deve-se tomar cuidado especial para que não haja perda de material durante o ensaio.

A utilização de vários corpos de prova concomitantes apresenta um prazo menor para a determinação da curva característica, mas, para solos muito heterogêneos, às vezes é necessário um número maior de pontos.

Previamente ao início do ensaio, deve-se medir o teor de umidade inicial da amostra para calcular, por meio de índices físicos, o volume de água que deve ser acrescido em cada corpo de prova, considerando a utilização de mais de um, a fim de garantir abrangência de todo o espectro de variação da umidade volumétrica, resultando em uma curva de retenção bem definida.

O processo explicado a seguir deve ser repetido para a obtenção das trajetórias de secagem e umedecimento. Ou seja, realiza-se todo o ensaio para amostras umedecidas e, em seguida, para amostras secas ao ar. O principal objetivo é observar a existência da histerese na amostra, como mostrado na Fig. 1.23. A histerese indica a dependência da condição antecedente da amostra para a variação da sucção. Como exemplo, no caso de chuvas antecedentes, o solo possuirá sucções menores quando comparado a condições prévias de seca, para um mesmo valor de umidade correspondente; há, portanto, um potencial maior de ruptura no primeiro caso.

Em amostras de solo provenientes da Formação Guabirotuba (Curitiba, PR), Kormann (2002) analisou as curvas características a fim de compreender a variação da sucção para diferentes graus de saturação e ciclo de secagem e umedecimento. Nas amostras indeformadas ensaiadas (em estado natural), para os teores de umidade de campo (21,4-25,7%), as sucções encontradas foram entre 1.600 kPa e 2.500 kPa. Conforme pode ser observado na Fig. 1.24, os pontos de entrada de ar, nesses casos, correspondem às sucções matriciais de 7.000 kPa a 20.000 kPa e a teores de umidade entre 14,0-17,0%.

No início do ensaio, moldam-se as amostras em anel metálico circular, com diâmetro aproximado de 4,8 cm e altura aproximada de 2,0 cm. É necessário obter as medidas específicas de cada anel para o cálculo do volume total da amostra. Para tanto, recomenda-se o uso do paquímetro para obtenção da média das medidas a partir de três leituras.

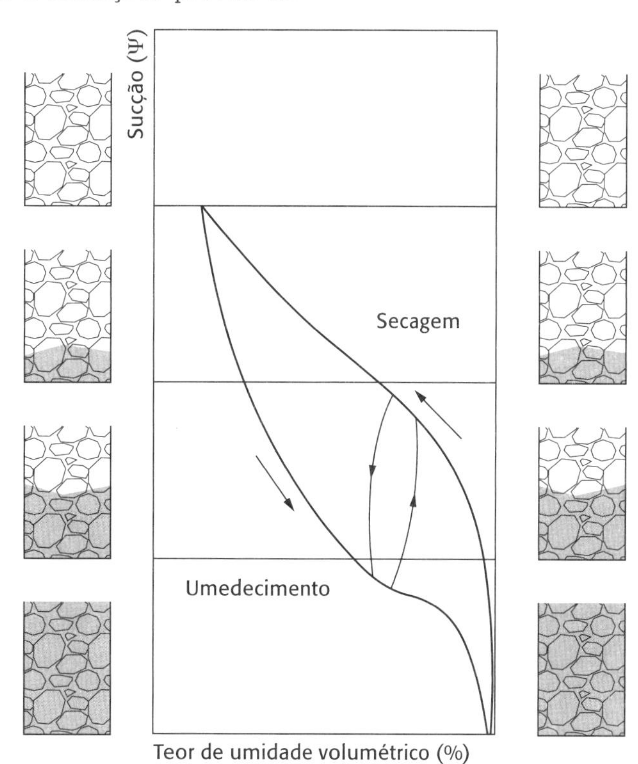

Fig. 1.23 *Curva de retenção: processos de secagem e umedecimento*
Fonte: adaptado de Gerscovich (2012).

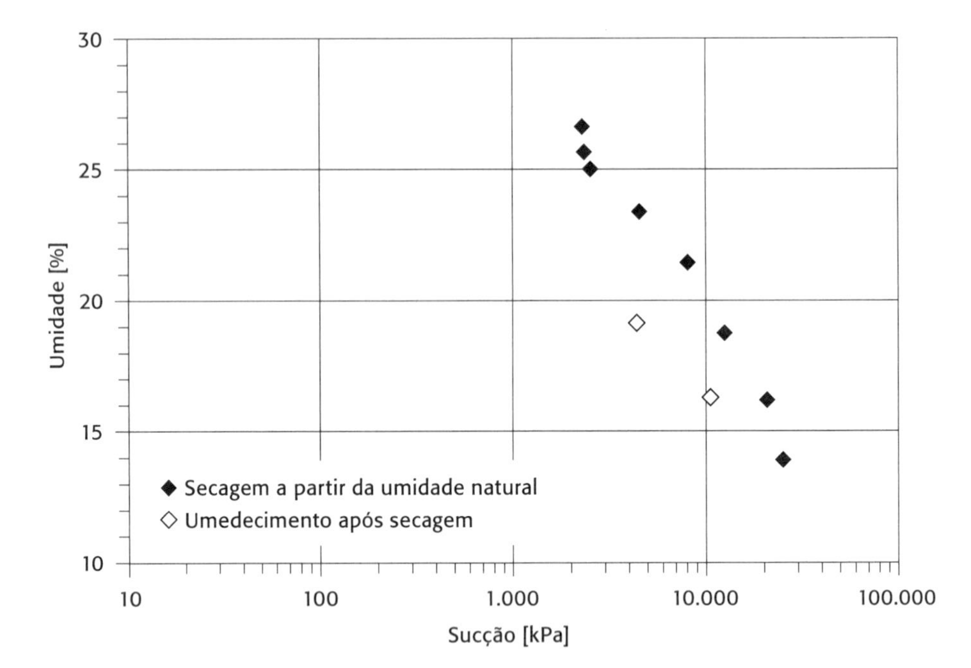

Fig. 1.24 *Curvas características de amostra indeformada de solo da Formação Guabirotuba Fonte: adaptado de Kormann (2002).*

Acrescenta-se a quantidade de água necessária e, após um tempo que permita a infiltração da água na amostra, posiciona-se o papel-filtro. O papel fica em contato com o solo para a determinação da sucção matricial e sem contato direto para a determinação da sucção total. Para a determinação da sucção total, usa-se um anel plástico ou de acrílico para apoiar o papel e não permitir o contato direto com o solo. Depois, as amostras são seladas em camadas alternadas de papel-filme e papel-alumínio e identificadas. Por fim, são colocadas em uma caixa de isopor hermeticamente fechada e armazenada em câmara seca (aproximadamente 19 °C), sem variação de temperatura, pelo tempo necessário para que se atinja o equilíbrio. Esse tempo pode variar de 7 a 30 dias, a depender do tipo de amostra e das condições do local de armazenamento (conforme a Tab. 1.9).

Após o fim do período de equilíbrio, pesam-se o papel-filtro (transferido em menos de 5 segundos para um plástico hermeticamente fechado) e o conjunto cápsula, anel e amostra de solo. Tanto o papel-filtro quanto o conjunto são colocados posteriormente na estufa (aproximadamente 105 °C) até o equilíbrio de massa. Após esse período, o papel-filtro e o conjunto cápsula, anel e solo são pesados novamente para aferição da umidade gravimétrica do papel e da amostra.

Durante a realização do ensaio, é importante observar o tempo mínimo de equilíbrio, além de garantir que o papel-filtro seja retirado do local de equilíbrio sem perda significativa de umidade (entre 3 a 5 segundos). Por fim, deve-se manusear o papel com muito cuidado, com o auxílio de uma pinça plástica, e pesá-lo em balança de precisão da ordem de 0,001 g.

1.2.6 Cálculos e resultados

Para obtenção da sucção matricial (ψ), é necessário, primeiramente, aferir com precisão o teor de umidade gravimétrico do papel-filtro (w_{papel}). Para garantir que o papel-filtro não perca umidade nesse processo, deve-se acondicioná-lo em sacos plásticos com fechos selantes. A umidade é obtida conforme a Eq. 1.21, em que se considera o desconto da massa desses sacos plásticos e as massas do papel-filtro nas condições úmido e seco, ou seja, logo após o fim do tempo de equilíbrio e após secagem na estufa, respectivamente.

$$w_{papel} = \frac{(m_{pl+pu} - m_{pl}) - (m_{pl+ps} - m_{pl})}{(m_{pl+ps} - m_{pl})} \quad \textbf{(1.21)}$$

em que:

m_{pl+pu} = massa do saco plástico acrescida da massa de papel úmido (g);

m_{pl} = massa do saco plástico (g);

m_{pl+ps} = massa do saco plástico acrescida da massa do papel seco (g).

A Tab. 1.10 apresenta alguns exemplos de equações de calibração das sucções do papel-filtro em função das suas umidades gravimétricas.

As curvas de calibração são bilineares, tomadas a partir de um gráfico de dispersão no qual um dos eixos representa o teor de umidade gravimétrica e o outro, a sucção do solo em escala logarítmica, como mostrado na Fig. 1.25. A transição entre as porções úmida e seca da curva de calibração ocorre quando o teor de água no papel-filtro Whatman nº 42 é próximo àquele apresentado na quarta coluna da Tab. 1.10.

Estudos mais recentes visam correlacionar as diversas curvas de calibração propostas, a fim de minimizar a divergência entre os valores de sucção obtidos

Tab. 1.10 Equações de calibração propostas para os papéis-filtro mais utilizados

Referência	Papel	Tipo	Sucção (kPa)	Observação
ASTM D 5298	Schleicher & Schuell nº 589	Total	$\psi = 10^{5,327 - 0,0779 w_{papel}}$	$w_{papel} \leq 45,3\%$
		Matricial	$\psi = 10^{2,412 - 0,0135 w_{papel}}$	$w_{papel} > 45,3\%$
Chandler e Gutierrez (1986)	Whatman nº 42	Matricial	$\psi = 10^{2,85 - 0,0622 w_{papel}}$	$80\,kPa \leq \Psi \leq 6.000\,kPa$
Chandler, Crilley e Montgomery-Smith (1992)	Whatman nº 42	Matricial	$\psi = 10^{4,842 - 0,0622 w_{papel}}$	$w_{papel} \leq 47\%$
			$\psi = 10^{6,050 - 2,48 \log w_{papel}}$	$w_{papel} > 47\%$
Marinho e Oliveira (2006)	Whatman nº 42	Matricial	$\psi = 10^{4,83 - 0,839 w_{papel}}$	$w_{papel} \leq 33\%$
		Total	$\psi = 10^{2,57 - 0,0154 w_{papel}}$	$w_{papel} > 33\%$

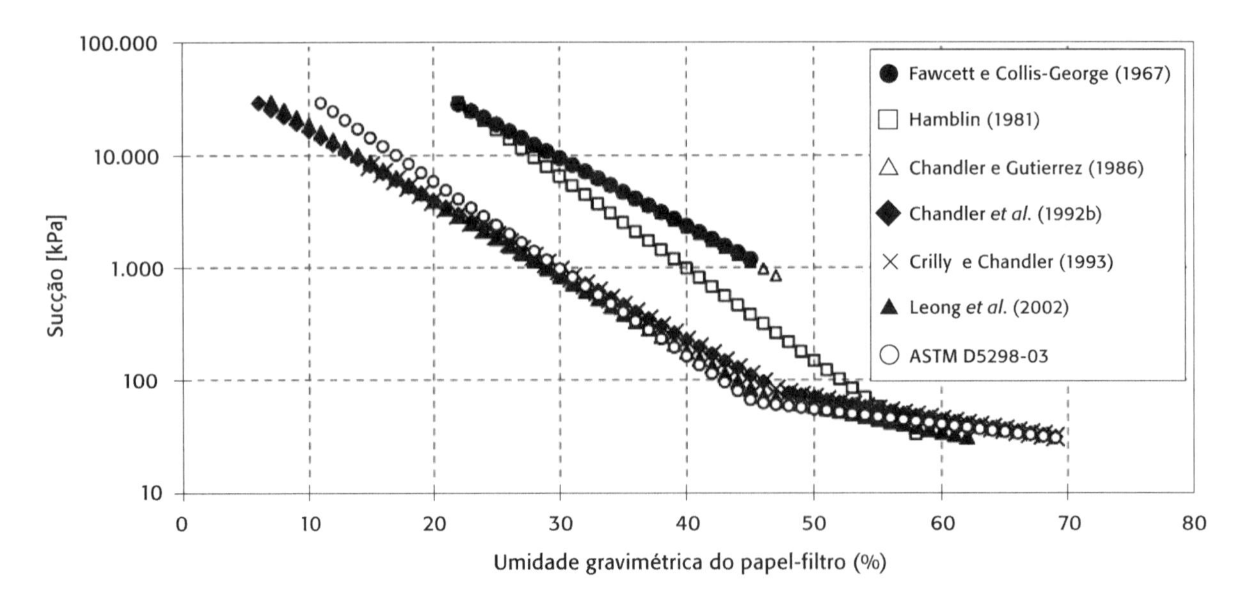

Fig. 1.25 *Curvas de calibração papel Whatman nº 42*
Fonte: adaptado de Cupertino (2013).

por cada uma delas. Um estudo brasileiro realizado por Bicalho *et al.* (2008) buscou correlacionar sete curvas de calibração através de análises lineares e não lineares, para solo arenoso siltoso compactado. O melhor resultado obtido foi o ajuste de uma curva por análise não linear considerando apenas as curvas propostas por Chandler, Crilley e Montgomery-Smith (1992), Leong, He e Rahardjo (2002) e pela norma americana ASTM D 5298-3.

Em seguida, a umidade volumétrica do solo (θ) deve ser obtida pela relação entre a massa de água presente no solo pelo volume da amostra, ou seja, o volume do anel, conforme Eq. 1.22:

$$\theta = \frac{M_u - M_s}{V_{anel}} 100 \quad \textbf{(1.22)}$$

em que:
M_u = massa da amostra úmida (g);
M_s = massa da amostra seca (g);
V_{anel} = volume do anel (cm^3).

Previamente à definição da curva de retenção, faz-se necessária a definição dos pares de pontos (umidade volumétrica do solo; sucção matricial) mais representativos. Devem ser descartadas as amostras que apresentaram as seguintes características:

- amostras com papéis-filtro demasiadamente contaminados com partículas de solo;
- amostras com umidades volumétricas próximas, porém com sucção matricial correspondente destoante, ou seja, pontos fora da curva.

Uma vez definidos os pontos de umidade volumétrica e sucção matricial correspondente, ajusta-se a curva. As principais relações matemáticas definidas na literatura são apresentadas no Quadro 1.2.

Quadro 1.2 Equações empíricas para ajuste da curva de retenção do solo

Autores	Relações matemáticas	Parâmetros
Brooks e Corey (1966 *apud* Fredlund; Rahardjo, 1993)	$\theta = (\theta_s - \theta_r)\left(\frac{\psi_b{}^{\lambda}}{\psi}\right) + \theta_r$	ψ = sucção matricial ψ_b= sucção de entrada de ar θ = umidade vol. (cm³/ cm³) θ_s = umidade vol. de saturação θ_r= umidade vol. residual λ = parâmetro de ajuste (tipo de solo)
Van Genuchten (1980)	$\theta = \theta_r + \frac{\theta_s - \theta_r}{\left(1 + (\alpha\psi)^n\right)^m}$ $m = 1 - \frac{1}{n}$	n, m = parâmetros de ajuste α = parâmetro de ajuste
Fredlund, Xing e Huang (1994)	$\theta = \theta_s \left[1 - \frac{\ln\left(1 + \frac{\psi}{\psi_r}\right)}{\ln\left(1 + \frac{10^6}{\psi_r}\right)}\right]\left[\frac{1}{\ln\left(e + \left(\frac{\psi}{a}\right)^n\right)}\right]^m$	ψ_r= sucção residual e = 2,71828 10^6= valor-limite de sucção matricial para qualquer solo

Fonte: adaptado de Calle (2000).

Todas as equações apresentadas definem curvas do tipo unimodal. Dessa forma, para os outros tipos de curva, é possível encontrar diferentes equações que se ajustem aos diferentes patamares.

A existência de outros patamares está relacionada com os principais tamanhos e a distribuição dos poros do solo. Como esquematizado na Fig. 1.26, a estrutura dos poros também pode ser bimodal ou trimodal. Nesses casos, a curva de retenção possuirá outros patamares correspondentes aos tamanhos dos poros, com teores de umidade residual e pressões de entrada de ar distintas, como pode ser observado na Fig. 1.27, de caráter meramente ilustrativo.

Boszczowski (2008) avaliou as propriedades mecânicas e hidráulicas de um perfil de alteração de granito-gnaisse de Curitiba (PR). A caracterização foi realizada em solos denominados por suas cores: marrom, vermelho, laranja, amarelo e branco a profundidades médias de 1,7 m, 2,5 m, 6,6 m, 7,8 m e 10,6 m, respectivamente. Na Fig. 1.28 são apresentados a curva característica e os ajustes por equações empíricas obtidos para um solo residual jovem denominado Solo Branco. Os parâmetros das equações de Fredlund e Xing (1994) e Van Genuchten (1980) são apresentados na Tab. 1.11. Para ambas as equações se obteve um bom ajuste com fatores de correlação, iguais a 0,99 e 0,98 para Fredlund e Xing (1994) e Van Genuchten (1980), respectivamente.

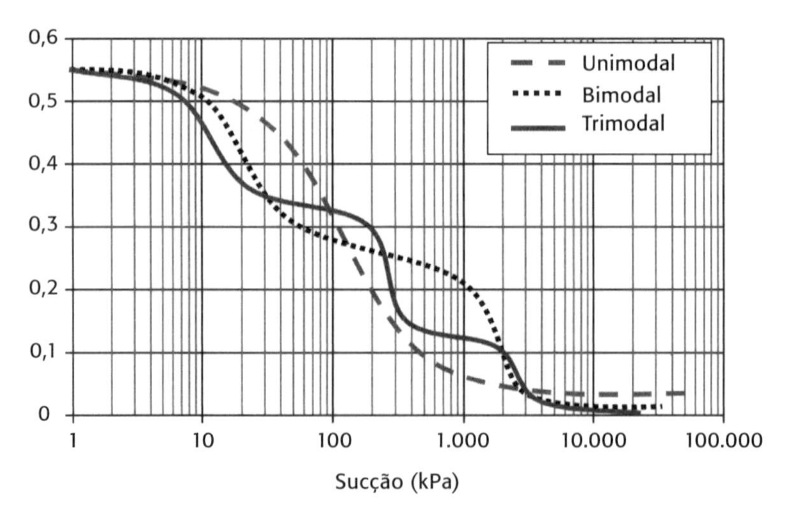

Fig. 1.26 *Esquematização dos vários formatos da curva de retenção*

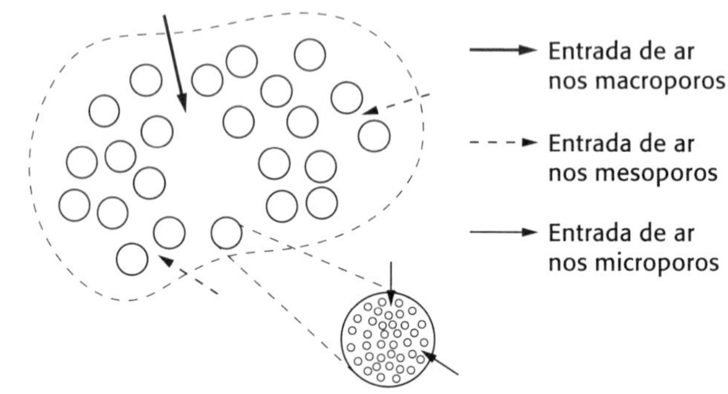

Fig. 1.27 *Esquematização da disposição dos poros do solo*

A determinação das curvas características foi realizada para todas as profundidades do perfil estudado. Além de atestar a ocorrência de curvas características bi e trimodais, a autora apresenta os valores correspondentes ao teor de umidade saturada, além da sucção e teor de umidade na condição de entrada de ar das amostras de solo representativas das cinco profundidades, nas condições indeformado e compactado, com teor de umidade ótimo e na energia Proctor normal (Tab. 1.12).

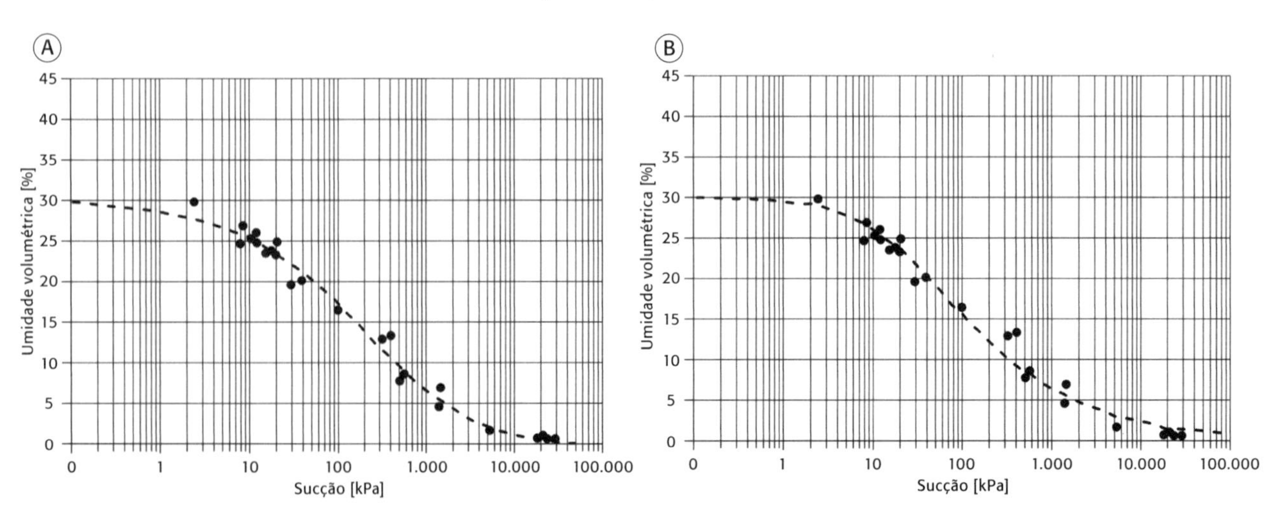

Fig. 1.28 *Ajuste da curva de retenção do solo branco: (A) Fredlund e Xing (1994) e (B) Van Genuchten (1980)*
Fonte: Boszczowski (2008).

Tab. 1.11 Parâmetros de ajuste para a curva de sucção matricial do solo branco do perfil de alteração granito-gnaisse (Curitiba, PR)

Fredlund e Xing (1994)		Van Genuchten (1980)	
$w=\theta_s\cdot\left[1-\dfrac{\ln\left(1+\dfrac{\psi}{\psi r}\right)}{\ln\left(1+\dfrac{10^6}{\psi r}\right)}\right]\cdot\left[\dfrac{1}{\ln\left\{\exp(1)+\left(\dfrac{\psi}{a}\right)^n\right\}}\right]^m$		$w=\theta_r+\dfrac{\theta_s-\theta_r}{\left(1+(a\cdot\psi)^n\right)^m}$	
θ_s	30,10	θ_r	0,00
ψr	19999,22	θ_s	30,10
n	0,54	α	0,04
m	4,30	n	1,00
a	561,49	m	0,41
R^2	0,99	R^2	0,98

Fonte: Boszczowski (2008).

Tab. 1.12 Valores representativos das curvas características dos solos do perfil de alteração granito-gnaisse (Curitiba, PR)

Condição	Solo	Profundidade (m)	Teor de umidade saturada (%)	Teor de umidade na entrada de ar (%)	Sucção na entrada de ar (kPa)
Indeformado	Marrom	1,7	37,7	36,0/31,0/25,0	40/500/5.000
	Vermelho	2,5	45,8	40,5/27,5	16/400
	Laranja	6,6	45,5	33,0	80
	Amarelo	7,8	37,2	30,0	7
	Branco	10,6	30,1	26,0	17
Compactado	Marrom	1,7	33,5	28,0	200
	Vermelho	2,5	40,6	35,0	20
	Laranja	6,6	35,8	28,0	80
	Amarelo	7,8	34,2	29,0	6
	Branco	10,6	26,3	23,0	20

Fonte: Boszczowski (2008).

Nota-se que, mesmo com a alteração da estrutura da amostra por causa da sua condição (indeformada ou compactada), não houve variações significativas em relação aos valores de sucção da entrada de ar. À medida que a profundidade aumenta, no entanto, esses valores possuem uma tendência de redução. Por fim, há também uma leve tendência de redução dos teores de umidade na condição saturada e na entrada de ar com o aumento da profundidade.

Boxe 1.3 Determinação da sucção com o método do papel-filtro

Para iniciar o ensaio, é necessário conhecer a massa específica real dos grãos da amostra de solo. Nesse caso, será usado o valor de 2,68 g/cm³. Durante a realização do ensaio, deve-se atentar para a anotação dos respectivos números de anéis e cápsulas, além das dimensões do anel metálico que permitem o cálculo do seu volume, como mostrado na Tab. 1.13. Devem ser aferidos ainda os seguintes pesos em balança de precisão 0,0001 g: do anel metálico, da cápsula, do conjunto anel + solo úmido + cápsula, do conjunto anel + solo seco + cápsula, dos plásticos usados para pesagem do papel-filtro e do conjunto plástico + papel-filtro.

Tab. 1.13 Parâmetros medidos na realização de ensaio de sucção pelo método do papel-filtro

Parâmetros		Unidade
Número do anel	1	–
Número da cápsula	1	–
Diâmetro do anel	4,8	cm
Altura do anel	2,1	cm
Massa do anel (M_{anel})	21,5219	g
Massa da cápsula (M_{cap})	14,6771	g
Massa do anel + solo úmido + cápsula (M_i)	112,2115	g
Massa do anel + solo seco + cápsula (M_f)	96,8700	g
Massa do plástico 1 (M_1)	0,7711	g
Massa do plástico 1 + papel úmido (M_2)	0,8066	g
Massa do plástico 2 (M_3)	0,7715	g
Massa do plástico 2 + papel seco (M_4)	0,7841	g

Em primeiro lugar, o teor de umidade do papel é obtido pela Eq. 1.21, utilizando os dados da Tab. 1.13:

$$w_{papel} = \frac{(0{,}8066 - 0{,}7711) - (0{,}7841 - 0{,}7715)}{0{,}7841 - 0{,}7715} \times 100 = 182\%$$

A sucção foi obtida utilizando a curva de calibração de Chandler *et al.* (1992 *apud* ASTM, 2016b); dessa forma, como a umidade do papel é maior que 47%, utiliza-se a quinta linha da Tab. 1.10, conforme a sequência:

$$\psi = 10^{6{,}050 - 2{,}48 \log w_{papel}} = 10^{6{,}050 - 2{,}48 \log(182)} = 2{,}80\,\text{kPa}$$

A umidade volumétrica do solo é calculada pela Eq. 1.22:

$$\theta = \frac{m_i - m_f}{V_{anel}} 100 = \frac{112{,}2115 - 96{,}8700}{38} \times 100 = 40{,}4\%$$

Também é possível obter a umidade gravimétrica a partir da Eq. 1.23.

$$w = \frac{\left(M_i - M_{anel} - M_{cap}\right) - \left(M_f - M_{anel} - M_{cap}\right)}{M_f - M_{anel} - M_{cap}} 100 \quad \textbf{(1.23)}$$

$$w = \frac{(112{,}2115 - 21{,}5219 - 14{,}6771)}{96{,}8700 - 21{,}5219 - 14{,}6771} - \frac{(96{,}8700 - 21{,}5219 - 14{,}6771)}{96{,}8700 - 21{,}5219 - 14{,}6771} = 25{,}3\%$$

Por meio das relações entre os índices físicos, são determinados os demais parâmetros, como índice de vazios e grau de saturação, que auxiliam na verificação da homogeneidade entre as amostras ensaiadas. Na Tab. 1.14, são apresentados os parâmetros calculados a partir das medidas em laboratório. Repetindo os procedimentos anteriores para outras amostras (não abordadas neste exemplo), obtém-se a curva apresentada na Fig. 1.29.

Tab. 1.14 Parâmetros calculados em ensaio de sucção pelo método do papel-filtro

Parâmetros		Unidade
Volume (V)	38,0	cm³
Teor de umidade do papel-filtro (w_{papel})	182	%
Sucção (ψ)	2,8	kPa
Teor de umidade gravimétrica do solo (w)	25,3	%
Teor de umidade volumétrica do solo (θ)	40,4	%
Massa específica aparente seca (ρ_d)	1,60	g/cm³
Índice de vazios (e)	0,68	-
Grau de saturação (s)	100	%

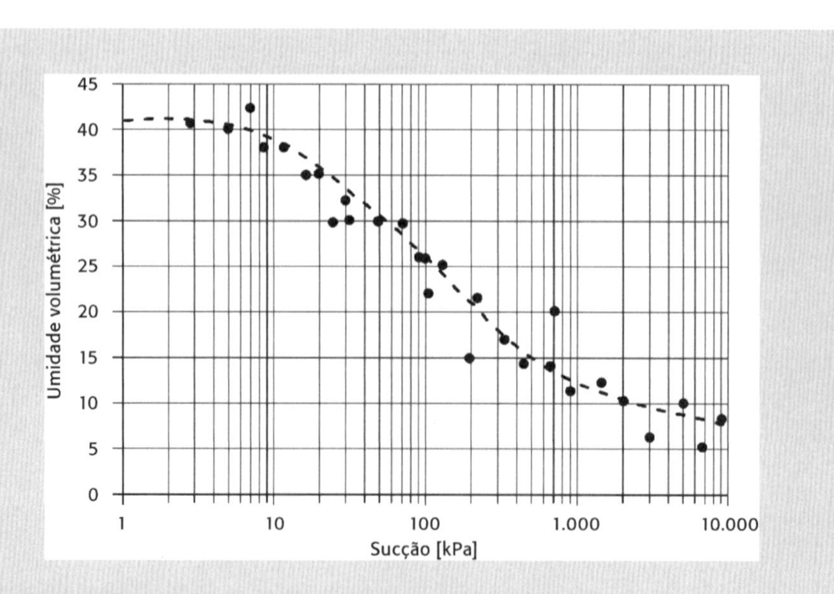

Fig. 1.29 *Curva característica do solo resultante do exemplo de execução do ensaio de sucção pelo método do papel-filtro*

1.3 O que aprendemos neste capítulo?

O coeficiente de permeabilidade dos solos pode variar até um bilhão de vezes na faixa de solos usuais, e é influenciado pelo tamanho e estrutura das partículas, composição mineralógica, índice de vazios e grau de saturação. Por causa de todos esses fatores, é um parâmetro difícil de ser estimado, sendo determinado através de ensaios de campo ou laboratório.

Em laboratório, pode ser determinado utilizando-se permeâmetros de parede rígida, parede flexível, carga constante ou carga variável. De modo geral:

- os permeâmetros de carga constante são utilizados para solos granulares;
- os permeâmetros de carga variável são recomendados para solos finos;
- os permeâmetros de parede flexível permitem a análise de fluxo em diferentes tensões efetivas;
- o coeficiente de permeabilidade também pode ser estimado diretamente ou indiretamente através do ensaio edométrico.

A curva de retenção dos solos, que relaciona o teor de umidade com a sucção nos poros, pode ser determinada em laboratório. O principal ensaio para a sua determinação é o ensaio com papel-filtro. O papel-filtro e o solo, quando em contato, entram em equilíbrio de tensões. Portanto, uma vez conhecido o teor de umidade do papel e a sua curva característica, podemos obter a sucção presente no solo.

Compressibilidade e colapsibilidade

2

A aplicação de carregamentos sobre a superfície do solo resulta no desenvolvimento de tensões em suas camadas inferiores e no consequente recalque do terreno. A fim de analisar o comportamento dos solos frente a essas solicitações, é necessário conhecer o comportamento tensão-deformação-resistência do material. O desenvolvimento de relações matemáticas teóricas que permitam a descrição desse comportamento tem relevante importância no contexto da Engenharia Geotécnica. As análises tensão-deformação envolvem sempre uma aproximação do meio físico real por um modelo matemático, o qual é alimentado com parâmetros geotécnicos confiáveis provenientes de ensaios de laboratório ou campo. Entre esses, um importante ensaio laboratorial que fornece os parâmetros de compressibilidade dos solos é o ensaio de adensamento unidimensional, conhecido também como ensaio edométrico, cujo objetivo é simular, com condições de contorno bem definidas, uma condição de carregamento frequentemente encontrada em campo. As aplicações dos conceitos de adensamento são essenciais para projetos de obras de aterros de grandes dimensões sobre solos moles, projetos de fundações superficiais, análises de estabilidade, projetos de barragens de rejeitos de mineração, entre outros.

No presente capítulo, apresentam-se os procedimentos e as normativas relevantes para a realização do ensaio de adensamento unidimensional, utilizando os princípios da teoria de Terzaghi e da não linearidade do fenômeno. Aborda-se a interpretação do ensaio e sua utilização como ferramenta de compreensão do comportamento dos solos.

O fenômeno do adensamento também é abordado por meio do uso da prensa triaxial em ensaios de adensamento hidráulicos e hidrostáticos. O primeiro ensaio fundamenta-se na teoria de adensamento com deformações finitas, distinta da proposta por Terzaghi e com objetivo de melhor representar o fenômeno da consolidação para solos finos, de baixa consistência e sob níveis de tensões efetivas baixos. Sua principal aplicação se dá nos estudos de barragens de deposição de rejeitos de mineração. O segundo ensaio, por sua vez, tem especial importância na construção de modelos preditivos de processos de deposição considerando um estado hidrostático de tensões.

Apresenta-se, ainda, o ensaio de adensamento com velocidade de deformação controlada, conhecido como CRS, o qual se apresenta como alternativa para aumentar a precisão da curva de adensamento. Adicionalmente, são exibidos os conceitos de colapsibilidade e expansibilidade, fenômenos importantes em diversas obras sobre o solo.

2.1 Conceitos fundamentais

O adensamento distingue-se da compressibilidade por se tratar da variação do volume ao longo do tempo, enquanto a compressibilidade é a quantificação da variação do volume. Tais variações ocorrem devido às alterações no volume de vazios. Percebe-se uma relação direta do adensamento com o volume de água presente nesses vazios. De fato, quando o solo é submetido a um aumento de tensão, a poropressão (pressão de água que se desenvolve nos vazios de uma massa de solo) aumenta subitamente. A dissipação da poropressão, concomitante à drenagem da água, e a consequente redução do volume do solo resultam no aumento da tensão efetiva e em recalques, cuja determinação é importante para obras civis usuais.

Como o adensamento se relaciona ao processo de drenagem, também está fundamentalmente ligado à permeabilidade do material e, portanto, às suas características granulométricas. Por essa razão, o efeito do adensamento observado em argilas, cujo coeficiente de permeabilidade é bastante inferior ao dos solos granulares, faz com que o recalque se desenvolva ao longo do tempo.

A teoria do adensamento unidimensional foi apresentada por Terzaghi (1925b) e aprimorada na publicação de Terzaghi e Frohlich (1936). As principais hipóteses simplificadoras envolvem a consideração de uma massa de solo homogênea, saturada, com compressão unidimensional (estado geoestático de tensões), para a qual é válida a lei de Darcy. Além disso, supõe-se a existência de uma única relação independente do tempo e linear entre o índice de vazios e a tensão vertical efetiva – a curva de adensamento.

A deformação dependente do tempo em solos argilosos pode ser compreendida com a análise simples de um aterro de grandes dimensões sobre um solo mole, com nível de água na superfície (Fig. 2.1). Na condição original (instante t_0), o ponto A dessa massa de solo possui tensão total, poropressão e tensão efetiva constantes. Quando da construção do aterro (instante t_1), passa a atuar no ponto A uma sobrecarga devida ao peso da obra construída (σ), que é traduzida por um aumento imediato na tensão total e na poropressão. Esse aumento na pressão de água justifica-se pela baixa permeabilidade dos solos argilosos. A partir desse instante, acontece a alteração do volume da massa de solo, pela diminuição do índice de vazios e pela expulsão da água. O processo ocorre com o decréscimo da poropressão e a progressiva transferência da sobrecarga em termos de tensão efetiva. Assim, ao final do processo de adensamento (instante t_2), o solo volta à sua condição original de poropressão, tendo sua tensão total e efetiva incrementadas do valor da sobrecarga.

O conhecimento da curva que define o adensamento dos solos só é possível a partir da determinação de parâmetros reológicos por meio de ensaios. A teoria de Terzaghi, entretanto, não é válida para problemas tridimensionais com camadas não confinadas de solo, ou problemas em que, além do adensamento, existe também a sedimentação dos materiais ou quebra de grãos e cimentações, como em solos residuais. Para os casos resultantes principalmente do processo de deposição, do lançamento de lamas ou de problemas práticos em que a área de aplicação da carga é da ordem de grandeza da profundidade da camada de solo, o fenômeno do adensamento só é bem definido quando se conhece o estado de tensões e deformações e a sua variação com o tempo.

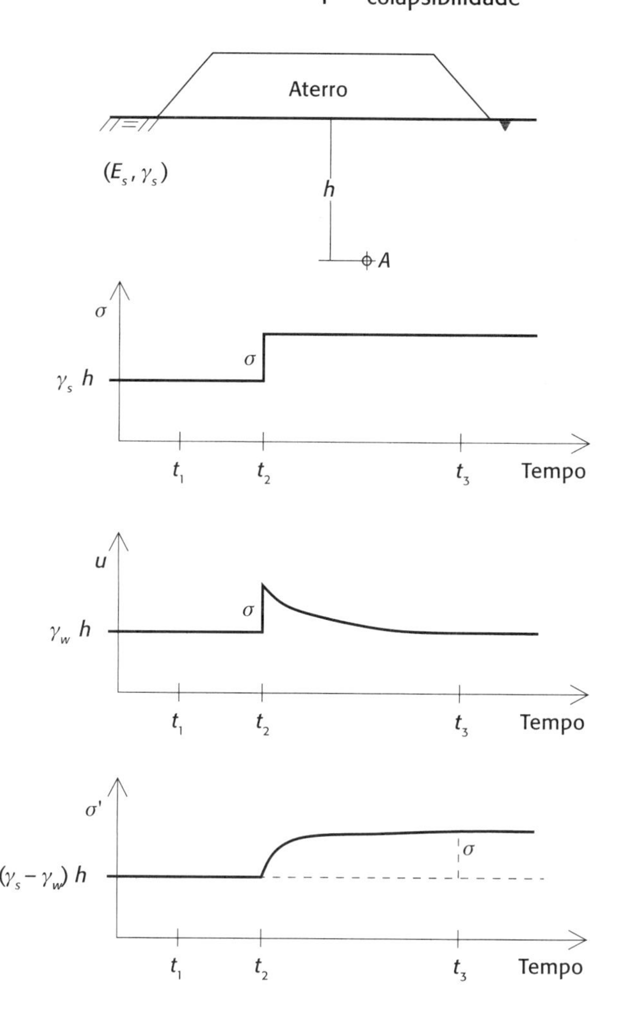

Fig. 2.1 *Análise de um aterro sobre solo mole*

É fácil perceber que o problema se torna mais complexo à medida que as deformações horizontais deixam de ser nulas e as tensões e deformações passam a ser variáveis bi ou tridimensionais. Isso acontece devido à existência de gradientes hidráulicos nas direções horizontais (ou anisotropia da permeabilidade). Uma das teorias mais aceitas para a resolução desse tipo de problema foi desenvolvida por Biot (1941).

Para suprir a necessidade de parâmetros que representem as condições apresentadas acerca do adensamento bi ou tridimensional, foram desenvolvidos ensaios de compressibilidade de diversos tipos, além dos ensaios de coluna. Destaca-se, entre eles, o ensaio de adensamento hidrostático.

2.2 Ensaios de compressibilidade

Nesta seção serão abordados alguns dos principais ensaios de laboratório para a obtenção de parâmetros de compressibilidade dos solos: os ensaios de adensamento unidimensional, adensamento hidráulico, adensamento com velocidade de deformação controlada (CRS) e adensamento hidrostático.

2.2.1 Adensamento unidimensional

O ensaio de adensamento unidimensional baseia-se na teoria do adensamento de Terzaghi e é o mais difundido nacionalmente para a determinação de parâmetros de deformabilidade dos solos. Consiste na aplicação de carregamentos axiais em um solo confinado lateralmente no estado geoestático de tensões. Para esse ensaio, serão descritos na sequência as normas, os equipamentos, o processo executivo e o tratamento de resultados.

Normas

O ensaio de adensamento unidimensional, também denominado edométrico, já foi descrito por duas normas brasileiras: a NBR 12007 (ABNT, 1990) e a DNER-IE 005 (DNER, 1994). A NBR 12007 foi cancelada em 2015 e ainda não possui substituta. Entre as normas internacionais, destacam-se a norte-americana ASTM D 2435 (ASTM, 2011a) e a europeia Eurocode 7 de 2013, complementada pela EN ISO 17892-5 (ISO, 2017). Todas as normatizações mostram-se bastante semelhantes no procedimento apresentado.

Equipamentos, materiais e acessórios

a) Sistema de aplicação de carga

O sistema de aplicação de carga é o equipamento que transmite o carregamento ao corpo de prova, e pode ser um sistema de alavanca (Fig. 2.2) ou pneumático (Fig. 2.3). No sistema de alavanca são utilizados pesos para a aplicação da carga, enquanto no sistema pneumático a compressão da amostra é feita por um sistema de ar comprimido utilizando vigas de reação.

Fig. 2.2 *Equipamento de aplicação de carga com sistema de alavanca*

Fig. 2.3 *Equipamento de aplicação de carga com sistema pneumático*

Não há especificação normativa para o sistema de aplicação de carga. No entanto, a prensa de adensamento deve permitir a aplicação e manutenção da carga durante o período necessário (aproximadamente 1% do tempo para que ocorram 100% dos recalques) sem que ocorram impactos significativos. A calibração do equipamento é essencial para a acurácia do ensaio.

b) Célula de adensamento

A célula de adensamento é um dispositivo usado para conter o corpo de prova a ser ensaiado e garantir a inexistência de deformações horizontais (Fig. 2.4). Esse dispositivo é essencial para certificar que o adensamento ocorra na condição K_0 (coeficiente de empuxo no repouso) ou estado geostático de tensões. A célula de adensamento é composta pelo anel de adensamento (fixo ou flutuante), pedras porosas e cabeçote rígido (Fig. 2.5).

Solos muito moles não devem ser ensaiados com o anel flutuante devido à sua falta de consistência. Ao realizar o ensaio com o anel fixo, pode-se determinar a permeabilidade do solo de maneira indireta, como abordado no Cap. 1.

As dimensões do anel de adensamento podem variar de acordo com os equipamentos disponíveis.

Fig. 2.4 *Célula de adensamento e instrumentos acessórios*

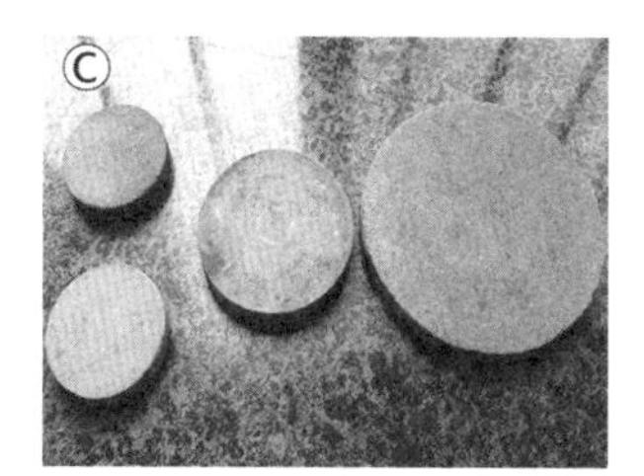

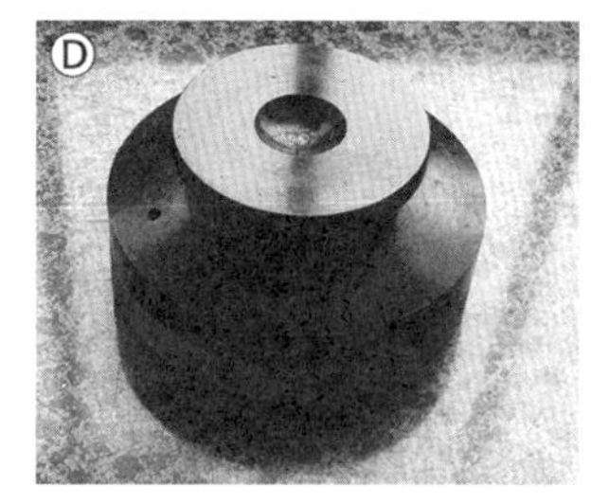

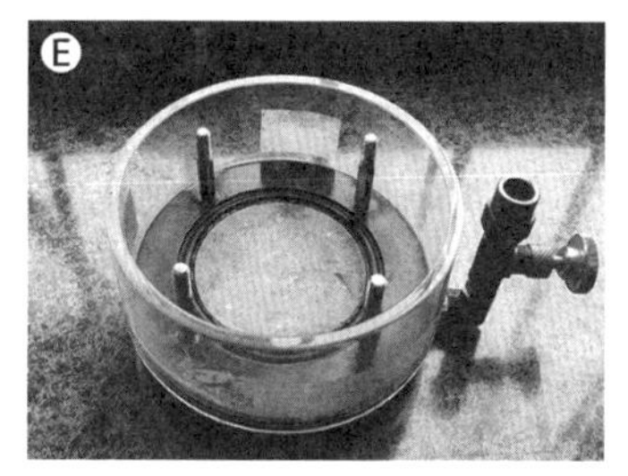

Fig. 2.5 *Componentes da célula de adensamento: (A) anel fixo, (B) anel flutuante, (C) pedras porosas, (D) cabeçote e (E) base rígida*

Recomenda-se que a altura seja de três a quatro vezes menor que o diâmetro e inferior a dez vezes o diâmetro máximo das partículas de solo; verifica-se, portanto, a necessidade do conhecimento das características físicas do solo. O diâmetro do corpo de prova influencia significativamente a acurácia dos resultados: quanto maior o anel, menor a área onde ocorre o amolgamento da amostra em relação à área total.

Como o ensaio de adensamento unidimensional simula o estado geostático de tensões, a rigidez do anel é de extrema importância, visto que este deve conter as deformações horizontais provenientes do carregamento. A variação do diâmetro, em condição de tensão hidrostática, não deve exceder 0,03% sob o maior carregamento aplicado.

As pedras porosas não devem permitir a passagem de partículas do solo. Por essa razão, recomenda-se que seja posicionado um papel-filtro entre o corpo de prova e a pedra para evitar a intrusão de material. Quanto às dimensões, a espessura das pedras deve ser suficiente para evitar a sua quebra frente aos carregamentos. Pedras porosas novas, antes de ser utilizadas, devem ser fervidas em água destilada ou deionizada por pelo menos 20 minutos, sendo mantidas em água destilada até o momento do uso.

Cuidados também devem ser tomados em relação ao fluido utilizado para inundar o corpo de prova, uma vez que ele deve ser inerte em relação ao solo e não influenciar nos resultados do ensaio. Amostras de argilas marinhas ou outros solos coletados em locais *offshore*, por exemplo, devem ser inundadas com a própria água marinha. Solos de regiões específicas podem exigir o uso de água com níveis salinos diferenciados.

c) Instrumentos e acessórios

Os medidores de deslocamento (Fig. 2.6) utilizados nos ensaios são o extensômetro analógico e/ou digital, no qual a leitura pode ser feita manualmente ou através de um sistema computacional acoplado, e o LVDT (da sigla em inglês *linear variable differential transformer*), que transmite um sinal direto para o computador.

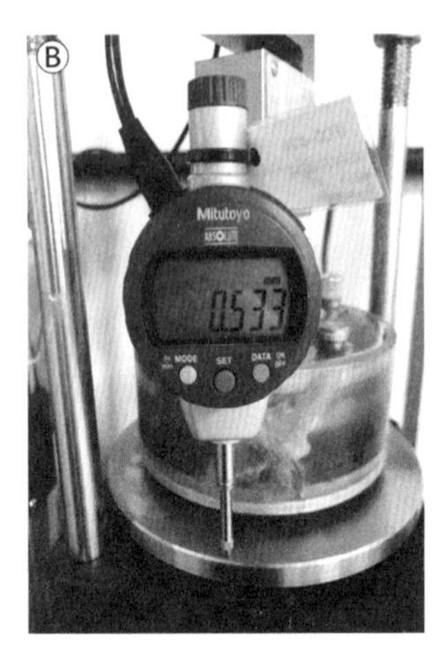

Fig. 2.6 *Instrumentos medidores de deslocamento: (A) extensômetro analógico, (B) extensômetro digital e (C) LVDT*

O LVDT é um transdutor que transforma voltagem em deslocamento através de uma equação linear de calibração e opera com três bobinas. Quando o núcleo móvel está no centro, a diferença de voltagem entre as bobinas é zero, mas quando há deslocamento, elas registram valores diferentes de voltagem, que é o valor de saída do aparelho. O LVDT opera dentro de uma região linear do gráfico de voltagem pelo deslocamento. O tamanho do cursor normalmente utilizado é da ordem de 10 mm.

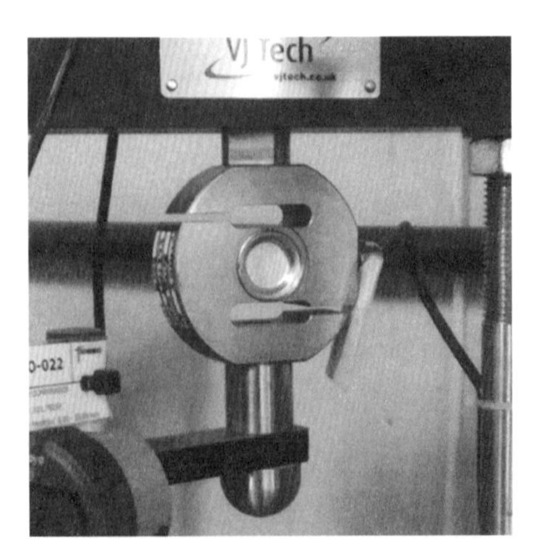

Fig. 2.7 *Célula de carga*

A célula de carga (Fig. 2.7) é um transdutor eletromecânico que transforma a resistência elétrica em unidade de força. Quando há aplicação de carga, ocorre uma deformação nos extensômetros (*strain gages*) localizados no interior da célula, provocando uma variação na resistência elétrica desses sensores. Com essa variação, determina-se o valor da deformação, a qual é utilizada para se obter a força aplicada, através de uma equação linear que correlaciona as duas variáveis. A célula de carga pode apresentar diversas faixas de leituras e, quanto maior a carga admissível, menor a precisão da medida.

Além dos instrumentos citados anteriormente, também são utilizados o conjunto de pesos para aplicação de cargas e outros equipamentos rotineiros da prática laboratorial.

Preparação de corpos de prova

Os corpos de prova utilizados no ensaio de adensamento unidimensional podem ser obtidos a partir de amostras indeformadas ou deformadas, sendo estas últimas compactadas ou reconstituídas. Em solos com coeficiente de empuxo no repouso (K_0) elevado, ou seja, cujas tensões horizontais são consideravelmente maiores que as verticais, as amostras podem ser coletadas direto com o anel de adensamento, evitando, assim, deformações laterais.

Processo executivo

O procedimento geral do ensaio de adensamento unidimensional é sintetizado na Fig. 2.8. O número de estágios de carregamento e descarregamento que compõe o ensaio é determinado de acordo com as características do solo e as necessidades da obra. São necessários pelo menos dois carregamentos, além da pressão de pré-adensamento do solo, para uma caracterização completa do seu comportamento. Normalmente um ensaio é composto por oito estágios de carregamento e três estágios de descarregamento.

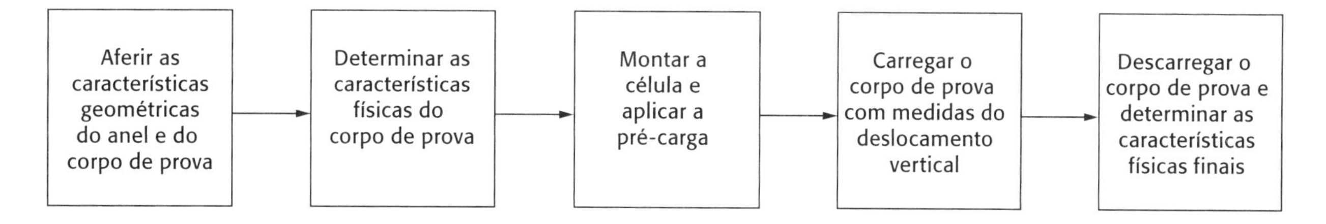

Fig. 2.8 *Fluxograma de procedimento de ensaio*

Após a moldagem no anel de adensamento, pesa-se o conjunto anel + solo com o objetivo de determinar a massa específica aparente úmida inicial (ρ_i). Essa grandeza é a razão entre a massa do corpo de prova e o volume total ocupado. A sequência de montagem da célula de adensamento, em ordem, consiste na colocação da base rígida seguida da pedra porosa inferior, o papel-filtro, o corpo de prova contido no anel, outro papel-filtro e, finalmente, a pedra porosa superior. O cabeçote metálico é ajustado à célula e ao sistema de aplicação de carga.

É recomendável a verificação da expansibilidade do solo ensaiado antes do carregamento da célula. Para tanto, deve-se aplicar uma pré-carga de 5 kPa para solos resistentes ou de 2 kPa para solos moles, observando-se os deslocamentos verticais experimentados pelo corpo de prova. Caso a tensão do primeiro estágio seja muito baixa, recomenda-se realizar a pré-carga com uma tensão correspondente a, no máximo, metade da tensão do primeiro estágio. Cinco minutos após a aplicação dessa tensão, o extensômetro pode ser zerado.

Em geral, a tensão de carregamento inicial é tomada como um valor inferior à metade da tensão efetiva de campo do solo, e então dobrada a cada estágio de adensamento. Esse processo é realizado até que a tensão aplicada permita a definição da região de compressão virgem. Se a carga inicial aplicada ao solo resultar em uma deformação muito grande, é conveniente diminuí-la pela metade e aplicá-la novamente, reiniciando o ensaio.

Um estágio de adensamento é finalizado após a estabilização do deslocamento vertical – um período de 24 horas é, no geral, suficiente para atender esse critério. Nesse instante, faz-se o incremento de tensão vertical e iniciam-se novas leituras de deslocamento. Ressalta-se, entretanto, que, apesar da indicação de um tempo para estabilização das deformações verticais, o período de final do adensamento primário varia consideravelmente com o tipo de solo, sendo necessário o conhecimento de suas propriedades físicas e hidráulicas. Assim, é usual avaliar o avanço dos recalques com o tempo ao longo do estágio de carga até que se caracterize a estabilização.

A leitura do extensômetro deve ser realizada imediatamente antes de iniciar o carregamento (tempo zero) e em intervalos de tempo que garantam a precisão da curva para leituras manuais. Recomenda-se realizar leituras nos intervalos de 8 s, 15 s, 30 s, 1 min, 2 min, 4 min, 8 min, 15 min, 30 min, 1 h, 2 h, 4 h, 8 h, 12 h e 24 h. Os sistemas de aquisição automática possibilitam uma maior quantidade de leituras ao longo do tempo.

Após a definição da reta de compressão virgem, procede-se ao descarregamento do corpo de prova em sequência inversa à do carregamento, fazendo-se leituras no extensômetro a cada retirada de carga e só iniciando um novo estágio de descarregamento após a estabilização das leituras. Esse novo estágio deve respeitar o procedimento e os tempos do processo de carregamento até a tensão inicial. Após a estabilização da altura do corpo de prova, ele deve ser totalmente descarregado e imediatamente retirado da célula de adensamento junto com o anel. Opcionalmente, pode-se proceder a estágios de recarregamento.

Antes da desmoldagem, a massa do corpo de prova deve ser determinada e, por fim, tomam-se porções do material para determinar o teor de umidade final (w_f).

Cálculos

Com a realização do ensaio, calcula-se a massa específica aparente úmida inicial (Eq. 2.1), a massa específica aparente seca inicial (Eq. 2.2), o índice de vazios inicial (Eq. 2.3), o grau de saturação inicial (Eq. 2.4), o índice de vazios ao final de cada estágio de tensão (Eq. 2.5) e o grau de saturação final (Eq. 2.6) do corpo de prova, considerando as observações feitas a seguir.

$$\rho_i = \frac{M_{total} - M_{anel}}{V_{anel}} \quad \textbf{(2.1)}$$

$$\rho_d = \frac{100\rho_i}{100 + w_i} \quad \textbf{(2.2)}$$

$$e_i = \frac{\rho_s}{\rho_{di}} - 1 \tag{2.3}$$

$$S_i = \frac{w_i \rho_s}{e_i \rho_w} \tag{2.4}$$

$$e_f = \frac{H_f}{H_s} - 1 \tag{2.5}$$

$$S_f = \frac{w_f \rho_s}{e_f \rho_w} \tag{2.6}$$

em que:
M_{total} = massa total do conjunto solo e anel (kg);
M_{anel} = massa do anel (kg);
V_{anel} = volume do anel (m^3);
w_i = teor de umidade na condição inicial (%);
ρ_s = massa específica das partículas sólidas (kg/m^3);
ρ_i = massa específica aparente inicial (kg/m^3);
ρ_d = massa específica aparente seca (kg/m^3);
ρ_{di} = massa específica aparente seca inicial (kg/m^3);
ρ_w = massa específica da água (kg/m^3);
e_i = índice de vazios inicial;
e_f = índice de vazios ao final de cada estágio de carregamento;
H_f = altura do corpo de prova ao final do estágio (m);
H_s = altura dos sólidos (m), calculada a partir da Eq. 2.7;
H_i = altura inicial do corpo de prova (m);
S_i = grau de saturação inicial;
S_f = grau de saturação final, calculado com o índice de vazios do último estágio de descarregamento (e_f) e o teor de umidade correspondente (w_f).

$$H_s = \frac{H_i}{1 + e_i} \tag{2.7}$$

Os gráficos finais para cada estágio de carregamento são as curvas de adensamento para cada incremento de carga, correlacionando-se a altura do corpo de prova (em mm) com a raiz quadrada do tempo (em minutos), como na Fig. 2.9, ou com o logaritmo do tempo, de acordo com a Fig. 2.10. Essas curvas representam as curvas de adensamento para a tensão de 100 kPa para um solo da Formação Guabirotuba.

Calculando-se o índice de vazios ao final de cada estágio de tensão, plota-se um gráfico índice de vazios *versus* o logaritmo da tensão aplicada. Essa é uma das principais curvas resultantes do ensaio de adensamento, permitindo o conhecimento do comportamento tensão-deformação do solo.

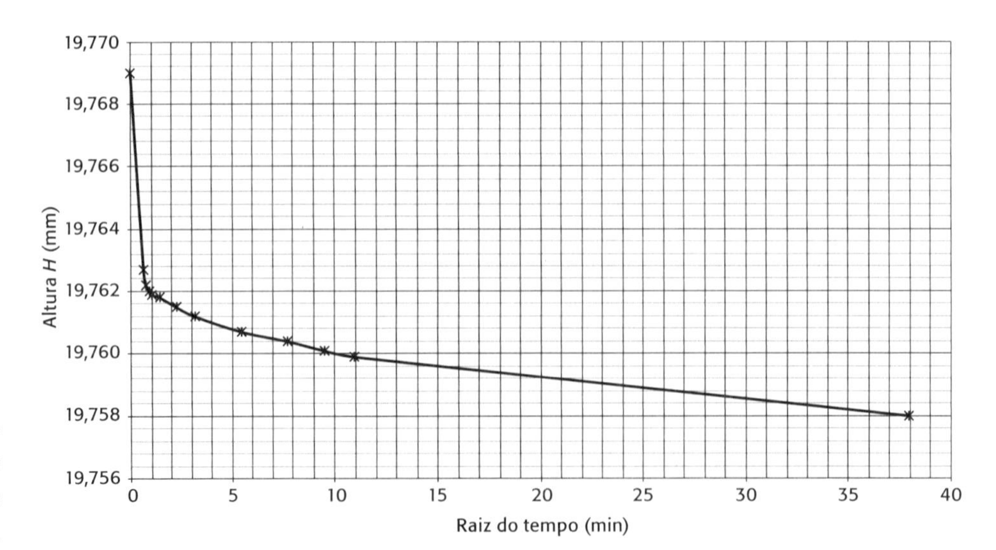

Fig. 2.9 *Altura do corpo de prova em função da raiz quadrada do tempo*
Fonte: Boszczowski (2001).

a) Determinação do coeficiente de adensamento

O coeficiente de adensamento (c_v) é uma propriedade do solo que determina a velocidade de adensamento, ou seja, quanto maior o coeficiente, mais rápido se processa o adensamento. A Tab. 2.1 exemplifica alguns valores comuns desse coeficiente para um solo da Formação Guabirotuba.

Tab. 2.1 Valores de c_v estimados a partir das curvas de ensaios edométricos em solo da Formação Guabirotuba

Carregamento (kPa)	c_v (cm²/s)
100	$8,16 \times 10^{-3}$
200	$7,85 \times 10^{-3}$
400	$1,14 \times 10^{-2}$
800	$1,11 \times 10^{-2}$
1.600	$1,10 \times 10^{-2}$
3.200	$7,60 \times 10^{-3}$
6.400	$7,06 \times 10^{-3}$
11.400	$6,86 \times 10^{-3}$

Fonte: Boszczowski (2001).

O coeficiente deve ser determinado para cada estágio de tensão. Diversos métodos consagrados podem ser empregados para o cálculo do c_v, tais como o método da hipérbole, o método de Robinson e Allan (1996), o de Casagrande e o de Taylor, sendo estes dois últimos abordados neste capítulo.

Para o método de Casagrande, utiliza-se a curva de adensamento que relaciona a altura do corpo de prova e o logaritmo do tempo (Fig. 2.10). Inicialmente, traça-se uma reta tangente à curva, passando pelo ponto de inflexão. Em seguida, encontra-se a inter-

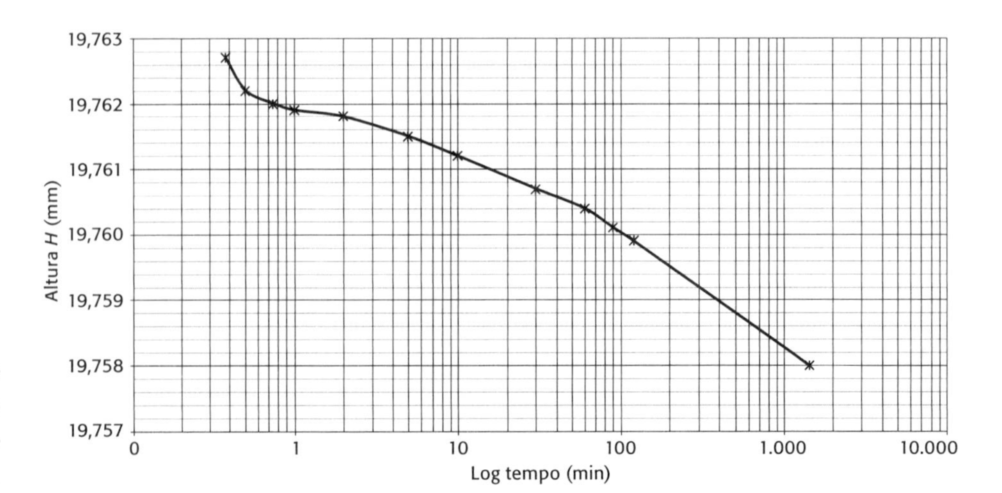

Fig. 2.10 *Altura do corpo de prova em função do logaritmo do tempo*
Fonte: Boszczowski (2001).

seção dessa reta com o prolongamento da assíntota do trecho reto da curva. O ponto encontrado é transportado para o eixo das ordenadas, obtendo-se a altura correspondente a 100% do adensamento primário (H_{100}).

Após determinar o H_{100}, procede-se à determinação da altura correspondente ao início do adensamento primário (H_0). Para tanto, selecionam-se dois pontos antes da inflexão (H_1 e H_2), com relação entre os tempos t_2/t_1, e calcula-se H_0 conforme a Eq. 2.8, fazendo-se uso da altura inicial do corpo de prova (H_i).

$$H_0 = H_i - (H_1 - H_2) \tag{2.8}$$

A altura desejada para cálculo do coeficiente é a que corresponde a 50% do adensamento primário (H_{50}), obtida por meio da Eq. 2.9. O tempo t_{50}, também correspondente a 50% do adensamento primário, é encontrado tornando-se a abscissa do ponto da curva correspondente a H50 e transformando os minutos em segundos.

$$H_{50} = \frac{H_0 + H_{100}}{2} \tag{2.9}$$

Com t_{50} determinado, aplica-se a Eq. 2.10 para calcular o coeficiente de adensamento (em cm/s) para o estágio de tensão em questão, em que H_d corresponde à altura de drenagem do corpo de prova. Para corpos de prova drenados tanto na parte superior quanto na parte inferior, H_d é igual à metade da altura do corpo de prova durante o adensamento.

$$c_v = \frac{0{,}197(H_d)^2}{t_{50}} \tag{2.10}$$

Já no método de Taylor, utiliza-se a curva de adensamento que relaciona a altura do corpo de prova com a raiz quadrada do tempo (Fig. 2.9). O primeiro passo é determinar o ponto correspondente ao início do recalque primário (t_0, H_0). Para tanto, deve-se traçar uma reta através da parte inicial da curva, prolongando-a até o eixo das ordenadas (H_0).

Encontrando-se H_0, traça-se uma reta com coeficiente angular 1,15 vezes o coeficiente angular da reta obtida anteriormente. O ponto correspondente a 90% do adensamento primário (t_{90}, H_{90}) é definido pela interseção da reta traçada com a curva de adensamento.

Em seguida, aplica-se a Eq. 2.11 para a obtenção da altura necessária para o cálculo do coeficiente de adensamento (H_{50}).

$$H_{50} = H_0 - \frac{5}{9}(H_0 - H_{90}) \tag{2.11}$$

Considerando os dados previamente obtidos, encontra-se o coeficiente de adensamento pela aplicação da Eq. 2.12:

$$c_v = \frac{0{,}848(H_d)^2}{t_{90}} \tag{2.12}$$

b) Determinação da tensão de pré-adensamento

Os solos sedimentares apresentam memória de carga; portanto, quando sofrem processo de carga-descarga, seu comportamento posterior fica marcado até o nível de máxima tensão ao qual o solo já foi submetido. Essa tensão é denominada tensão de pré-adensamento (σ'_{vm}), e seu valor divide dois comportamentos tensão-deformação distintos: antes dela, os solos apresentam um comportamento elastoplástico não linear com menores deformações e, após a tensão de pré-adensamento, o domínio elastoplástico se desenvolve com consideráveis deformações.

Nos solos residuais, as tensões originam-se primordialmente da formação pelo intemperismo das rochas e não estão associadas a transporte, recolocação de material, sobrecarga e posterior erosão de camadas superiores. Nesses solos, a cimentação entre as partículas aumenta a rigidez do solo, influenciando sua compressibilidade e tornando a resposta frente às solicitações dependente do grau de cimentação. Em tais casos, pode-se observar a existência de uma tensão de pré-adensamento virtual (que, por definição, não deveria existir), também chamada de tensão de cedência. Essa tensão provoca a diminuição temporária da compressibilidade e, ao ser superada, resulta na súbita perda de rigidez do material. O processo, denominado cedência, está associado à quebra da estrutura cimentada (Vaughan, 1985).

Para determinar o limiar do comportamento tensão-deformação de solos sedimentares, utiliza-se a curva de índice de vazios em função do logaritmo da tensão aplicada. De acordo com a NBR 12007, podem ser aplicados dois métodos para a determinação da tensão de pré-adensamento: o método de Pacheco e Silva e o de Casagrande.

No método de Pacheco e Silva, traça-se uma reta horizontal passando pela ordenada correspondente ao índice de vazios inicial (e_i) e prolonga-se o trecho virgem até que intercepte a reta horizontal. A partir do ponto de interseção, traça-se uma reta vertical até interceptar a curva. Desse ponto, traça-se outra reta horizontal, determinando sua interseção com o prolongamento do trecho virgem. A abscissa desse ponto define a tensão de pré-adensamento (Fig. 2.11).

Se o trecho virgem tiver curvatura acentuada, recomenda-se traçar o gráfico log (1 + *e*) *versus* logaritmo de tensão, aplicando-se o método de Pacheco e Silva sobre esse gráfico.

Utilizando a mesma curva do processo anterior, agora com o método de Casagrande, determina-se o ponto de maior curvatura e traça-se por ele uma reta horizontal e outra tangente à curva. A tensão de pré-adensamento do solo será determinada pela interseção da bissetriz ao ângulo formado por essas duas retas com o prolongamento da reta de compressão virgem do solo (Fig. 2.12).

c) Parâmetros das relações tensão-deformação

Na curva índice de vazios *versus* tensão apresentada na Fig. 2.12, pode ser possível distinguir três fases: recompressão do solo, reta virgem e descarregamento.

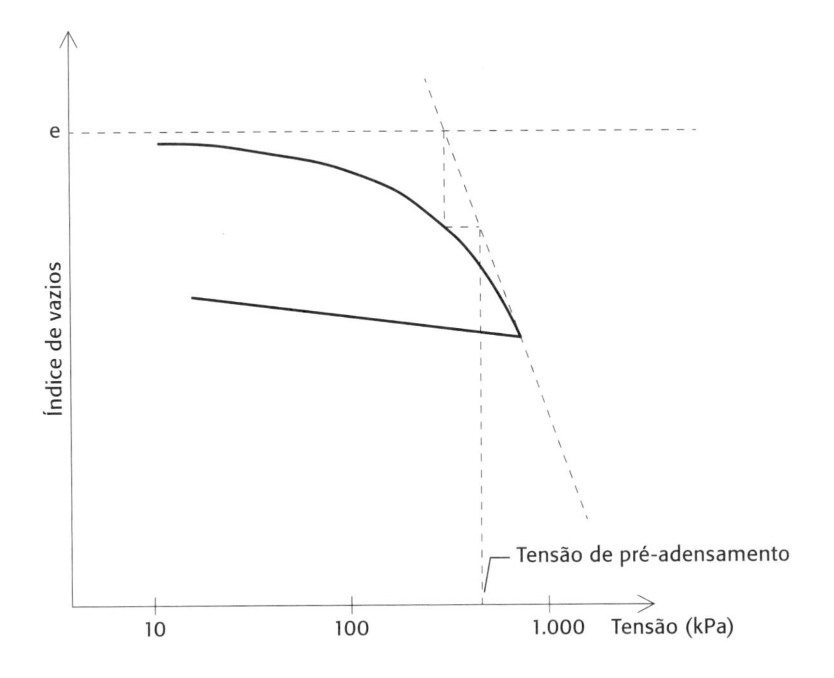

Fig. 2.11 *Determinação da tensão de pré-adensamento pelo método de Pacheco e Silva*
Fonte: adaptado de ABNT (1990).

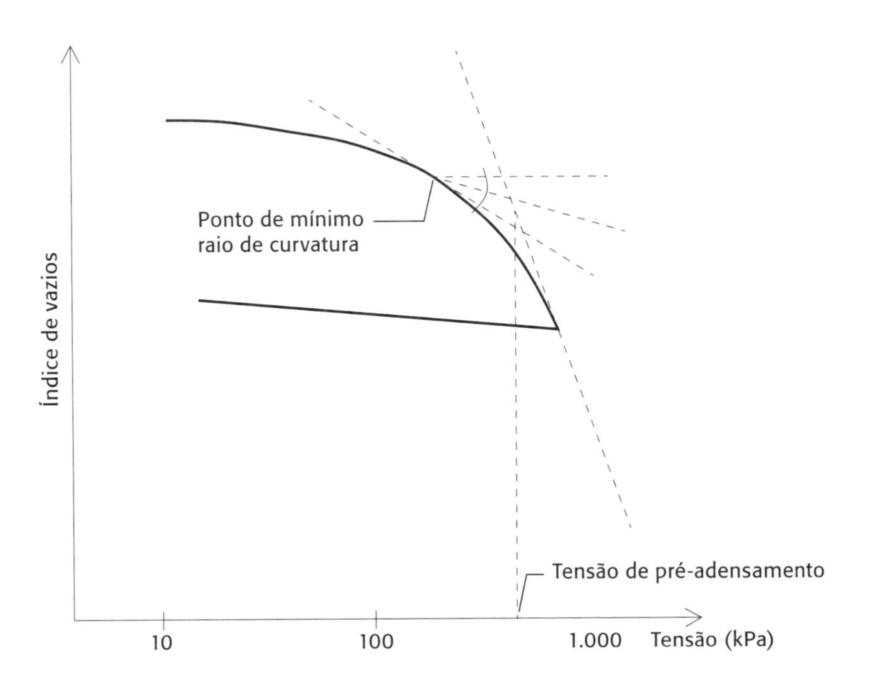

Fig. 2.12 *Determinação da pressão de pré-adensamento pelo método de Casagrande*
Fonte: adaptado de ABNT (1990).

A recompressão do solo se estende até a tensão efetiva aplicada alcançar a tensão de pré-adensamento. O índice de recompressão (C_r) indica o coeficiente angular desse trecho e pode ser calculado conforme a Eq. 2.13, em que e_1 e e_2 são os índices de vazios correspondentes a dois pontos quaisquer representativos do trecho em questão, com tensões associadas σ_1 e σ_2.

Após atingir a tensão de pré-adensamento, o corpo de prova começa a se comprimir sob tensões superiores às máximas já suportadas por ele, e as deformações sofridas são bem significativas. O trecho retilíneo do gráfico que representa essa fase é chamado de reta virgem. O índice de compressão (C_c) indica o coeficiente angular da reta e pode ser calculado de forma semelhante ao índice de recompressão, conforme a Eq. 2.13.

A última fase corresponde ao descarregamento gradativo do corpo de prova, em que o solo pode apresentar ligeiras expansões. O índice de expansão (C_s) indica o coeficiente angular desse trecho e pode ser calculado de acordo com a Eq. 2.13.

$$C_r, C_c, C_s, = \frac{e_1 - e_2}{\log \sigma_2 - \log \sigma_1} \tag{2.13}$$

Após o desenvolvimento dos recalques previstos pela teoria do adensamento primário, caracterizados pelos coeficientes citados, inicia-se o adensamento secundário, que parece ser resultado da fluência do esqueleto sólido. Os deslocamentos provocados por esse fenômeno traduzem-se em reajustamentos ao longo de um período muito longo. Os recalques provenientes do adensamento secundário podem ser significativos em argilas normalmente adensadas e em solos com alto teor de matéria orgânica.

Para essa fase de adensamento, o coeficiente de adensamento secundário indica o valor da inclinação do trecho retilíneo final da curva variação da deformação *versus* logaritmo do tempo (Fig. 2.13).

Na literatura, o coeficiente de adensamento secundário pode ser calculado de duas maneiras: em função da deformação específica, conforme apresentado na Eq. 2.14, ou em função do índice de vazios, por meio da Eq. 2.15.

$$C_{\alpha\varepsilon} = \frac{\Delta\varepsilon}{\Delta t} \tag{2.14}$$

$$C_{\alpha e} = \frac{\Delta e}{\Delta t} \tag{2.15}$$

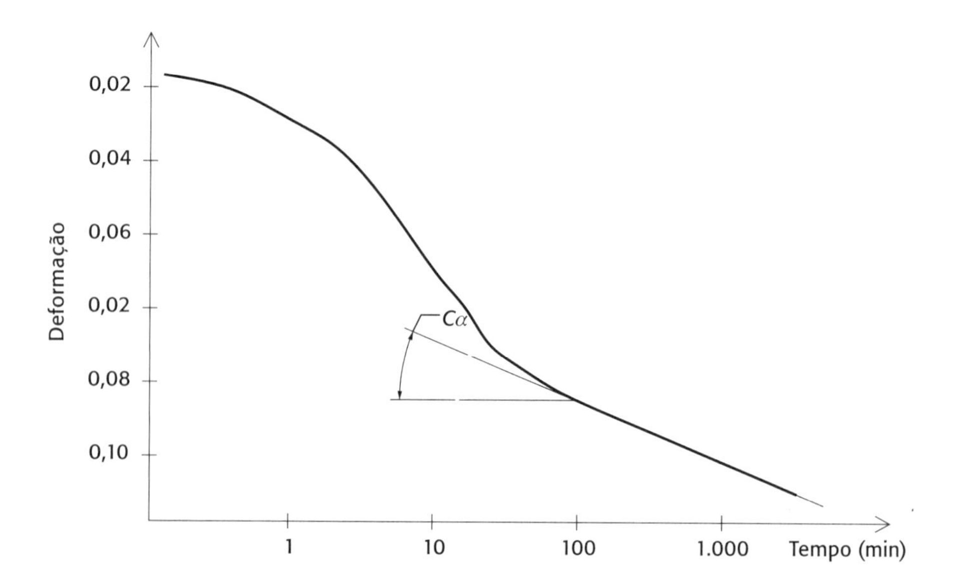

Fig. 2.13 *Representação gráfica do coeficiente de adensamento secundário*
Fonte: adaptado de Pinto (2006).

d) Parâmetros de deformabilidade e permeabilidade

Além de todas as informações já apresentadas, torna-se importante a determinação dos parâmetros de compressibilidade e permeabilidade indireta do material para cada nível de tensão. O coeficiente de compressibilidade (a_v), o coeficiente de deformação volumétrica (m_v) e o coeficiente de permeabilidade (k) podem ser determinados conforme as Eqs. 2.16 a 2.18.

$$a_v = \frac{\Delta_e}{\Delta\sigma'_v} \quad \textbf{(2.16)}$$

$$m_v = \frac{a_v}{1+e_i} \quad \textbf{(2.17)}$$

$$k = c_v\, m_v\, \gamma_w \quad \textbf{(2.18)}$$

em que:

Δe = variação do índice de vazios;

$\Delta\sigma'_v$ = variação da tensão efetiva vertical (kPa);

γ_w = peso específico da água (kN/m^3).

Resultados

Os solos da Formação Guabirotuba tiveram seus parâmetros de compressibilidade estudados por Kormann (2002). Na Tab. 2.2 são apresentados valores típicos dos parâmetros para esses solos utilizando amostras indeformadas. Entre esses parâmetros, têm-se: teor de umidade inicial (w_i), grau de saturação (S, em %) e expansão (E, em %), peso específico (γ, em kN/m^3) e peso específico aparente seco (γ_d, em kN/m^3), índice de vazios inicial (e_i), coeficientes angulares (C_r, C_c, C_s) e a tensão de pré-adensamento (σ'_{vm}, em kPa), calculada pelo método de Casagrande (C) e pelo método de Pacheco e Silva (PS).

Tab. 2.2 Características de compressibilidade de solos da Formação Guabirotuba ensaiados unidimensionalmente

Amostra	w_i	γ	γ_d	e_i	S (%)	E (%)	C_r	C_c	C_s	σ'_{vm}	
										PS	C
4.0040.00	26,9	19,38	15,26	0,736	98,9	3,0	0,0086	0,29	0,070	2.900	3.000
4.0047.00	26,1	19,36	15,35	0,726	97,0	0,0	0,0022	0,29	0,0033 a 0,068	2.400	2.800
4.0061.01	27,1	19,68	15,48	0,699	100,0	0,9	0,0140	0,27	0,058	2.400	2.800
4.0039.00	26,4	18,69	14,78	0,793	90,0	0,0	0,0078	0,25	0,044	580	650
4.0039.00	25,7	18,26	14,52	0,826	84,2	1,2	0,0023	$>0,16$	0,036	–	–
4.0039.00	26,0	18,95	15,04	0,763	92,3	3,1	0,0200	$>0,22$	0,048	–	–
4.0050.00	22,8	20,22	16,46	0,606	100,0	0,2	0,0	0,25	0,0050 a 0,061	2.500	2.500

Fonte: adaptado de Kormann (2002).

Boxe 2.1 Cálculo de adensamento unidimensional

Na Tab. 2.3, apresentam-se as leituras de ensaio de uma amostra indeformada da Formação Guabirotuba, a partir da qual é determinada a curva de índice de vazios *versus* logaritmo da tensão efetiva. A massa específica das partículas sólidas é de 2.866,0 kg/m³, a massa específica aparente seca inicial é de 1.294,26 kg/m³, a altura do anel, ou altura inicial do corpo de prova, é de 1,98 cm, e o teor de umidade na condição inicial é de 18,42%.

Tab. 2.3 Leituras realizadas em um ensaio de adensamento unidimensional em solo da Formação Guabirotuba

Tensão de ensaio (kPa)	10	20	40	80	160	320	640	1.280	640	160	40	10
Tempo (s)	ΔH *(mm)*											
0	0	0,64	0,95	1,33	1,94	2,99	4,17	5,27	6,19	6,15	6,06	5,97
8	0,22	0,88	1,24	1,78	2,78	3,96	5,06	5,96	6,17	6,10	6,03	5,95
15	0,60	0,89	1,25	1,81	2,82	3,99	5,10	6,01	6,17	6,09	6,02	5,95
30	0,60	0,90	1,26	1,83	2,85	4,02	5,14	6,05	6,17	6,09	6,02	5,95
60	0,61	0,91	1,27	1,85	2,88	4,05	5,16	6,08	6,17	6,09	6,02	5,94
120	0,61	0,92	1,28	1,87	2,90	4,07	5,18	6,10	6,17	6,09	6,01	5,94
240	0,61	0,92	1,29	1,88	2,92	4,09	5,20	6,12	6,17	6,08	6,01	5,93
480	0,62	0,93	1,29	1,89	2,93	4,10	5,21	6,14	6,17	6,08	6,01	5,93
900	0,62	0,93	1,30	1,90	2,94	4,11	5,22	6,15	6,17	6,08	6,00	5,92
1.800	0,62	0,93	1,30	1,91	2,95	4,12	5,23	6,16	6,17	6,08	6,00	5,91
3.600	0,62	0,94	1,31	1,91	2,96	4,13	5,24	6,17	6,16	6,07	5,99	5,91
7.200	0,62	0,94	1,31	1,92	2,97	4,14	5,24	6,18	6,16	6,07	5,99	5,91
14.400	0,63	0,94	1,32	1,92	2,97	4,14	5,25	6,18	6,16	6,07	5,98	5,91
28.800	0,63	0,94	1,32	1,93	2,98	4,15	5,26	6,19	6,16	6,06	5,98	5,91

Substituindo os valores na Eq. 2.3, tem-se o índice de vazios inicial da amostra:

$$e_i = \frac{2.866,00}{1.294,26} - 1$$

$$e_i = 1,214$$

A altura de sólidos é encontrada diretamente com a aplicação da Eq. 2.7. Substituindo os valores:

$$H_s = \frac{19,8}{1 + 1,214}$$

$$H_s = 8,94 \text{ mm}$$

Para o cálculo do grau de saturação inicial, utiliza-se a Eq. 2.4:

$$S_i = \frac{18,42 \times 2.866,00}{1,214 \times 1.000,00}$$

$$S_i = 43,49\%$$

De posse dos valores de deslocamento vertical provocados pelo carregamento e descarregamento da amostra, podem ser calculados os índices de vazios para todos os estágios de carregamento. Esse valor é obtido pela aplicação direta da Eq. 2.5.

Para o estágio de 10 kPa, tem-se:

$$\Delta H = 0,63\ \text{mm}$$

$$\Delta H_{acumulado} = 0,63\ \text{mm}$$

$$H_f = H_{anel} - \Delta H_{acumulado}$$

$$H_f = 19,80 - 0,63 = 19,17\ \text{mm}$$

Finalmente, o índice de vazios é dado por:

$$e_f = \frac{H_f}{H_s} - 1 = \frac{19,17}{8,94} - 1 = 1,144$$

Para o estágio de 20 kPa, de maneira análoga:

$$\Delta H = 0,30\ \text{mm}$$

$$\Delta H_{acumulado} = 0,63 + 0,30 = 0,93\ \text{mm}$$

$$H_f = 19,80 - 0,93 = 18,87\ \text{mm}$$

$$e_f = \frac{H_f}{H_s} - 1 = \frac{18,87}{8,94} - 1 = 1,111$$

Para os demais estágios de carregamento, o cálculo repete-se de modo semelhante. Após o cálculo de todos os índices de vazios (Tab. 2.4), pode-se plotar a curva e *versus* $\log \sigma$ apresentada na Fig. 2.14.

Tab. 2.4 Índices de vazios obtidos em ensaio de adensamento edométrico

Estágio de tensão (kPa)	H_f	e_f
10	19,17	1,144
20	18,87	1,111
40	18,50	1,069
80	17,90	1,002
160	16,86	0,886
320	15,70	0,756
640	14,61	0,634
1.280	13,69	0,531
640	13,72	0,535
160	13,81	0,545
40	13,89	0,554
10	13,95	0,560

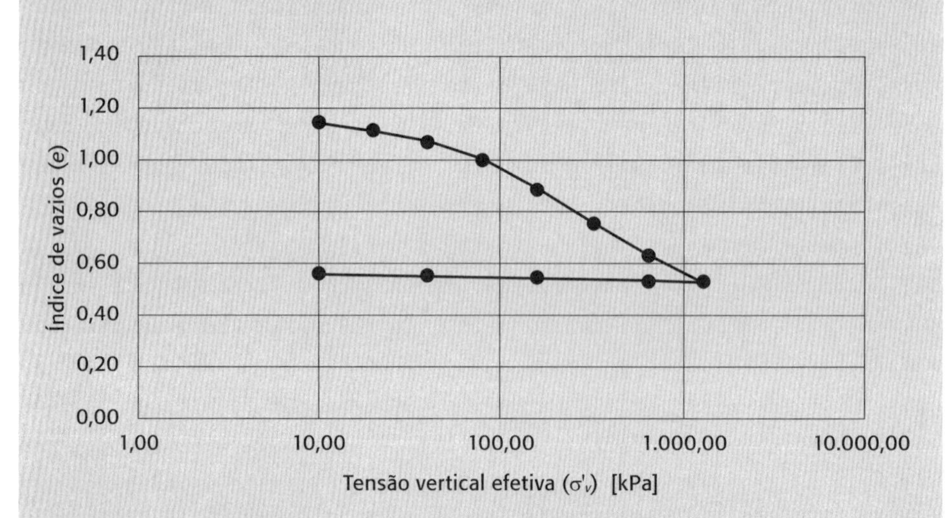

Fig. 2.14 *Curva de ensaio de adensamento unidimensional realizado em solo da Formação Guabirotuba*

As curvas de Taylor podem ser traçadas plotando-se a altura do corpo de prova em função do tempo para cada estágio de carregamento. A altura é obtida pela subtração da leitura do transdutor de deslocamento vertical a cada intervalo de tempo, obtendo-se a curva apresentada na Fig. 2.15. Com essas curvas, é possível determinar os parâmetros apresentados na seção 2.2.1.

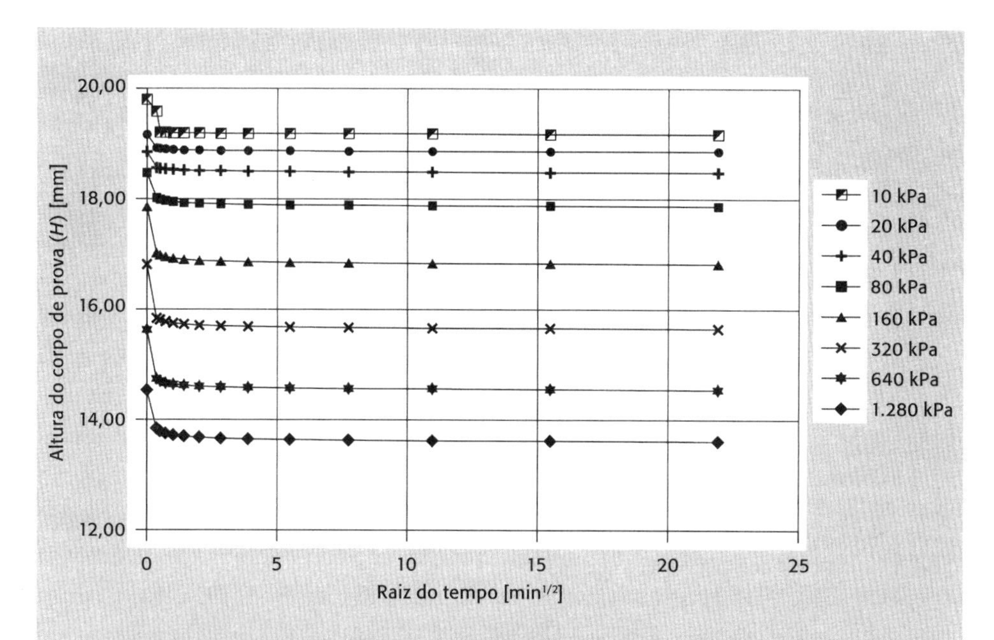

Fig. 2.15 *Curvas de Taylor para ensaio de adensamento edométrico em solo da Formação Guabirotuba*

Aplicando-se o método de Pacheco e Silva para obtenção da tensão de pré-adensamento, chega-se ao valor de σ'_{vm}= 49 kPa. O processo é ilustrado na Fig. 2.16.

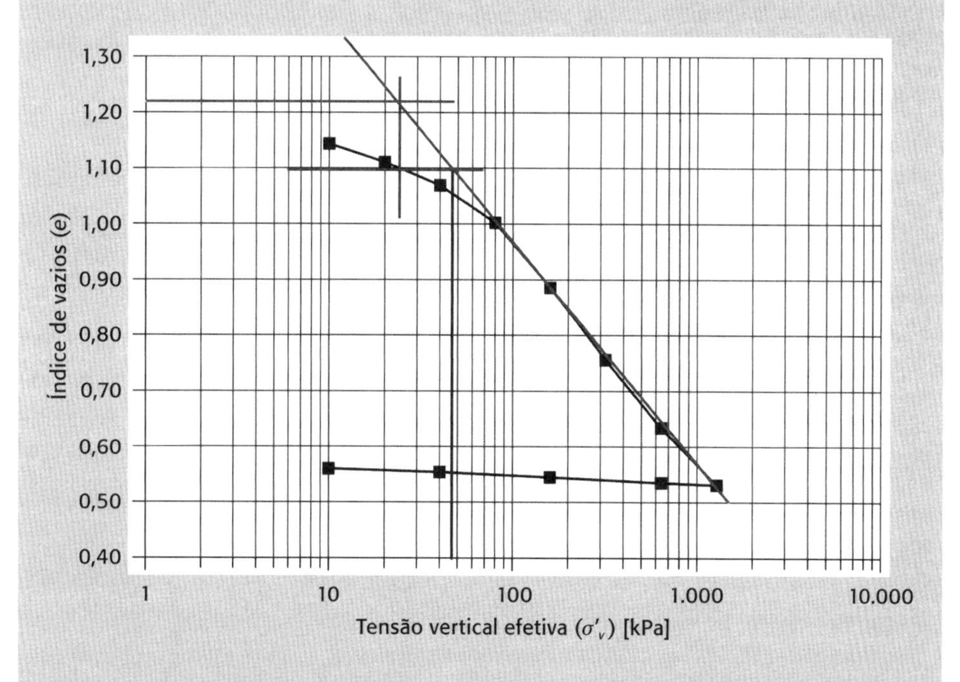

Fig. 2.16 *Obtenção da tensão de pré-adensamento pelo método de Pacheco e Silva*

Finalmente, os parâmetros das relações tensão-deformação, especificamente os índices de recompressão (C_r), compressão (C_c) e expansão (C_s), podem ser calculados utilizando a Eq. 2.13 e os dados da Tab. 2.4. Para o cálculo de C_r, que representa a região à esquerda da tensão de pré-adensamento na Fig. 2.16:

$$C_r = \frac{e_1 - e_2}{\log\sigma_2 - \log\sigma_1} = \frac{1,111 - 1,069}{\log 40 - \log 20} = 0,140$$

Para o cálculo do coeficiente de compressão (C_c), ramo à direita da tensão de pré-adensamento:

$$C_c = \frac{e_1 - e_2}{\log\sigma_2 - \log\sigma_1} = \frac{0,886 - 0,756}{\log 320 - \log 160} = 0,432$$

Finalmente, o índice de expansão (C_s) é obtido pela determinação da inclinação da reta do ramo de descompressão (região de descarregamento no ensaio edométrico):

$$C_s = \frac{e_1 - e_2}{\log\sigma_2 - \log\sigma_1} = \frac{0,554 - 0,545}{\log 160 - \log 40} = 0,015$$

2.2.2 Adensamento com velocidade de deformação controlada (CRS)

Um dos ensaios utilizados em análises mais refinadas do comportamento tensão-deformação dos solos é o ensaio de adensamento com velocidade de deformação controlada (CRS), cuja principal vantagem é a diminuição do tempo necessário para a determinação dos parâmetros de compressibilidade. Outra vantagem importante é que, com a aquisição contínua de dados, a curva índice de vazios (*e*) *versus* logaritmo da tensão vertical efetiva (log σ'_v) é definida com um número maior de pontos, melhorando a precisão na estimativa da tensão de pré-adensamento, por exemplo.

Normas

Regido pela norma ASTM D 4186 (ASTM, 2012), o CRS consiste na aplicação gradual de tensão vertical ao corpo de prova, através do aumento do deslocamento axial a uma velocidade constante no tempo. A drenagem é permitida em apenas uma das faces do corpo de prova, em geral o topo, onde a poropressão é nula ou igual à contrapressão adotada. As poropressões geradas pelo carregamento são monitoradas na face não drenada.

Equipamentos, materiais e acessórios

A aplicação do carregamento vertical pode ser feita pela mesma prensa utilizada em ensaios triaxiais de deformação controlada (Cap. 4) ou em prensas de adensamento com velocidade controlada. Assim sendo, bastam ajustes na célula de adensamento incremental de forma a controlar a drenagem para possibilitar a execução do ensaio. São necessários, também, dispositivos para medida da poropressão, da carga aplicada e do deslocamento vertical do corpo de prova. Podem ser medidos de modo intermitente os valores da tensão vertical total aplicada no topo (σ_v), da poropressão na base (u_b) e da variação da altura (Δh) do corpo de prova.

Preparação do corpo de prova

As amostras destinadas ao ensaio CRS podem ser deformadas ou indeformadas. Segundo a ASTM D 4186, o diâmetro mínimo do corpo de prova deve ser de 50 mm, sendo também ao menos 6 mm menor que o tubo amostrador, caso utilizado. A altura, por sua vez, deve ser ao menos 20 mm ou dez vezes o diâmetro máximo das partículas, em conformidade com os preceitos do ensaio unidimensional. Os demais preceitos anteriormente apresentados também são válidos para esse ensaio. Solos pouco consistentes devem ter seus corpos de prova moldados diretamente no tubo amostrador, evitando alterações significativas em seu estado.

Processo executivo

O processo executivo do ensaio CRS assemelha-se em grande medida com o do ensaio edométrico, mas há algumas diferenças em itens específicos.

Inicialmente, o corpo de prova deve ser ajustado na prensa de adensamento, aplicando-se uma pré-carga de aproximadamente 5 kPa. Na sequência, os dispositivos são ajustados para aferição das medidas, e a taxa de deformação é definida.

A velocidade de deslocamento adequada para o ensaio deve levar em consideração alguns fatores, sendo eles: tipo de solo, equipamento utilizado, objetivos a serem alcançados e limitações teóricas para análise dos resultados. Além disso, a velocidade deve permitir que a poropressão gerada na base seja suficientemente baixa para obter resultados satisfatórios de coeficientes de adensamento e tensão de pré-adensamento. A ASTM D 4186 recomenda que a taxa possua um valor que gere um excesso de poropressão entre 3% e 30%, sendo valores entre 20% os mais usuais.

Em seguida, inicia-se o deslocamento da prensa, de modo a carregar o corpo de prova, mantendo a velocidade constante. Nesse momento, deve-se permitir a drenagem do solo para que ocorra a dissipação da poropressão. Para a obtenção dos parâmetros de cálculo, devem ser efetuados registros contínuos da força aplicada ao corpo de prova, da poropressão na base e do deslocamento da placa de topo, ou deformação axial, além do tempo decorrido. Após atingir a tensão máxima do ensaio, pode-se, em complemento, proceder ao descarregamento e recarregamento de maneira análoga.

Finalizada a definição da curva de adensamento, o corpo de prova é retirado da prensa, sendo aferido o teor de umidade do ensaio.

Cálculos e resultados

Com base nas leituras do ensaio, calculam-se o índice de vazios final pela Eq. 2.19, a deformação axial pela Eq. 2.20 e a tensão efetiva média pela Eq. 2.21.

$$e_f = e_i - \frac{H_i - H_f}{H_s} \tag{2.19}$$

$$\varepsilon - \frac{H_i - H_f}{H_i} \tag{2.20}$$

$$\sigma'_v = \left(\sigma_v^3 - 2\sigma_v^2 u_b + \sigma_v u_b^2\right)^{\frac{1}{3}} \tag{2.21}$$

em que:
ε = deformação axial do corpo de prova (%);
σ'_v = tensão efetiva média (kPa);
σ_v = tensão axial aplicada no corpo de prova (kPa).

Finalmente, o coeficiente de adensamento (c_v) é calculado pela Eq. 2.22:

$$c_v = -\frac{H^2 \log\left[\frac{\sigma_{v2}}{\sigma_{v1}}\right]}{2\Delta t \log\left[1 - \frac{u_b}{\sigma_v}\right]} \tag{2.22}$$

em que:
H = altura do corpo de prova entre t_1 e t_2 (m);
σ_{v1} = tensão aplicada no instante t_1 (kPa);
σ_{v2} = tensão aplicada no instante t_2 (kPa);
Δt = intervalo de tempo considerado (min);
u_b = excesso de poropressão no intervalo de tempo (kPa).

Boszczowski (2001) realizou ensaios de adensamento convencionais e CRS em amostras da Formação Guabirotuba, buscando analisar a possível anisotropia entre as direções vertical e horizontal de um maciço da região de Curitiba (PR). Em amostras de argila cinza variegadas, foram obtidas cinco curvas utilizando o ensaio CRS e uma com o ensaio de adensamento convencional, mostradas na Fig. 2.17. É possível perceber significativa diferença na precisão das curvas, causada principalmente pelo número de leituras efetuadas. Essa característica pode ser útil nos casos em que a curva do ensaio unidimensional apresenta pontos de inflexão angulosos, por exemplo.

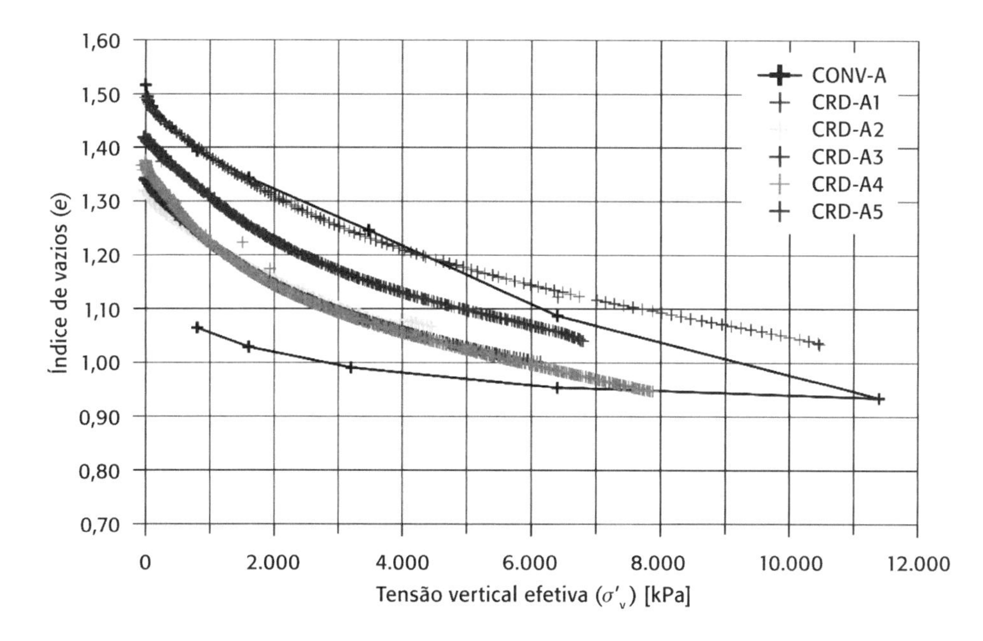

Fig. 2.17 *Curvas de índice de vazios versus tensão efetiva para solos da Formação Guabirotuba Fonte: Boszczowski (2001).*

2.2.3 Adensamento hidrostático

O ensaio de adensamento hidrostático é muito importante na Mecânica dos Solos. Nesse ensaio, o corpo de prova é adensado sob um estado de tensões hidrostático. Suas aplicações usuais são nos estudos de deposição de materiais com comportamento próximo ao isotrópico e na construção de modelos numéricos que descrevam o comportamento reológico do solo.

Normas

Não há normatização nacional nem internacional para a padronização desse ensaio. Por se tratar de um ensaio especial, sugere-se a consulta de Head (1998) ou das normas referentes a ensaios triaxiais adensados (Cap. 4).

Equipamentos, materiais e acessórios

Os equipamentos necessários para o ensaio de adensamento hidrostático se assemelham em grande medida aos do ensaio de compressão triaxial, a serem detalhados no Cap. 4. O ensaio é realizado na mesma prensa e câmara do ensaio triaxial (Fig. 2.18).

Fig. 2.18 *Sistema triaxial utilizado para ensaios de adensamento hidrostático*

Além desses equipamentos, são necessários os dispositivos para aplicação da contrapressão e da pressão confinante, para medida da variação de volume da amostra, da poropressão e da pressão na câmara. Também há demanda de membranas de borracha, papel-filtro e pedras porosas para a correta preparação do corpo de prova no pedestal da prensa. Outros materiais da prática laboratorial são eventualmente úteis na moldagem da amostra.

Preparação do corpo de prova

Os corpos de prova de solo para os ensaios de adensamento podem ser oriundos de blocos indeformados ou tubos de amostragem. A moldagem de corpos de prova a partir de blocos indeformados é realizada utilizando faca ou objeto cortante. Seu local de retirada é preparado planificando uma região do bloco em uma superfície com dimensões superiores às do corpo de prova pretendido. O molde metálico é posicionado e a cravação no bloco é feita com o auxílio da faca para talhagem do solo. Deve-se exercer leve pressão sobre o molde concomitantemente à talhagem, de modo a não promover danos ao solo, até que se obtenha um elemento com altura pouco maior que a altura do corpo de prova pretendido. Por fim, remove-se o corpo de prova do bloco e ajustam-se as medidas do topo e da base.

Para amostras provenientes de tubos de amostragem, o tubo deve ser cortado em um comprimento um pouco maior que as medidas do corpo de prova pretendido, atentando para não cortar a amostra junto com o tubo. Cortar a amostra utilizando fio de nylon (solos moles) ou outro material cortante (solos mais rijos). Descolar a amostra da parede do tubo amostrador com fio de nylon, removendo--a do tubo. A moldagem é realizada por cravação do anel metálico após a retirada da amostra do tubo, promovendo a talhagem do solo com fio de nylon ou faca. Em amostras indeformadas de solos moles, especial cuidado deve ser tomado para evitar o amolgamento no processo de moldagem. Deve-se determinar o teor de umidade no momento da moldagem.

Processo executivo

Nesta seção, são apresentados os procedimentos de preparação do equipamento, além da saturação e do adensamento do corpo de prova para a realização do ensaio.

a) Preparação do equipamento

Antes do início do ensaio, deve-se fazer percolar água pelo sistema de contrapressão e o de pressão da prensa triaxial, de modo a garantir que estejam saturados para a realização do ensaio. É interessante que se verifique todas as conexões e linhas para evitar vazamentos e garantir a integridade e estanqueidade da membrana de borracha.

As pedras porosas, após saturadas, devem ser posicionadas no pedestal da prensa e cobertas pelo papel-filtro umedecido. Na sequência, o corpo de prova é cuidadosamente assentado sobre a prensa e envolto por um papel-filtro lateral (caso utilizado) e superior. Em seguida, deve-se envolver o corpo de prova com a membrana de borracha, garantindo que ela envolva também o *cap* no topo do corpo de prova. Depois, deve-se prender a membrana com anéis de vedação nas extremidades.

Garantida a verticalidade da amostra, a câmara triaxial é fechada e o pistão é colocado em contato com o *cap*, procedendo-se ao enchimento do recipiente com água desaerada e evitando o surgimento de bolhas. Finalmente, uma pressão deve ser aplicada na câmara (cerca de 50 kPa) até a estabilização da poropressão, cujo valor deve ser registrado.

b) Saturação do corpo de prova

O procedimento geral para saturação do corpo de prova, por processos de percolação e incrementos de contrapressão, é apresentado no Cap. 4. A saturação do corpo de prova deve ser garantida por meio do cálculo do parâmetro B de Skempton, a ser definido posteriormente. Em geral, quando possível, a saturação é iniciada aplicando-se contrapressões diferentes no topo e na base do corpo de prova, o que acelera consideravelmente o processo devido à percolação de água pelo corpo de prova.

c) Adensamento

As condições do adensamento são hidrostáticas, ou seja, os incrementos de tensão confinante são iguais nas três direções, aplicados em estágios até a dissipação da poropressão. Em suma, são realizados diversos processos de adensamento sob tensões efetivas diferentes utilizando a câmara triaxial.

A maior parte dos ensaios de adensamento hidrostático é feita aplicando-se três incrementos de tensão, gerando quatro estágios de adensamento. Cada estágio possui duas fases distintas:

i. *Fase não drenada*: a tensão confinante está sendo aumentada, excedendo a contrapressão no valor da tensão efetiva desejada, provocando o aumento da poropressão.
ii. *Fase drenada*: o excesso de poropressão é dissipado até a finalização do adensamento.

A tensão efetiva a que o corpo de prova está submetido pode ser controlada pelo ajuste da contrapressão. Esse valor não deve ser inferior ao valor da poropressão aferido no último estágio da saturação. Após o aumento da tensão confinante, a válvula que permite a drenagem pelo topo do corpo de prova deve ser aberta, mantendo-se a drenagem da base fechada. O volume de água que sai do corpo de prova deve ser aferido e é igual à variação volumétrica do solo.

As medidas de poropressão e de variação de volume devem ser registradas em intervalos que permitam o traçado da curva de adensamento com precisão razoável. Cessada a variação de volume, o adensamento está completo e um novo estágio de carregamento é iniciado. Usualmente, o acréscimo de tensão é feito na razão 2 (como no ensaio edométrico).

Cálculos e resultados

Os cálculos referentes ao ensaio de adensamento hidrostático visam a construção da curva de adensamento do solo analisado. Deve-se, portanto, determinar a área (A_i) e o volume (V_i) iniciais do corpo de prova a partir das medidas realizadas após a moldagem. De forma análoga, determina-se a massa específica total inicial (razão entre a massa e o volume), a massa específica seca inicial, o índice de vazios inicial e o grau de saturação inicial. A deformação volumétrica específica após cada estágio de carregamento, parâmetro importante nos estudos da compressibilidade, pode ser determinada pela Eq. 2.23.

$$\varepsilon_v = \frac{\Delta V}{V_i} \tag{2.23}$$

em que:

ε_v = deformação volumétrica específica após adensamento (%);

ΔV = variação de volume acumulado (cm³);

V_i = volume inicial do corpo de prova (cm³).

Por causa da deformação volumétrica ocorrida durante o adensamento, devem ser calculados também a altura, a área e o índice de vazios do corpo de prova após cada estágio (Eqs. 2.24 a 2.26).

$$H_a = H_i\left(1 - \frac{1}{3}\varepsilon_v\right)\varepsilon_v = \frac{\Delta V}{V_i} \tag{2.24}$$

$$A_a = A_i\left(1 - \frac{1}{3}\varepsilon_v\right) \tag{2.25}$$

$$e_a = e_s - 1 + e_s\frac{\Delta V}{V_s} \tag{2.26}$$

em que:

H_a = altura do corpo de prova após cada estágio de adensamento (cm);

A_a = área do corpo de prova após cada estágio de adensamento (cm^2);

e_a = índice de vazios após o adensamento;

e_s = índice de vazios após a saturação;

V_s = volume do corpo de prova após a saturação (cm^3);

ΔV = variação de volume acumulada (cm^3).

Finalmente, os parâmetros de compressibilidade volumétrica e de adensamento ao final de cada estágio de carga são determinados pelas Eqs. 2.27 e 2.28.

$$m_{vi} = \frac{\Delta e}{\Delta\sigma'}\frac{1.000}{1 + e_i} \tag{2.27}$$

$$c_{vi} = \frac{0{,}379\,\underline{H}^2}{t_{50}} \tag{2.28}$$

em que:

m_{vi} = coeficiente de compressibilidade volumétrica (m²/MN);

Δe = variação do índice de vazios entre estágios;

$\Delta\sigma'$ = incremento de tensão entre estágios (kPa);

c_{vi} = coeficiente de adensamento isotrópico (cm²/s);

$\underline{H}$ = altura média do corpo de prova (cm);

t_{50} = tempo para 50% do adensamento, obtido da curva de dissipação da poropressão pelo logaritmo do tempo (tempo equivalente para dissipação de 50% do excesso de poropressão).

Santos (2006) realizou um estudo acerca do comportamento viscoso de solos coluvionares do Estado de São Paulo utilizando ensaios de adensamento hidrostático, dando continuidade a estudos anteriores iniciados por Thomasi (2000). A autora usou corpos de prova deformados e fabricados em determinadas condições de saturação. As Figs. 2.19 e 2.20 apresentam os gráficos de variação do excesso de poropressão e de deformação volumétrica em função do tempo dos solos estudados.

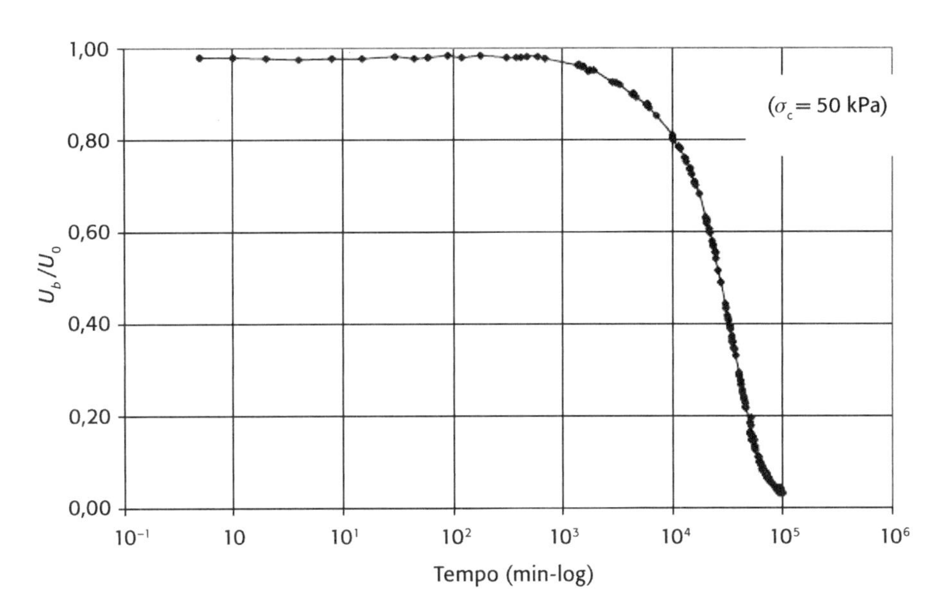

Fig. 2.19 *Variação do excesso de poropressão para tensão de 50 kPa*
Fonte: adaptado de Santos (2006).

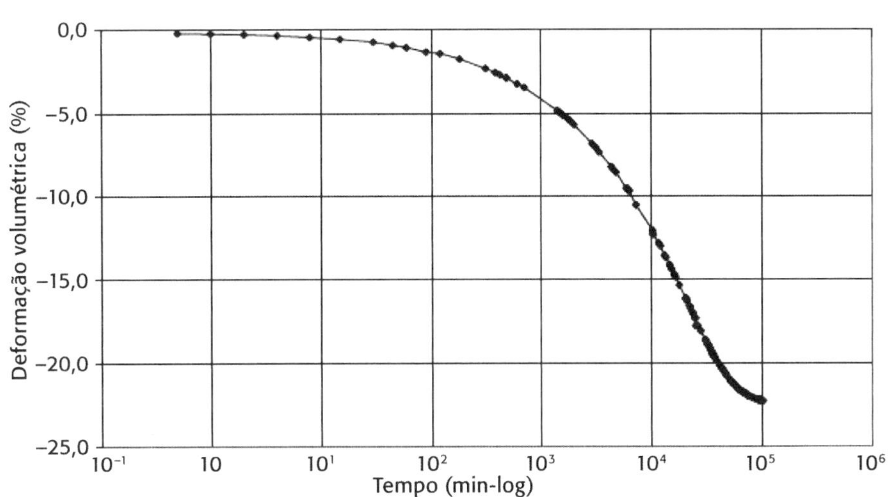

Fig. 2.20 *Deformação volumétrica do corpo de prova*
Fonte: adaptado de Santos (2006).

Os corpos de prova foram preparados com 10% de bentonita, a fim de acentuar a visualização do adensamento secundário. Essa adição, entretanto, aumentou o tempo de adensamento primário para cerca de 70 dias. Outro fato interessante é que, embora as curvas das Figs. 2.19 e 2.20 sejam curvas de adensamento, a primeira apresenta inclinação consideravelmente mais acentuada que a segunda. Isso se deve ao fato de a leitura da poropressão ser uma medida pontual (na base do corpo de prova), enquanto a variação volumétrica é uma variável relacionada ao corpo de prova como um todo.

Boxe 2.2 Cálculo de adensamento hidrostático

Um ensaio de adensamento hidrostático foi realizado em amostra indeformada de argila marinha sob as condições apresentadas na Tab. 2.5. As leituras efetuadas no decorrer do ensaio foram as mostradas na Tab. 2.6. Com os dados de tempo (intervalo de leituras) e da variação de volume do corpo de prova (quarta coluna), pode-se determinar a curva raiz do tempo *versus* variação de volume, conforme a Fig. 2.21. A partir dessa curva, é possível obter os parâmetros de adensamento por métodos gráficos. Mais detalhes dos cálculos para obtenção da curva podem ser vistos no Cap. 4.

Tab. 2.5 Dados do ensaio de adensamento hidrostático em argila marinha

Pressão confinante (kPa)	Contrapressão (kPa)	Altura da amostra (mm)	Diâmetro da amostra (mm)	Massa úmida (g)	(kg/m³)	(%)
900	800	76	38	180,99	2.735,00	15,8

Tab. 2.6 Leituras obtidas durante o ensaio para o estágio de 100 kPa

Tempo (h:min:s)	Poropressão (kPa)	Volume de entrada (cm³)	Variação de volume (cm³)	Contrapressão (kPa)
00:00:00	888	29,20	0	800
00:00:01	888	29,20	0,001	800
00:00:02	888	29,20	0,001	800
00:00:04	888	29,20	0	800
00:00:08	853	29,43	−0,226	856
00:00:15	817	29,72	−0,515	818
00:00:30	803	29,93	−0,726	803
00:01:00	800	30,18	−0,973	801
00:02:00	800	30,42	−1,215	800
00:04:00	799	30,52	−1,315	800
00:08:00	799	30,57	−1,370	800
00:15:00	800	30,61	−1,406	800
00:30:00	799	30,64	−1,442	800

Tab. 2.6 (continuação)

Tempo (h:min:s)	Poropressão (kPa)	Volume de entrada (cm³)	Variação de volume (cm³)	Contrapressão (kPa)
01:00:00	800	30,67	−1,472	800
01:30:00	800	30,69	−1,492	800
03:00:00	800	30,72	−1,518	800
04:30:00	800	30,73	−1,531	800
06:00:00	800	30,74	−1,539	800
07:30:00	800	30,75	−1,544	800
09:00:00	800	30,75	−1,551	800
10:30:00	800	30,75	−1,549	800
12:00:00	800	30,75	−1,548	800
13:30:00	800	30,75	−1,549	800
15:00:00	799	30,75	−1,546	800
16:30:00	800	30,75	−1,543	800
18:00:00	800	30,74	−1,541	800
19:30:00	800	30,74	−1,540	800
21:00:00	800	30,74	−1,538	800
22:30:00	800	30,74	−1,534	800
24:00:00	800	30,74	−1,534	800

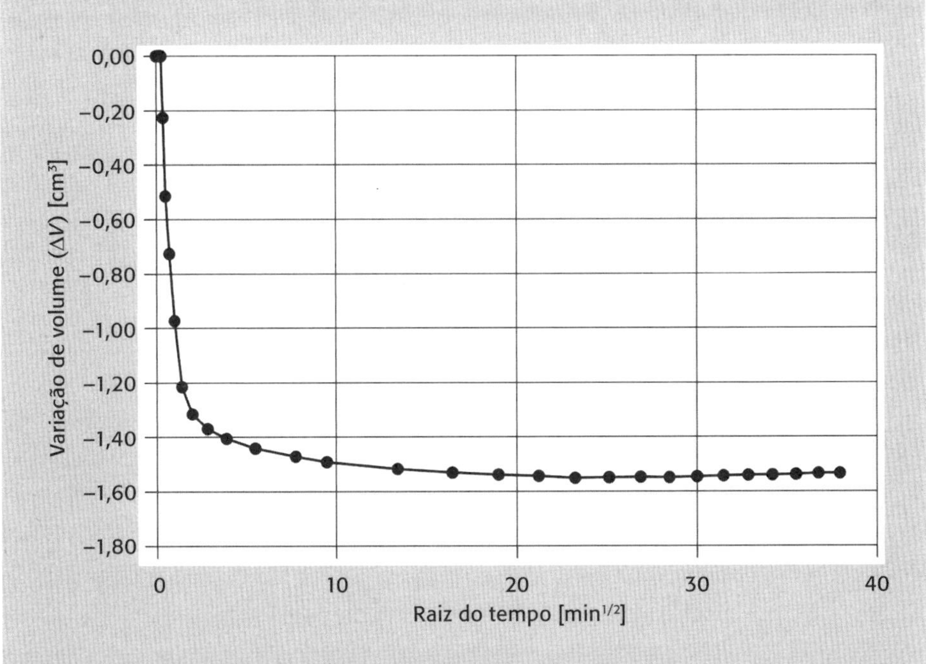

Fig. 2.21 *Curva de adensamento hidrostático para a tensão de 100 kPa*

Na prática, um ensaio de adensamento hidrostático completo é realizado sob diversos níveis de tensões efetivas. A título de exemplo, a Fig. 2.22 apresenta todas as curvas de adensamento obtidas para o ensaio descrito em uma faixa de tensões efetivas variando de 100 a 1.000 kPa.

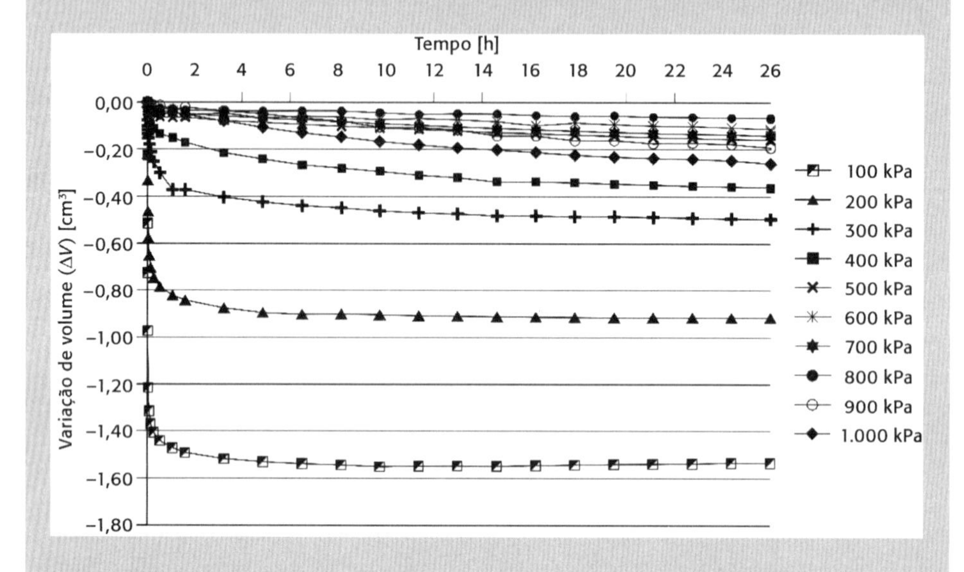

Fig. 2.22 *Curvas de adensamento hidrostático para amostra de argila marinha em diferentes níveis de tensão*

2.3 Colapsibilidade

Embora o colapso seja um termo com diferentes significados na Engenharia, dentro da Geotecnia é comumente aceito que a colapsibilidade representa a redução de volume demonstrada por certos solos quando submetidos a um aumento do teor de umidade. Um solo é classificado como verdadeiramente colapsível quando apresenta redução do volume por umedecimento sob apenas o peso próprio, enquanto os solos condicionalmente colapsíveis apresentam esse comportamento sob determinadas condições de tensão normal (Carvalho *et al.*, 2015).

Os solos colapsíveis estão em grande medida relacionados com solos arenosos ou argiloarenosos que derivam de gnaisses e quartzitos. O alto índice de vazios no interior desses solos e sua não saturação fazem com que, em presença de umidade, existam recalques de grande magnitude na existência ou não de cargas. Esses deslocamentos podem provocar graves problemas em fundações e pavimentos, podendo culminar na inutilização de diversas construções civis.

Diversos são os critérios para avaliação do colapso, destacando-se os de Denisov (1951) e Vilar e Rodrigues (2007). Vilar e Rodrigues empregam ensaios edométricos simples e duplos para classificação do grau de colapsibilidade do solo. Em linhas gerais, o ensaio simples (Fig. 2.23A) é realizado após a estabilização dos recalques por adensamento no ensaio unidimensional, quando se inunda o corpo de prova e se registram os recalques manifestados a partir desse instante. O ensaio duplo (Fig. 2.23B), por sua vez, é feito conduzindo-se dois ensaios de adensamento unidimensional paralelos: um com o teor de umidade natural e outro com a amostra inundada antes do primeiro estágio de carregamento. De posse das leituras efetuadas, o potencial de colapso (PC) é calculado pela Eq. 2.29.

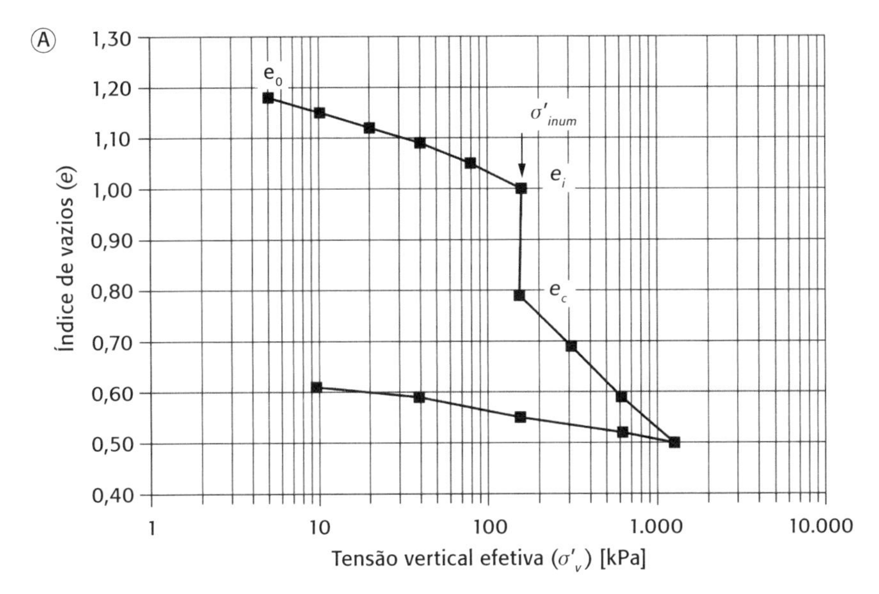

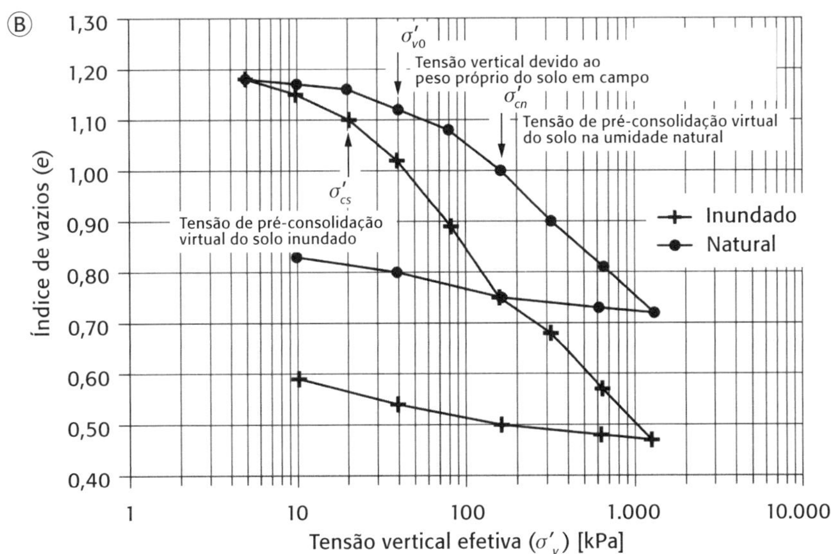

Fig. 2.23 *Ensaio edométrico (A) simples e (B) duplo*
Fonte: adaptado de Carvalho et al. *(2015).*

$$PC(\%) = 100\frac{e_c - e_i}{1 + e_i} = 100\,\frac{H_c - H_i}{1 + H_i} \quad \textbf{(2.29)}$$

em que:

e_i e H_i = índice de vazios e altura do corpo de prova (m) até a tensão considerada antes da inundação, respectivamente;

e_c e H_c = índice de vazios e altura do corpo de prova (m) após a inundação, respectivamente.

A partir do potencial de colapso (PC), é possível classificar os solos em níveis de colapsibilidade. Abelev (1948) e Jennings e Knight (1975), por exemplo, apresentam critérios com fundamento empírico para essa classificação; inclusive, os últimos autores indicam o grau de severidade do colapso, dado com fundamental importância em obras de alto risco, como é o caso de fundações de barragens, entre outros. A Tab. 2.7 apresenta dados de referência para a tensão de 200 kPa.

Tab. 2.7 Classificação dos solos quanto à colapsibilidade

PC (%)	Gravidade dos problemas
0 a 1	Sem problema
1 a 5	Moderado
5 a 10	Problemático
10 a 20	Problema grave
> 20	Problema muito grave

Fonte: Jennings e Knight (1975).

2.4 Pressão de expansão

Em diversos casos práticos, é necessário conhecer as características de mudança de volume de materiais, especialmente quando eles são expansivos. No caso de solos, essa importância toma força no âmbito da pavimentação, por exemplo.

Ao longo do tempo, muitos métodos foram desenvolvidos a fim de determinar dois parâmetros quantitativos: a expansão e a pressão de expansão dos solos. Na esfera da Geotecnia, o fator que mais causa a expansão é a variação no teor de umidade do solo, sendo essa a principal preocupação dos ensaios laboratoriais. Também influenciam na expansibilidade a trajetória de tensões e as características químicas do material.

A pressão de expansão é, por definição, a pressão que o material expansivo exerce quando a expansão é impedida. Em outras palavras, é a tensão necessária para manter a expansão nula. É natural perceber que, em campo, as pressões de expansão surgem com a variação do teor de umidade em solos que, de alguma forma, têm sua variação volumétrica impedida. Sendo de difícil determinação, muitos são os métodos para determinação desse parâmetro. Pode-se citar, por exemplo, os de Rao, Rahardjo e Fredjund (1988) e Justo, Delgado e Ruiz (1984).

Nesta publicação, o método abordado utilizará o ensaio edométrico, mais aplicado na quantificação da pressão de expansão. Proposto pela Sociedade Internacional de Mecânica das Rochas (International Society for Rock Mechanics, ISRM), o método utiliza os mesmos equipamentos do ensaio de adensamento unidimensional. O corpo de prova proveniente de uma amostra indeformada é preparado, com teor de umidade natural, e submetido a uma tensão vertical que pode corresponder à tensão observada *in situ* ou à sobrecarga, em caso de obras sobre o solo. Em geral, são simuladas as condições a que o solo será submetido durante o uso da estrutura projetada.

Após a aplicação da sobrecarga, deve-se aguardar tempo suficiente para a consolidação completa do corpo de prova (a depender das características granulométricas). Em seguida, o solo deve ser inundado e deixado expandir até a estabilização. A partir desse instante, a carga deve ser aumentada até que o corpo de prova retorne à sua altura original (anterior ao adensamento). A tensão atuante que faz o corpo de prova retornar à sua condição inicial é registrada como sendo a pressão de expansão.

Pereira e Pejon (1999) estudaram os solos finos da Formação Guabirotuba (Curitiba, PR), na região do Alto Iguaçu, e obtiveram valores de pressão de expansão de 1,6 kPa a 34,2 kPa para amostras em umidade natural. Os autores identificaram a íntima relação entre o teor de umidade do ensaio e os valores de pressão de expansão, pois, quando as amostras foram submetidas à secagem, os valores obtidos foram da ordem de 158 kPa a 4.187 kPa. É fácil concluir, portanto, que a escolha e o controle do teor de umidade da amostra são fundamentais para a correta realização do ensaio.

2.5 Adensamento hidráulico (HCT)

As teorias de adensamento para solos podem ser divididas em duas categorias: as teorias para deformação infinitesimal e as teorias de deformação finita. A diferença entre as duas abordagens pode ser resumida, de maneira simplificada, pelo fenômeno físico representado: enquanto para a teoria infinitesimal as deformações das camadas de solo são insignificantes comparadas à espessura inicial, na teoria da deformação finita essa deformação é uma variável do próprio problema.

Análises fundamentadas nas deformações finitas são particularmente fundamentais no caso de materiais finos com elevada compressibilidade, onde o peso próprio tem grande efeito na magnitude das deformações observadas. A importância prática desse problema levou ao desenvolvimento de teorias e métodos distintos e complementares ao adensamento unidimensional de Terzaghi.

A maior aplicação dessa nova abordagem se dá nos processos de mineração, os quais produzem grandes quantidades de rejeitos que são, de maneira preponderante no Brasil, dispostos em reservatórios, onde passam por processos de transporte, sedimentação e adensamento por peso próprio acoplados. Como os dois primeiros processos são muito rápidos, o projeto e o dimensionamento de reservatórios para armazenamento de rejeitos finos envolvem primordialmente o fenômeno do adensamento. Pela elevada compressibilidade e por se tratar de solos extremamente moles, cujo comportamento precisa ser mais bem descrito para baixos níveis de tensão, esses materiais devem ser estudados sob a luz do adensamento com deformações finitas, conforme proposto por Gibson, England e Hussey (1967).

Assim como diversos outros fenômenos físicos envolvendo os solos, o embasamento do comportamento desses materiais finos e compressíveis apenas em teorias adequadas não é suficiente. Técnicas de ensaio apropriadas tiveram de ser desenvolvidas para a determinação das relações constitutivas envolvidas no fenômeno. Nominalmente, é necessária a caracterização da relação entre o índice de vazios, a tensão efetiva e a permeabilidade do solo.

O ensaio de adensamento hidráulico (*hydraulic consolidation test* ou HCT) foi desenvolvido com o objetivo de determinar características de adensamento, compressibilidade e permeabilidade de solos finos e pouco consistentes. Em um ensaio HCT, o adensamento é induzido por forças de percolação utilizando uma bomba de fluxo que permite o controle das vazões empregadas na amostra. Nesse processo, uma amostra de solo é submetida a um fluxo descendente induzido por uma diferença de carga constante, a qual induz a percolação e, consequentemente, o adensamento. Após o término dessa fase, é estabelecida uma condição de fluxo permanente, na qual é possível determinar a permeabilidade saturada da amostra.

2.5.1 Normas

Atualmente ainda não há normatização nacional ou internacional vigente para a realização de ensaios de adensamento hidráulico (HCT). Em geral, são utilizadas recomendações obtidas com a experiência profissional e adquiridas em diversas pesquisas que buscam aprimorar o conhecimento sobre o comportamento de rejeitos de mineração.

2.5.2 Equipamentos, materiais e acessórios

Os sistemas utilizados para a realização de ensaios HCT em geral mesclam os equipamentos empregados em ensaios edométricos e triaxiais. Embora diversas configurações sejam possíveis, o equipamento é composto por uma câmara triaxial modificada (denominada câmara HCT), um transdutor de pressão diferencial, uma bomba de fluxo, um dispositivo para medida de força (usualmente uma célula de carga), um dispositivo para leitura de deslocamento (em geral um LVDT) e um painel para controle de pressão, além dos dispositivos aplicadores de pressão (para mais detalhes, consultar o Cap. 4). Precisa-se ainda de um sistema de carregamento, que pode ser mecânico (como um motor de passo) ou pneumático. Uma das possíveis configurações está ilustrada na Fig. 2.24.

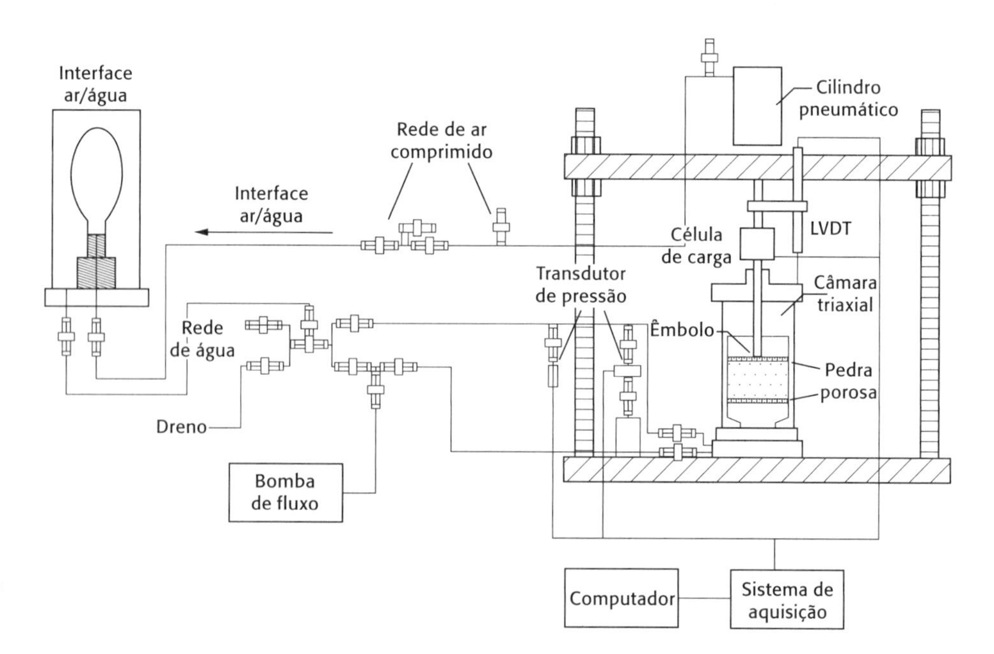

Fig. 2.24 *Diagrama esquemático dos equipamentos necessários para um ensaio HCT*
Fonte: adaptado de Lima (2009).

Nota-se que, no ensaio de adensamento HCT, é necessária a medida da diferença de poropressão na face superior e na face inferior da amostra. Para tanto, é essencial o uso de um transdutor de pressão diferencial com precisão adequada.

2.5.3 Preparação dos corpos de prova

Uma vez que esse ensaio é indicado para o estudo de solos finos de alta compressibilidade, o mais usual é que seja realizado com amostras em estado fluido, tal como se encontram nos locais de disposição.

O preparo do corpo de prova está intrinsecamente ligado a uma das mais importantes determinações em um ensaio HCT: o índice de vazios correspondente à tensão efetiva nula. Inicialmente, as amostras coletadas nas lagoas devem ser misturadas até a obtenção de consistência semelhante às características do início da deposição do material. Recomenda-se a preparação de, no mínimo, dois corpos de prova para a determinação das propriedades do material em estudo. A altura de material depositado em dois recipientes tipo béquer deve estar entre 25 mm e 50 mm, e ele deve ser mantido em repouso por aproximadamente 48 horas (ou até que a interface sólido-líquido apareça). Esse tempo deve ser suficiente para que as partículas de solo entrem em contato, que é o momento a partir do qual começam a surgir tensões efetivas na amostra.

Após os procedimentos anteriores, o líquido acima do corpo de prova deve ser cuidadosamente removido, e duas amostras devem ser coletadas para determinação do teor de umidade.

2.5.4 Processo executivo

O ensaio de adensamento hidráulico possui quatro fases distintas: a determinação do índice de vazios para a tensão efetiva nula, a consolidação hidráulica por percolação, o ensaio de carregamento em etapas e, finalmente, o ensaio de permeabilidade.

Assumindo-se a completa saturação da amostra, é possível determinar o índice de vazios sob tensão efetiva nula (e_{00}). Deve-se ter cuidado na retirada do líquido sobrenadante, no processo de preparação do corpo de prova, devido à sua grande influência nos resultados obtidos.

Na sequência, o corpo de prova deve ser transferido para a câmara de consolidação para a realização do ensaio. No topo e na base do corpo de prova devem ser posicionadas pedras porosas e papéis-filtro. O solo deve ser deixado em repouso por aproximadamente duas horas, antes da colocação da pedra porosa e do cabeçote superior, para que sejam eliminadas perturbações oriundas da montagem da câmara. A altura inicial da amostra (H_i) deve ser determinada, e a célula de consolidação preenchida com água. Caso possível, podem ser aplicadas tensões de confinamento próximas a 150 kPa para reduzir o ar dissolvido na lama por 24 horas. Nessas condições, a tensão confinante garante a saturação da amostra (Liu, 1990). Alternativamente, o sistema pode ser saturado com uma contrapressão de 250 kPa (Silva; Azevedo, 1999). Independentemente do processo utilizado, o corpo de prova é adensado sob seu peso próprio e a sobrecarga do cabeçote por 24 horas.

Ao final dessa fase, inicia-se o adensamento por forças de percolação. A bomba de fluxo deve ser colocada em funcionamento, succionando a água da base da amostra. A diferença de pressão entre a base e o topo do corpo de prova, medida pelo transdutor de pressão diferencial, provoca a diminuição de sua altura. Esses valores são anotados durante a execução do ensaio. A diferença de pressão tende a aumentar com o tempo enquanto se processa o adensamento até um valor constante (ΔPH) ser alcançado. Nesse instante, chega-se a um estado permanente, indicando que o adensamento por percolação está concluído.

Uma vez atingido o estado permanente, um novo (maior) fluxo pode ser imposto, iniciando outro processo de adensamento que irá fornecer novos valores para a análise do ensaio. Apesar disso, um estágio já é suficiente para a obtenção da relação entre a tensão efetiva, o índice de vazios e a permeabilidade do solo.

Quanto à velocidade de fluxo adotada, recomenda-se não utilizar um valor inicial elevado, especialmente tendo em vista que a percolação é induzida pela diferença de pressões entre o topo e a base do corpo de prova. Caso essa diferença seja muito baixa, a velocidade de fluxo pode ser aumentada gradativamente até chegar a valores satisfatórios. Recomenda-se que a diferença de pressões não ultrapasse 10 kPa.

A próxima etapa consiste em submeter a amostra a um processo de carregamento estático constante. Essa fase permite a obtenção de parâmetros de compressibilidade em níveis de tensão vertical mais elevados, gerando uma curva mais abrangente da variação do índice de vazios em função das tensões efetivas. Uma carga constante, correspondendo a dada tensão vertical, é aplicada no topo da amostra, iniciando um novo processo de adensamento. Quando o estado permanente é novamente alcançado (normalmente 24 horas depois), a nova altura da amostra é medida com o transdutor de deslocamento, e o correspondente índice de vazios é calculado.

A última etapa é realizada de maneira complementar para determinar a permeabilidade saturada da amostra de solo. Nessa etapa, ainda com o carregamento estático aplicado, submete-se novamente um pequeno fluxo descendente conhecido. Medindo a diferença de pressão gerada entre o topo e a base da amostra, pode-se calcular o coeficiente de permeabilidade por meio da lei de Darcy. Observa-se que esse processo – bem como o adensamento por forças de percolação – é exatamente o oposto do processo para determinação do coeficiente de permeabilidade sob carga constante, no qual se aplica uma diferença de pressão e se mede o volume de água percolado. No caso de ensaios HCT, aplica-se uma vazão conhecida e mede-se a diferença de pressão.

As duas últimas fases do ensaio HCT podem ser repetidas para vários incrementos de carga. Apesar disso, um estágio já é suficiente para a análise do ensaio.

Durante o ensaio, medem-se a distribuição de poropressões e a vazão de líquido que passa pela amostra. São determinadas as curvas de compressibilidade e permeabilidade, além do índice de vazios final da amostra com o teor de umidade final. Através da obtenção desses dados, as relações de permeabilidade *versus* índice de vazios e de tensão efetiva *versus* índice de vazios do solo também podem ser encontradas.

2.5.5 Cálculos e resultados

Como apresentado anteriormente, a consolidação por forças de percolação é mantida até a condição de deformação estável. Nesse instante, a diferença de pressão entre a base e o topo do corpo de prova é constante, e a altura da amostra (H_f) deve ser determinada. O índice de vazios correspondente a esse estágio é calculado pela Eq. 2.5. A diferença de pressão é utilizada para calcular a tensão efetiva na base da amostra pela Eq. 2.30.

$$\sigma'_b = \sigma'_0 + \gamma_w H_s (G_s - 1) + \Delta P \tag{2.30}$$

em que:
σ'_b = tensão efetiva na base da amostra (kPa);
σ'_0 = tensão efetiva vertical inicial a que a amostra está submetida (peso próprio e carregamento do pistão) (kPa);
H_s = altura de sólidos (m), calculada conforme a Eq. 2.7;
γ_w = peso específico da água (kN/m^3);
G_s = peso específico relativo das partículas sólidas, obtido pelos ensaios de caracterização;
ΔP = diferença de pressão medida ao final do estágio de adensamento (kPa).

Os mesmos cálculos podem ser realizados para outras vazões impostas (e, por consequência, diferenças de pressão) à amostra na etapa de adensamento por forças de percolação. Na etapa de carregamento, quando a amostra é submetida a uma tensão vertical e adensada até a estabilização completa dos recalques, o índice de vazios ao final do estágio pode ser calculado pela Eq. 2.5.

Para a determinação do coeficiente de permeabilidade do material, aplica-se a lei de Darcy na forma da Eq. 2.31, também apresentada no Cap. 1, atentando-se para as unidades utilizadas.

$$k = \frac{q\, H_f\, \gamma_w}{A\, \Delta P} \tag{2.31}$$

em que:
k = coeficiente de permeabilidade;
q = vazão imposta;

H_f = altura final do corpo de prova;
γ_w = peso específico da água;
A = área do corpo de prova;
ΔP = diferença de pressão.

Em geral, os resultados de um ensaio HCT são apresentados na forma da curva índice de vazios *versus* logaritmo da tensão vertical efetiva e índice de vazios *versus* coeficiente de permeabilidade calculado. A partir da primeira curva, é possível a determinação dos parâmetros reológicos do material e sua utilização em modelos constitutivos.

2.6 O que aprendemos neste capítulo?

No presente capítulo, foram apresentados os procedimentos e as normativas relevantes para a realização dos ensaios de adensamento unidimensional, com carregamento incremental e carregamento a velocidade constante, adensamento hidrostático e adensamento hidráulico. Também foram apresentadas as metodologias para a determinação da colapsibilidade e pressão de expansão.

- Sobre o ensaio unidimensional ou edométrico com carregamento incremental, pode-se dizer que é o ensaio mais utilizado para a determinação dos parâmetros de compressibilidade do solo, tais como coeficiente de adensamento, índice de compressão e tensão de pré-adensamento.
- O ensaio de adensamento com velocidade de deformação controlada fornece a curva de índice de vazios *versus* logaritmo da tensão vertical aplicada com maior número de dados.
- No ensaio de adensamento hidrostático o corpo de prova é adensado sob um estado de tensões hidrostático. Suas aplicações usuais são nos estudos de deposição de materiais com comportamento próximo ao isotrópico e na construção de modelos numéricos que descrevam o comportamento reológico do solo.
- A colapsibilidade e a pressão de expansão são características dos solos que podem ser determinadas por procedimentos incorporados ao ensaio edométrico.
- O ensaio de adensamento hidráulico foi desenvolvido com o objetivo de determinar características de adensamento, compressibilidade e permeabilidade de solos finos e pouco consistentes, onde deformações das camadas de solo são significantes quando comparadas à espessura inicial.

Cisalhamento direto e cisalhamento direto simples

3

O ensaio de cisalhamento direto é um dos métodos mais antigos e simples para a determinação da resistência ao cisalhamento de uma amostra de solo. Nesse ensaio, um corpo prismático ou cilíndrico é lateralmente confinado e cisalhado segundo um plano horizontal predefinido enquanto é submetido a uma tensão normal nesse plano. A resistência ao cisalhamento oferecida pelo solo é medida em intervalos de deformação horizontal, sendo a ruptura caracterizada quando a tensão cisalhante atinge o valor máximo que o solo pode suportar.

Embora esse método possua diversas aplicações, o fato de que a superfície de ruptura ocorre em um plano horizontal, e não necessariamente no de maior fraqueza, torna questionável a confiabilidade dos dados obtidos pelo ensaio de cisalhamento direto, principalmente no que diz respeito a solos não homogêneos e anisotrópicos. Adicionalmente, a distribuição das tensões de cisalhamento não ser uniforme no corpo de prova, atingindo picos nas bordas, reforça a importância da análise crítica dos parâmetros de saída.

O ensaio de cisalhamento direto simples (*direct simple shear*), conhecido pela sigla DSS, é outro ensaio para determinação da resistência ao cisalhamento dos solos. Sua origem é reconhecida como uma evolução natural do ensaio de cisalhamento direto em que o solo é adensado em condições edométricas (ou seja, em K_0) e, em seguida, cisalhado pela aplicação de uma força horizontal. O DSS tornou-se conhecido mundialmente para avaliação da resistência de solos em situações específicas de carregamento, como argilas moles, solos marinhos, entre outros.

No Brasil, o DSS ainda é pouco difundido na prática da Geotecnia. Nos últimos tempos, o crescimento dos estudos da Geotecnia *offshore*, motivados principalmente pela construção de plataformas petrolíferas, incentivou a utilização do DSS na determinação do comportamento tensão-deformação de solos marinhos sob carregamentos cíclicos. Mais recentemente, tem-se verificado bastante interesse nesse ensaio na área de mineração, em estudos de estabilidade de barragem de rejeitos e avaliação do potencial de liquefação de rejeitos arenosos.

Os parâmetros de resistência obtidos com o DSS possuem significativa importância porque representam a média das resistências mobilizadas na ruptura de taludes, fundações superficiais, rupturas em solos moles e ao longo do fuste de fundações profundas. Especificamente para a problemática da estabilidade de taludes, Abramson *et al.* (2002) também afirmam que a resistência mobilizada no estado de cisalhamento simples representa a média entre a compressão triaxial e a extensão triaxial desenvolvidas em uma potencial superfície de ruptura, conforme apresentado na Fig. 3.1, que ilustra diferentes solicitações e, por conseguinte, diferentes resistências mobilizadas ao longo de uma superfície de ruptura, sendo o cisalhamento simples a solicitação média.

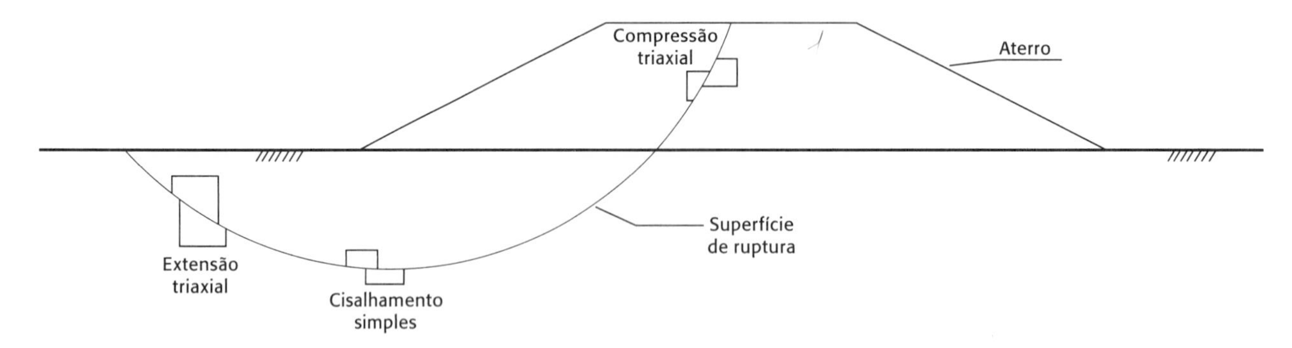

Fig. 3.1 *Resistências mobilizadas em uma superfície de ruptura Fonte: adaptado de Abramson* et al. *(2002).*

Neste capítulo serão descritos os princípios, processos executivos e detalhes acerca desses dois importantes ensaios de resistência ao cisalhamento em solos.

3.1 Cisalhamento direto

Com o ensaio de cisalhamento direto, é possível obter as envoltórias e os parâmetros de resistência do solo, sempre na situação drenada, na condição de resistência de pico e residual. É importante observar que nesse ensaio não há controle de drenagem, e ele não pode ser utilizado para caracterizar o comportamento não drenado dos solos. Para garantir a drenagem, entretanto, uma velocidade de cisalhamento bastante baixa precisa ser aplicada para prevenir a ocorrência de excessos de poropressão durante o cisalhamento, garantindo a obtenção de parâmetros de resistência efetivos.

A resistência de pico é representativa de um solo que não tenha sofrido grandes deformações e, normalmente, é mobilizada durante a primeira ruptura de um talude, por exemplo. Já a resistência residual, ou última, é o mínimo valor de resistência ao cisalhamento que o solo apresenta na condição drenada, ocorrendo após grandes deslocamentos. Essa resistência é de grande importância em estudos de taludes com rupturas preexistentes ou progressivas, e para a determinação das propriedades de depósitos sedimentares que apresentam fissuras, juntas ou falhas. A resistência de pico está relacionada com as condições encontradas *in situ*, as quais variam com o tempo e podem ser simuladas no ensaio laboratorial. Por variar com as circunstâncias impostas, ela não é uma propriedade do solo. Em razão disso, faz-se necessário o conhecimento prévio do estado de tensões a ser testado para a obtenção correta dos parâmetros do projeto. A resistência residual, por sua vez, é uma propriedade do solo, pois, independentemente das condições impostas, o solo apresenta tal característica devido à sua composição e origem.

3.1.1 Normas

No Brasil, o ensaio de cisalhamento direto não é normatizado. Por essa razão, são tomadas normas internacionais como referência. A norma norte-americana ASTM D 3080 (ASTM, 2011b) e a britânica BS 1377-7 (BS, 1990b) são as mais utilizadas para a realização do ensaio.

3.1.2 Equipamentos, materiais e acessórios

Segundo a ASTM D 3080, os equipamentos utilizados especificamente no ensaio de cisalhamento direto são: prensa e caixa de cisalhamento, pedra porosa, dispositivos de carregamento, de medição da força normal e da força cisalhante, e indicadores de deslocamento.

A prensa de cisalhamento deve ser feita com material que não seja sujeito à corrosão pela água ou substâncias presentes nos solos. Além disso, deve permitir a instalação do sistema de aplicação da força normal (pesos e alavancas ou prensas hidráulicas) e dos medidores de deslocamento vertical e horizontal (digitais ou analógicos), conforme ilustrado na Fig. 3.2.

Fig. 3.2 *Prensas de cisalhamento direto: (A) com carregamento manual e (B) com carregamento automático utilizando compressor de ar*

O equipamento utilizado deve ser capaz de aplicar uma tensão normal com variação inferior a 1% ao longo do ensaio. De maneira análoga, a tensão horizontal deve garantir o cisalhamento uniforme com desvio menor que 5% do estipulado. A velocidade de cisalhamento é função das características físicas e de compressibilidade do solo ensaiado.

A caixa de cisalhamento pode ser circular ou quadrada (Fig. 3.3), e deve ser feita do mesmo material que o dispositivo de cisalhamento para impedir que a corrosão ocorra. O equipamento deve permitir a colocação de canaletas de drenagem, placas ranhuradas e pedras porosas, além de possibilitar a submersão do corpo de prova na água. A caixa é dividida por um plano em duas partes de mesma espessura, devendo haver um espaço entre elas para permitir o cisalhamento do corpo de prova.

Fig. 3.3 *Componentes de uma caixa de cisalhamento direto quadrada: da esquerda para a direita, a caixa de cisalhamento, o anel de moldagem, a placa de base, as placas ranhuradas e pedras porosas inferiores e superiores e o cabeçote para aplicação de carga* (top cap)

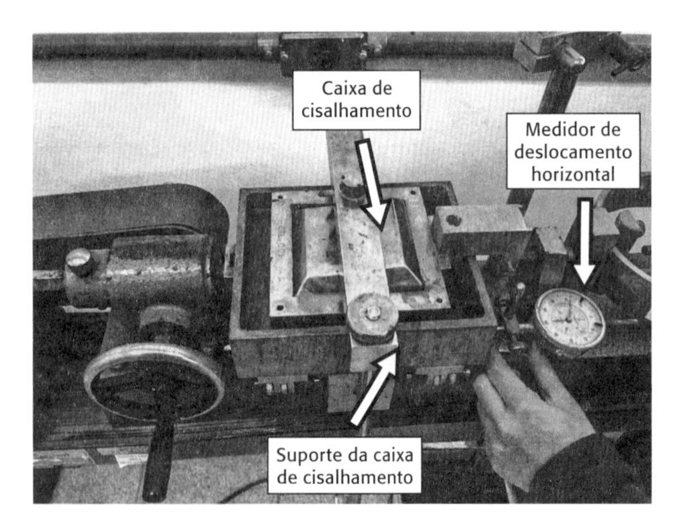

Fig. 3.4 *Suporte da caixa de cisalhamento na prensa*

O suporte da caixa de cisalhamento (Fig. 3.4) é composto por uma caixa metálica móvel que fornece uma reação contra a metade superior da caixa de cisalhamento e serve como recipiente para submergir o corpo de prova. A montagem da célula de cisalhamento é feita utilizando placas ranhuradas, pedras porosas, papéis-filtro e um cabeçote superior para aplicação da carga (Fig. 3.5).

As pedras porosas devem permitir a drenagem do corpo de prova pelo topo e pela base. Por essa razão, a condutividade hidráulica das pedras porosas deve ser maior que a do solo ensaiado. Recomenda-se a utilização de papel-filtro para evitar a colmatação dos poros das pedras.

Os instrumentos necessários para a realização do ensaio de cisalhamento direto são a caixa de cisalhamento, os instrumentos para leitura de deslocamentos verticais e horizontais, o equipamento para aplicação e medida da força vertical e o equipamento para medida da força horizontal (Fig. 3.6). As células de carga podem ser utilizadas para medição das forças vertical e horizontal atuantes sobre o corpo de prova. Para tanto, é necessário que o equipamento possua precisão mínima de 2,5 N ou 1% da força equivalente aplicada. Alternativamente, são usados outros dispositivos para medição de carga, tais como os anéis dinamométricos para força horizontal e os sistemas de pesos para a força vertical. Os deslocamentos são medidos com transdutores ou relógios comparadores. Deve-se realizar a medição do deslocamento vertical com precisão de 0,002 mm e do deslocamento horizontal com precisão de 0,02 mm.

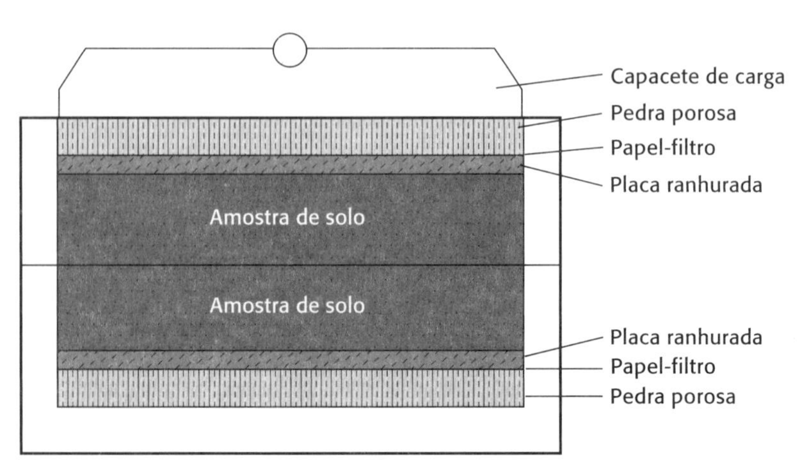

Fig. 3.5 *esquema de montagem do corpo de prova para um ensaio de cisalhamento direto*

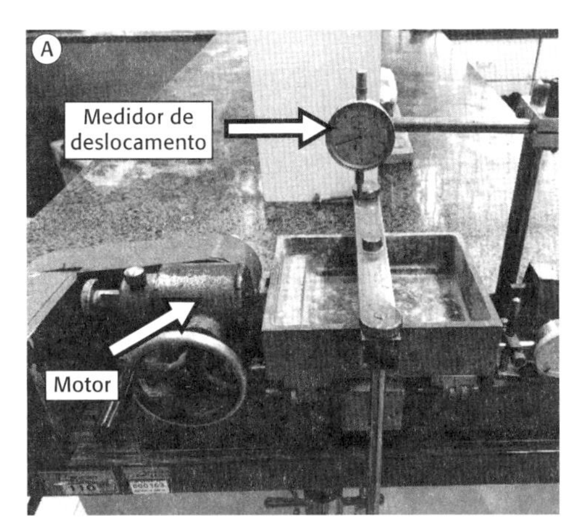

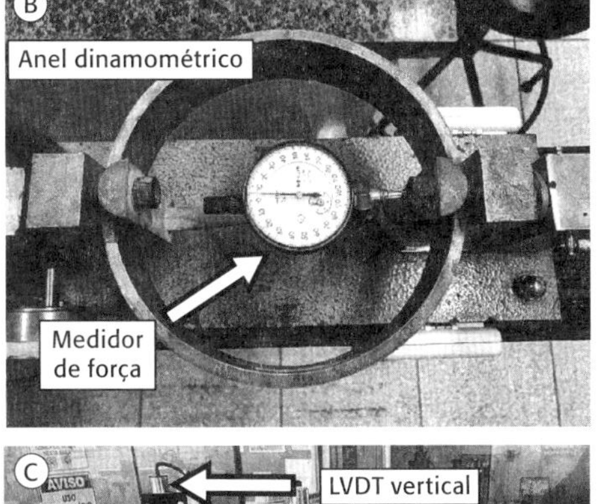

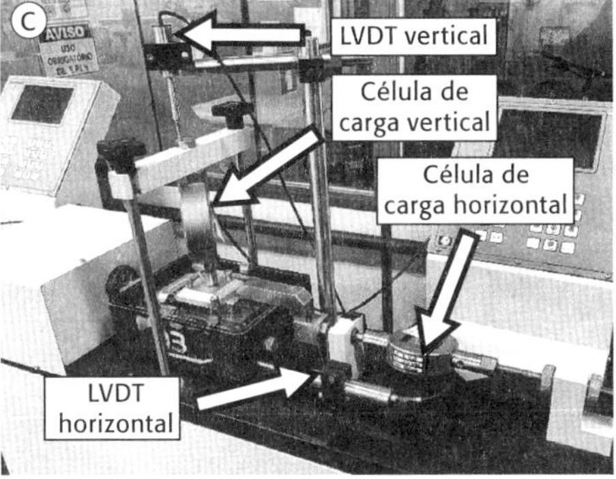

Fig. 3.6 *Instrumentos empregados em ensaios de cisalhamento direto, tanto em equipamentos manuais (A, B) como automáticos (C)*

3.1.3 Preparação dos corpos de prova

O ensaio de cisalhamento direto pode ser realizado nos mais diversos tipos de solo, como argiloso, siltoso ou arenoso, e é aplicável para ensaiar amostras de solos indeformadas e deformadas do tipo remoldada na condição seca ao ar, umidade natural e inundada, entre outras. O processo de obtenção dos corpos de prova é similar ao descrito no Cap. 2 para corpos de prova de adensamento.

A ASTM D 3080 preconiza que o diâmetro (para caixas circulares) ou o lado (para caixas quadradas) mínimo do corpo de prova deve ser a maior dimensão entre 50 mm e dez vezes o máximo diâmetro das partículas do solo ensaiado. A espessura mínima inicial da amostra deve ser 13 mm e não menor do que seis vezes o máximo diâmetro da partícula de solo ensaiado. A relação mínima entre o diâmetro ou a largura e a espessura do corpo de prova deve ser 2:1. Normalmente, utilizam-se corpos de prova quadrados com seção quadrada de 60 mm ou 100 mm e altura variando entre 20 mm e 25 mm, como preconizado pela BS 1377-7.

3.1.4 Processo executivo

O ensaio de cisalhamento direto é constituído basicamente por duas etapas principais: o adensamento e o cisalhamento do solo. A amostra é inicialmente adensada na prensa de cisalhamento sob a tensão normal desejada para o ensaio. Após a estabilização dos recalques, ela é submetida à ruptura pela aplicação de uma taxa de deformação horizontal constante, utilizando um motor, fazendo a caixa reagir contra um medidor de força (Fig. 3.7). Como a caixa de cisalhamento é bipartida, há movimento relativo entre as duas metades e a força tangencial resistente medida indica a resistência do solo a esse movimento. Durante o ensaio, são feitas leituras de deslocamento (vertical e horizontal) e força (vertical e horizontal).

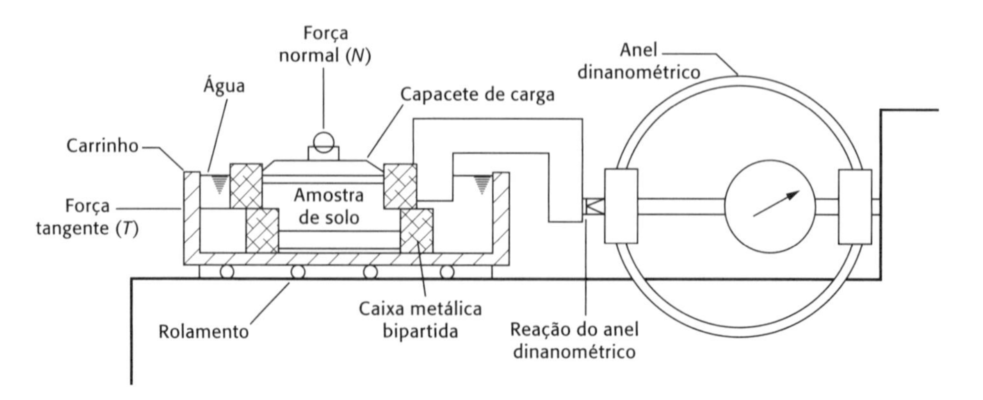

Fig. 3.7 *Esquema de ensaio de cisalhamento direto, indicando as forças e os deslocamentos aplicados e medidos durante o ensaio*

Há diferentes condições em que as amostras podem se apresentar durante a execução do ensaio: seca ao ar, com umidade natural ou inundada. A escolha da situação em que o ensaio ocorrerá depende do objetivo do estudo. Caso se queira simular a condição natural, utiliza-se a amostra com a umidade encontrada em campo. Já se for necessário obter a menor resistência ao cisalhamento, faz-se o ensaio com a amostra inundada, e assim por diante.

A condição seca ao ar é obtida quando o corpo de prova é seco por determinado tempo fora da estufa para que se alcance a umidade desejada para a realização do ensaio. Na realização do ensaio à umidade natural, toma-se o cuidado para que o corpo de prova não perca umidade durante o transporte e manuseio. Se isso acontecer, é preciso adicionar água na amostra para chegar à umidade de campo. Para a condição inundada, o corpo de prova é deixado submerso em água por até 24 horas sob uma tensão normal (pré-carga) baixa. Para a condição saturada, o corpo de prova deve estar com 100% de seus vazios preenchidos por água, o que pode ser atingido com a inundação prévia por até 24 horas. Entretanto, essa condição é de difícil garantia no ensaio de cisalhamento direto, sendo atestada apenas por meio da obtenção de índices físicos finais, após a execução do ensaio. Como será visto no Cap. 4, o ensaio triaxial mostra-se superior nesse sentido, ao permitir a verificação da saturação por um procedimento bem fundamentado.

A seguir, serão apresentados os procedimentos de execução do ensaio para obtenção das resistências de pico e residual.

Resistência de pico

De acordo com a ASTM D 3080, primeiro monta-se a caixa de cisalhamento com os elementos necessários para a realização do ensaio. Após a moldagem do corpo de prova, este deve ser transferido para a caixa bipartida do equipamento de cisalhamento. Dentro dessa caixa também são colocadas placas ranhuradas, pedras porosas, além de papéis-filtro, indicados na Fig. 3.8. As pedras porosas são colocadas nas faces superior e inferior da amostra, para facilitar a drenagem da água dos vazios do solo. Os papéis-filtro são utilizados para evitar a colmatação das pedras porosas, que impediria a drenagem; por isso, eles devem estar em contato com a placa ranhurada que, por sua vez, está em contato com o solo. O capacete (*top cap*) serve para distribuir a carga aplicada. As placas ranhuradas evitam o deslocamento das extremidades do corpo de prova, garantindo as condições de contorno do ensaio.

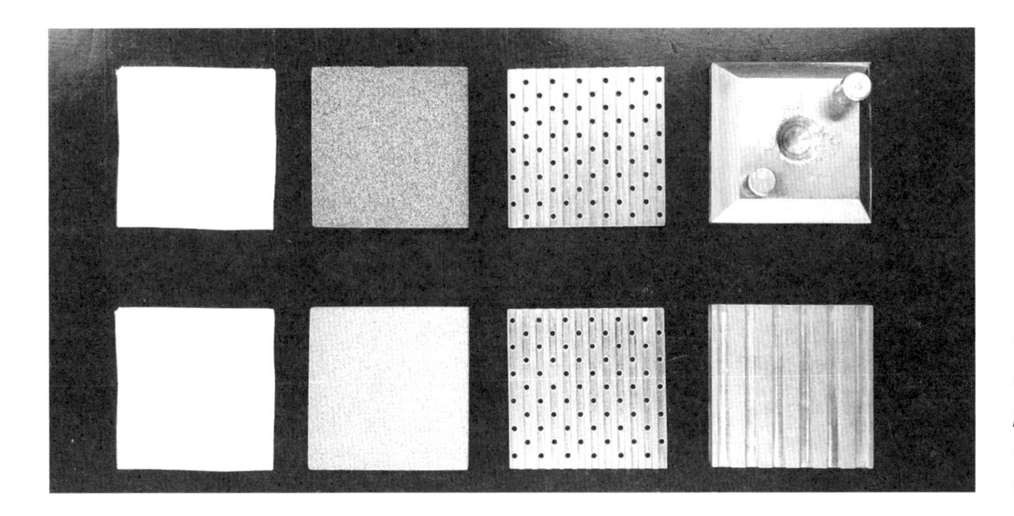

Fig. 3.8 *Da esquerda para a direita: papéis-filtro, pedras porosas, placas ranhuradas, cabeçote superior e base da caixa de cisalhamento*

A decisão de umedecer ou não as pedras porosas e os papéis-filtro depende de cada caso. Para amostras indeformadas obtidas abaixo do nível freático, as pedras são geralmente saturadas. Já no caso de solos que possuem a tendência de inchar, evita-se o umedecimento até que o corpo de prova seja consolidado por uma tensão normal final. Amostras inundadas ou saturadas requerem a utilização de pedras porosas saturadas para evitar a perda d'água por elas. Por outro lado, em ensaios realizados com a umidade natural, normalmente não há saturação das pedras. Por fim, em ensaios com a amostra seca ao ar, deve-se avaliar cada caso, já que é uma condição específica requerida pela obra.

A célula de cisalhamento deve ser montada na seguinte sequência:

- colocar a base no interior da metade inferior da caixa bipartida, atentando para o encaixe correto da peça;
- posicionar a pedra porosa inferior;
- posicionar o papel-filtro inferior;
- posicionar a placa ranhurada inferior, atentando para que as ranhuras fiquem perpendiculares à direção de cisalhamento;
- inserir a amostra de solo, extraindo o corpo de prova do anel de moldagem;
- posicionar a placa ranhurada superior, atentando para que as ranhuras fiquem perpendiculares à direção de cisalhamento;
- colocar o papel-filtro superior;
- colocar a pedra porosa superior;
- posicionar o capacete de carga (*top cap*).

Após a montagem da célula de cisalhamento, ela deve ser transferida para a prensa de cisalhamento direto. Em seguida, conecta-se e ajusta-se a posição do sistema de carregamento da força de cisalhamento, fazendo o mesmo com o dispositivo de medição do deslocamento horizontal. Para o ensaio que utiliza o sistema com peso morto, nivela-se a alavanca e, para sistemas pneumáticos ou de carregamento, ajusta-se o dispositivo até que fique levemente encostado no capacete de carga.

No caso de execução do ensaio com amostra inundada, o solo deve ser mantido submerso por 24 horas. A inundação é necessária para simular uma condição saturada, sendo a mais desfavorável encontrada nos solos. Além disso, em alguns casos, materiais ensaiados com a umidade natural tendem a expandir mais do que quando saturados. É conveniente aplicar uma pré-carga de 2 kPa a 5 kPa sobre o corpo de prova durante o processo de saturação, garantindo a estabilidade da amostra.

O carregamento normal para o adensamento pode ser aplicado em um único incremento ou com incrementos intermediários de tensão, dependendo do tipo de material, da rigidez do solo ensaiado e da magnitude da tensão final. Para solos rígidos coesivos ou com granulometria grosseira, um único carregamento é aceitável. Para materiais fofos, pode ser necessário aplicar o carregamento em várias etapas. Para o adensamento, aplica-se o primeiro incremento de carregamento e preenche-se o suporte da caixa de cisalhamento com água. Cada carregamento é mantido até que o adensamento primário esteja finalizado (como apresentado no Cap. 2), anotando-se os valores dos deslocamentos verticais ao longo do tempo para o traçado da curva de Taylor.

Depois do final do adensamento e logo antes de se iniciar o cisalhamento, os parafusos que unem as duas metades da caixa de cisalhamento devem ser removidos; a desatenção a esse ponto do processo executivo pode danificar o equipamento. Na sequência, as duas metades da caixa bipartida devem ser manualmente afastadas em cerca de 1 mm, com o auxílio de parafusos de afastamento presentes na caixa de cisalhamento. Para materiais granulares finos, a abertura deve ser maior que 0,64 mm ou o máximo diâmetro das partículas de solo.

Fixada a velocidade de cisalhamento (para o cálculo da velocidade, ver seção "Determinação da velocidade de cisalhamento"), anotam-se as leituras iniciais, zerando os instrumentos, e liga-se o motor da prensa regulado para a velocidade de ensaio, bem como o cronômetro. A partir desse momento, aplica-se um deslocamento horizontal a uma das metades da caixa de ensaio. Concomitantemente, são feitas leituras de forças e deslocamentos verticais e horizontais a cada 0,1 mm de deslocamento horizontal, podendo esse intervalo de leituras ser ajustado em função da velocidade de aumento da força horizontal, de modo que a curva tensão-deformação fique bem definida. É necessário checar periodicamente se as duas metades da caixa de cisalhamento estão separadas com a distância inicial fixada.

A ruptura do corpo de prova é caracterizada quando se observa um pico bem definido na curva tensão-deformação. Caso este não seja observado, o ensaio é continuado até o curso máximo de deslocamento da prensa. De qualquer forma, não se deve encerrar o ensaio antes de 10% de deformação; a normatização indica que a ruptura é atingida em níveis de deformação horizontal entre 10% e 20%. Caracterizada a ruptura, desliga-se o motor da prensa e volta-se a caixa de cisalhamento para a posição inicial. Se o ensaio for realizado na condição inundada, esvazia-se o recipiente e aguarda-se um tempo de cerca de dez minutos para permitir que a água seja drenada da pedra porosa. Na sequência, remove-se a tensão normal aplicada e o corpo de prova e retira-se qualquer água da superfície do solo.

É importante, após a finalização do cisalhamento, fazer o registro descritivo da forma da superfície de falha do solo. No caso de solos coesivos, a caixa de cisalhamento é separada com um movimento de deslizamento ao longo do plano de falha. Não se deve puxar as metades da caixa de corte perpendicularmente à superfície da falha, uma vez que esse movimento danifica a amostra. Após os registros necessários, toma-se a umidade de uma porção central do corpo de prova para cálculo do grau de saturação final.

Resistência residual

Para a obtenção dos parâmetros de resistência residual do solo utilizando ensaios de cisalhamento direto, duas metodologias principais podem ser empregadas: a execução de sucessivos cisalhamentos com reversão do equipamento ao final de cada processo; ou a técnica da superfície polida, descrita por Kanji (1974).

Na primeira técnica, a amostra é cisalhada uma primeira vez para determinação da resistência de pico, sendo o ensaio estendido até a capacidade máxima de deslocamento do equipamento. Na sequência, o sistema é revertido para a posição inicial por um dos seguintes procedimentos:

a. Reversão automática do equipamento até que as duas metades da caixa voltem a estar alinhadas. Na sequência, ajusta-se a velocidade de deslocamento de modo que a reversão ocorra em um período próximo ao tempo necessário para a mobilização da resistência de pico. As tensões cisalhantes lidas na reversão não têm relevância para o comportamento mecânico do solo.
b. Reversão manual até que as duas metades da caixa de cisalhamento se alinhem, realizando o processo em poucos minutos. Deve-se deixar a amostra em repouso por 12 horas para permitir a equalização da poropressão.
c. Reversão manual rápida, aplicando de cinco a dez movimentos de vai-e-vem em um período de poucos minutos, finalizando o processo quando as duas metades da caixa estiverem alinhadas. Novamente, deixar a amostra em repouso por um período de 12 horas.

O ideal é que não ocorra perda de material durante o processo de reversão. Caso contrário, deve-se limitar o deslocamento de reversão para até metade do curso inicialmente previsto. Se a perda de material ainda assim for relevante, a técnica de reversão não é apropriada para esse tipo de solo, devendo-se adotar a técnica da superfície polida.

Finalizada a reversão, ajustam-se novamente os instrumentos de medição de força e deslocamento horizontais para a posição adequada e registra-se o valor lido no deslocamento vertical. O corpo de prova é então submetido a um novo cisalhamento, aplicando-se uma velocidade próxima da usada na reversão (alguns valores sugeridos estão apresentados na próxima seção). Em geral, esse processo deve ser realizado entre cinco e dez vezes consecutivas para definir a superfície de ruptura com partículas orientadas, o que define a condição residual. Essa condição de orientação total é verificada quando a resistência ao cisalhamento, para ensaios subsequentes, torna-se constante – e é este o critério de parada a ser considerado para os múltiplos ensaios. Ao final do ensaio, empregam-se os mesmos procedimentos de retirada do corpo de prova utilizados na determinação da resistência de pico, aferindo o teor de umidade final do corpo de prova. O cisalhamento com reversão apresenta-se como uma limitação em alguns equipamentos que não possuem essa funcionalidade, além de possuir a desvantagem de promover a gradual perda de material ao longo do ensaio.

A técnica da superfície polida para determinação da resistência residual consiste em preencher a metade inferior da caixa de cisalhamento com um prisma de metal polido (Fig. 3.9), fazendo com que a superfície de cisalhamento coincida com a interface solo-metal e que a amostra deslize sobre essa superfície. Na metade superior da caixa de cisalhamento, insere-se a amostra de solo, a placa ranhurada, o papel-filtro e a pedra porosa (Fig. 3.9). Após a preparação do corpo de prova, o procedimento de ensaio é análogo ao apresentado para a obtenção da resistência de pico.

Skempton (1985) afirma que a resistência residual é pouco afetada pela variação das taxas de cisalhamento lentas encontradas em deslizamentos de terra reativados e nos testes laboratoriais habituais, mas taxas mais rápidas, de aproximadamente 100 mm/min, favorecem mudanças no padrão de comportamento.

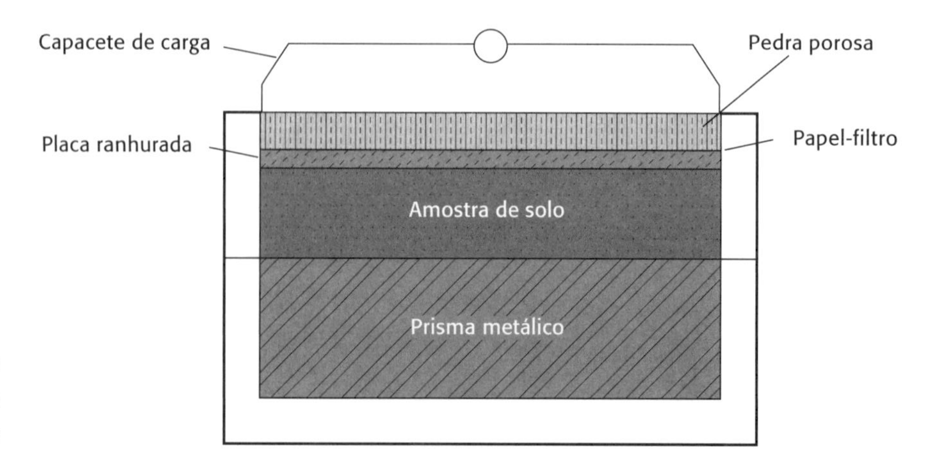

Fig. 3.9 *Esquema de montagem da célula de cisalhamento com interface lisa*

A metodologia adotada para determinar a resistência residual é, em geral, função das limitações dos equipamentos disponíveis e do solo em estudo. Embora o cisalhamento direto possa ser empregado para a obtenção de uma estimativa da resistência residual, outras técnicas foram especificamente desenvolvidas para tal fim, como o ensaio *ring shear* (cisalhamento anelar), não abordado nesta publicação.

Determinação da velocidade de cisalhamento

Para a etapa de cisalhamento, a velocidade de deslocamento horizontal deve ser suficientemente baixa para que não haja excesso de poropressão significativo na ruptura. A determinação da velocidade de cisalhamento é feita com base na curva de adensamento obtida, visto que as características de dissipação da poropressão variam com o tipo de material e o histórico de tensões.

Primeiramente, determina-se o tempo de ruptura necessário para que haja o cisalhamento da amostra, conforme proposto por Gibson e Henkel (1954) e indicado pela Eq. 3.1.

$$t_f = 12{,}7\ t_{100} \quad \textbf{(3.1)}$$

em que:
t_f = tempo de ruptura (min);
t_{100} = tempo necessário para ocorrer 100% do adensamento da amostra (min). Esse valor é obtido a partir da curva de adensamento, conforme demonstrado no Cap. 2.

A ASTM D 3080 apresenta outras equações para o cálculo do tempo de ruptura, conforme indicado nas Eqs. 3.2 e 3.3.

$$t_f = 50\ t_{50} \quad \textbf{(3.2)}$$

$$t_f = 11{,}6\ t_{90} \quad \textbf{(3.3)}$$

em que:
t_{50} = tempo necessário para ocorrer 50% do adensamento da amostra (min) (valor obtido a partir da curva de adensamento).
t_{90} = tempo necessário para ocorrer 90% do adensamento da amostra (min) (valor obtido a partir da curva de adensamento).

Finalmente, é possível calcular a velocidade utilizada no ensaio até o cisalhamento do corpo de prova, segundo a Eq. 3.4.

$$v_f = \frac{d_f}{t_f} \quad \textbf{(3.4)}$$

em que:
v_f = velocidade de ruptura (mm/min);
d_f = deslocamento lateral estimado para ocorrer a ruptura (mm).

Para estimar o valor do deslocamento relativo exigido pela amostra para a sua ruptura, é necessário saber o tipo e a história de tensão do solo. A ASTM D 3080 traz como referências os valores de 10 mm, caso o material seja de granulometria fina e normal ou levemente sobreadensado, e de 5 mm para outros casos. Outros valores de referência são apresentados na Tab. 3.1.

Nos ensaios para a determinação da resistência residual com reversão de cisalhamento, o primeiro ensaio é realizado na velocidade determinada para a resistência de pico; nos estágios intermediários, pode-se adotar a velocidade de 1 mm/min, nos quais as partículas vão se orientar; no estágio final, deve-se adotar a mesma velocidade de ensaio para qual foi definida a resistência de pico. A BS 1377-7 indica que a reversão deverá ser realizada em um período próximo ao necessário para a mobilização da resistência de pico, e que os estágios intermediários podem ser executados nessa mesma velocidade.

Tab. 3.1 Valores típicos de deslocamento horizontal para ruptura de corpos de prova ensaiados em cisalhamento direto

Tipo de solo	Deslocamento para mobilização da resistência de pico (mm)
Areia fofa	2 a 8
Areia densa	2 a 5
Argila plástica	8 (limite típico de ensaio)
Argila rija	2 a 5
Argila muito rija	1 a 2

3.1.5 Cálculos e resultados

Os cálculos realizados a partir dos dados obtidos do ensaio visam a construção dos gráficos da variação da tensão de cisalhamento em função dos deslocamentos horizontais, da variação da altura do corpo de prova em função dos deslocamentos horizontais e da tensão normal em função da tensão cisalhante. A tensão de cisalhamento da ruptura é geralmente considerada a maior tensão de cisalhamento resistida pelo corpo de prova, embora, em casos especiais, ela possa ser considerada a tensão para uma determinada deformação ou a tensão residual após um longo deslocamento.

Devido ao movimento relativo da caixa, a área cisalhada vai diminuindo conforme o cisalhamento progride. Para tal consideração, é calculada a correção da área do corpo de prova. Para corpos de prova de seção transversal quadrada, a área é corrigida pela Eq. 3.5, enquanto a correção de área de corpos de prova de seção circular é dada pela Eq. 3.6.

$$A_{corr} = A - (\delta_h L) \quad \textbf{(3.5)}$$

$$A_{corr} = \frac{2A}{\pi}\left\{a\cos\left(\frac{\delta_h}{d}\right) - \frac{\delta_h}{d}\left[1-\left(\frac{\delta_h}{d}\right)^2\right]\right\} \quad \textbf{(3.6)}$$

em que:

A_{corr} = área corrigida da seção transversal do corpo de prova;

A = área do corpo de prova;

δ_h = deslocamento horizontal;

L = largura da seção transversal do corpo de prova;

d = diâmetro do corpo de prova.

A partir das leituras de força horizontal, é possível determinar a tensão tangencial aplicada com a correção da área do corpo de prova, conforme a Eq. 3.7.

$$\tau = \frac{T}{A_{corr}} \tag{3.7}$$

em que:
τ = tensão tangencial;
T = força tangencial;
A_{corr} = área corrigida da seção transversal do corpo de prova.

A curva τ *versus* δ_h é obtida plotando-se os pontos (δ_h, τ) em um diagrama com as tensões tangenciais no eixo das ordenadas e os deslocamentos horizontais no eixo das abscissas.

Para cada ensaio executado, deve-se calcular a tensão normal corrigida para a área do corpo de prova na ruptura, da forma apresentada na Eq. 3.8.

$$\sigma = \frac{N}{A_{corr}} \tag{3.8}$$

em que:
σ = tensão normal;
N = força normal;
A_{corr} = área corrigida da seção transversal do corpo de prova.

Os valores de tensão vertical corrigida e tensão de cisalhamento máxima devem, por fim, ser tabulados para a construção da envoltória de resistência. A curva de Mohr-Coulomb é construída com os pontos coordenados (σ, $\tau_{máx}$) plotados e ajustados por uma função linear cujo coeficiente angular representa o ângulo de atrito (ϕ') e o termo independente caracteriza o intercepto coesivo (c') do solo analisado.

Quanto ao resultado de um ensaio de cisalhamento direto, este é constituído, no mínimo, por três ensaios sob diferentes tensões normais ao plano de ruptura. Os três ensaios permitem a definição da envoltória de Mohr-Coulomb pela existência de três pares coordenados da forma (σ, $\tau_{máx}$). Com a envoltória de cisalhamento definida, podem-se determinar os parâmetros de resistência ao cisalhamento do solo em termos de tensões efetivas: ângulo de atrito interno (ϕ') e intercepto coesivo (c'). Esses parâmetros são dados fundamentais em diversos problemas de Engenharia, tais como estabilidade de taludes, dimensionamento de fundações, estruturas de contenção e projeto de aterros.

Uma análise de ensaios de cisalhamento direto em solos da Formação Guabirotuba apresenta as envoltórias drenadas para corpos de prova de 50 mm × 50 mm e 100 mm × 100 mm mostradas na Fig. 3.12. Observam-se as curvas tensão cisalhante *versus* deslocamento horizontal de amostras com comportamento dúctil na Fig. 3.10, e com comportamento frágil na Fig. 3.11.

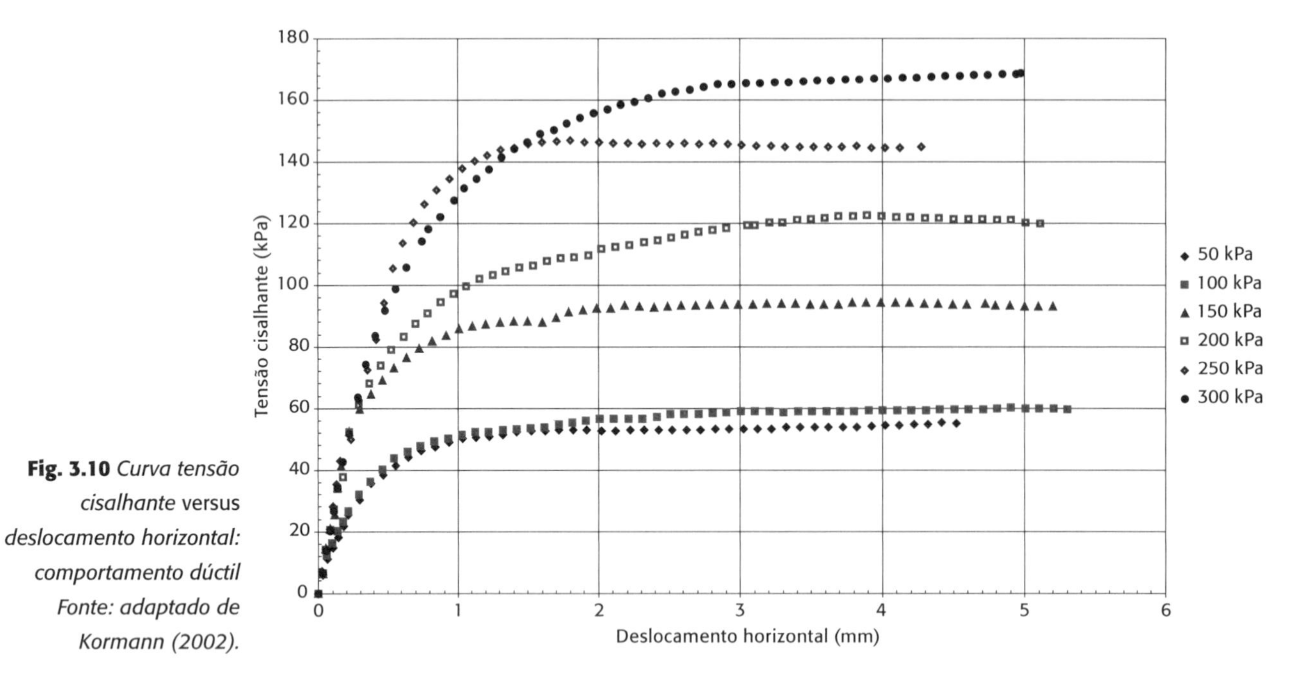

Fig. 3.10 *Curva tensão cisalhante* versus *deslocamento horizontal: comportamento dúctil*
Fonte: adaptado de Kormann (2002).

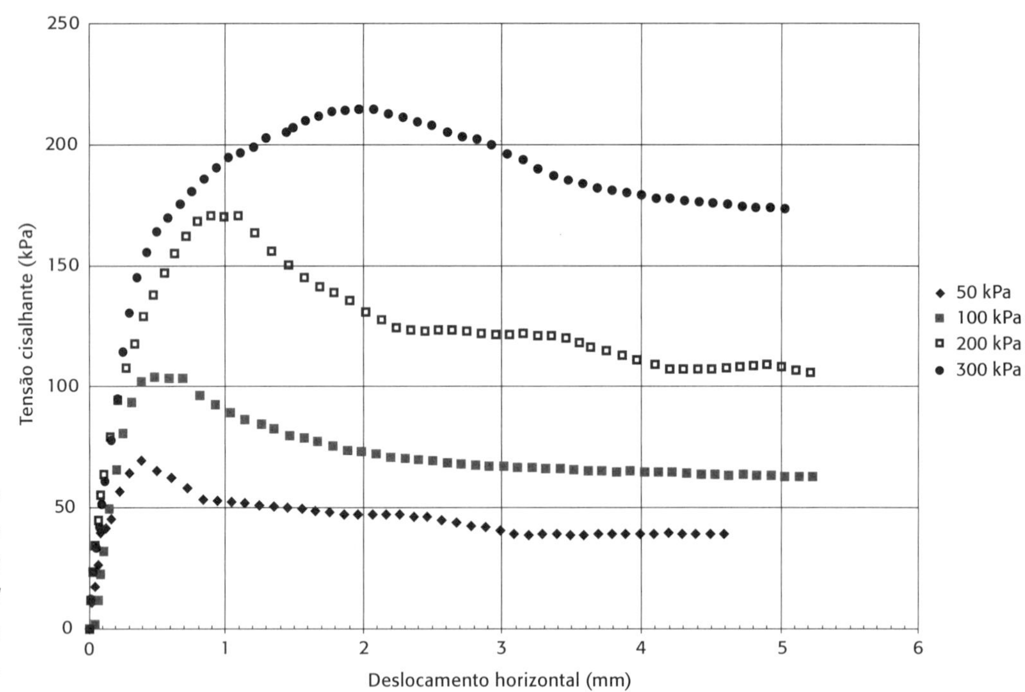

Fig. 3.11 *Curva tensão cisalhante* versus *deslocamento horizontal: comportamento frágil*
Fonte: adaptado de Kormann (2002).

No que se refere ao efeito escala, percebe-se grande influência do tamanho do corpo de prova nos parâmetros de resistência obtidos. Nos corpos de prova com 100 mm de lado, os resultados em termos de resistência são inferiores. Esse fenômeno pode ser atribuído à contribuição de superfícies polidas e fraturamentos diversos, cuja incidência é maior quanto maiores as dimensões dos corpos de prova, além da influência de nódulos de concreções carbonáticas.

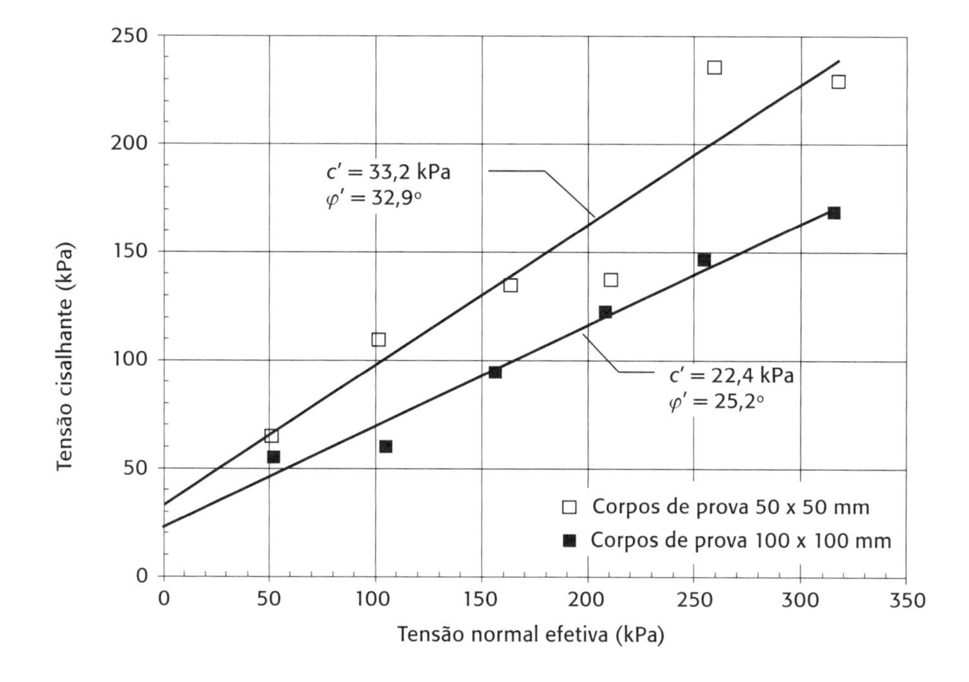

Fig. 3.12 *Envoltórias de resistência para corpos de prova com diferentes dimensões Fonte: adaptado de Kormann (2002).*

Boxe 3.1 Cálculo de cisalhamento direto

Três corpos de prova de um solo residual de granito-gnaisse são ensaiados em uma prensa de cisalhamento direto com aquisição automática de dados, a fim de determinar a resistência de pico. As informações do ensaio estão detalhadas nas Tabs. 3.2 a 3.4. Os corpos de prova são prismáticos, com lado igual a 100 mm e altura de 20 mm. Adotando como critério de ruptura a máxima tensão cisalhante, são traçadas as curvas tensão-deformação para o material, bem como determinados os parâmetros de resistência utilizando o critério de Mohr-Coulomb.

Tab. 3.2 Dados de ensaio de cisalhamento direto em amostra de solo residual de granito-gnaisse: CP 01

Leitura	Deslocamento vertical (mm)	Deslocamento horizontal (mm)	Força horizontal (kN)	Força vertical (kN)
1	0,000	0,000	0,000	0,249
2	0,003	0,006	0,001	0,249
3	0,004	0,242	0,003	0,250
4	0,132	0,762	0,101	0,249
5	0,189	1,057	0,116	0,249
6	0,346	1,959	0,160	0,249
7	0,451	2,857	0,179	0,249
8	0,481	3,157	0,182	0,249
9	0,519	3,761	0,190	0,250
10	0,528	4,060	0,196	0,250

Tab. 3.2 (continuação)

Leitura	Deslocamento vertical (mm)	Deslocamento horizontal (mm)	Força horizontal (kN)	Força vertical (kN)
11	0,532	4,358	0,191	0,250
12	0,545	5,254	0,192	0,250
13	0,550	5,846	0,196	0,250
14	0,550	6,745	0,193	0,250
15	0,547	7,044	0,193	0,250
16	0,545	8,238	0,189	0,250
17	0,554	9,726	0,182	0,250
18	0,556	10,314	0,182	0,250
19	0,563	10,906	0,186	0,249
20	0,564	11,210	0,184	0,250

Tab. 3.3 Dados de ensaio de cisalhamento direto em amostra de solo residual de granito-gnaisse: CP 02

Leitura	Deslocamento vertical (mm)	Deslocamento horizontal (mm)	Força horizontal (kN)	Força vertical (kN)
1	0,000	0,000	0,000	1,000
2	0,235	0,926	0,288	0,999
3	0,312	1,218	0,343	0,999
4	0,432	1,815	0,415	0,999
5	0,479	2,113	0,440	0,999
6	0,595	3,011	0,493	0,999
7	0,693	4,214	0,526	0,999
8	0,738	4,810	0,538	1,000
9	0,757	5,105	0,546	1,000
10	0,777	5,406	0,548	1,000
11	0,794	5,704	0,555	0,999
12	0,845	6,604	0,564	0,999
13	0,861	6,902	0,567	1,000
14	0,878	7,201	0,568	0,999
15	0,897	7,500	0,572	1,000
16	0,967	8,690	0,587	1,000
17	1,000	9,286	0,593	0,999
18	1,063	10,479	0,606	0,999
19	1,078	10,779	0,608	0,999
20	1,094	11,079	0,608	1,000

Tab. 3.4 Dados de ensaio de cisalhamento direto em amostra de solo residual de granito-gnaisse: CP 03

Leitura	Deslocamento vertical (mm)	Deslocamento horizontal (mm)	Força horizontal (kN)	Força vertical (kN)
1	0,000	0,000	0,000	2,000
2	0,233	1,348	0,582	1,999
3	0,293	1,64	0,666	1,999
4	0,342	1,935	0,716	1,999
5	0,424	2,528	0,811	1,999
6	0,459	2,827	0,847	1,999
7	0,574	4,325	0,977	1,999
8	0,606	4,923	1,006	2,000
9	0,620	5,223	1,021	2,000
10	0,634	5,519	1,030	1,999
11	0,648	5,817	1,041	2,000
12	0,663	6,115	1,051	1,999
13	0,694	6,710	1,069	2,000
14	0,716	7,007	1,077	1,999
15	0,753	7,900	1,099	2,000
16	0,776	8,494	1,114	2,000
17	0,809	9,388	1,134	2,000
18	0,844	10,282	1,150	1,999
19	0,870	10,880	1,166	2,000
20	0,882	11,178	1,167	2,000

A partir dos dados de deslocamento horizontal obtidos, é possível efetuar a correção da área da seção transversal conforme a recomendação das normas americana e britânica. Utilizando a Eq. 3.5, são calculadas as áreas referentes a cada leitura efetuada. Os cálculos podem ser facilmente executados de maneira tabular. Neste exemplo, será utilizada a leitura 10 do CP 01, sendo as demais calculadas de maneira análoga:

$$A_{corr} = A - (\delta_h L) = 10 \times 10 - (0{,}406 \times 10)$$
$$A_{corr} = 95{,}94 \text{ cm}^2$$

De posse do valor da área corrigida, podem ser calculadas as tensões verticais e cisalhantes atuantes sobre o corpo de prova a cada leitura realizada. Essas grandezas são obtidas pela divisão da força atuante pela área da seção transversal, conforme as Eqs. 3.7 e 3.8. Realizando os cálculos para a décima leitura do CP 01, têm-se:

$$\tau = \frac{T}{A_{corr}} = \frac{0{,}196}{95{,}94} = 2{,}043 \times 10^{-3} \text{ kN/cm}^2 = 20{,}43 \text{ kN/m}^2$$

$$\sigma = \frac{N}{A_{corr}} = \frac{0,250}{95,94} = 2,606 \times \frac{10^{-3}\,kN}{cm^2} = 26,06\,kN/m^2$$

Todos os dados calculados são fornecidos nas Tabs. 3.5 a 3.7. A análise desses dados permite identificar que a máxima tensão cisalhante para CP 01 foi alcançada com um deslocamento de 9,726 mm. Para os ensaios CP 02 e CP 03, esse valor foi de 10,479 mm e 9,388 mm, respectivamente.

Tab. 3.5 Parâmetros calculados para ensaio de cisalhamento direto: CP 01

Leitura	Área corrigida (cm²)	Tensão normal (kN/m²)	Tensão cisalhante (kN/m²)
1	100,00	24,90	0,00
2	99,99	24,90	0,10
3	99,76	25,06	0,30
4	99,24	25,09	10,18
5	98,94	25,17	11,72
6	98,04	25,40	16,32
7	97,14	25,63	18,43
8	96,84	25,71	18,79
9	96,24	25,98	19,74
10	95,94	26,06	20,43
11	95,64	26,14	19,97
12	94,75	26,39	20,26
13	94,15	26,55	20,82
14	93,26	26,81	20,69
15	92,96	26,89	20,76
16	91,76	27,24	20,60
17	90,27	27,69	20,16
18	89,69	27,87	20,29
19	89,09	27,95	20,88
20	88,79	28,16	20,72

Tab. 3.6 Parâmetros calculados para ensaio de cisalhamento direto: CP 02

Leitura	Área corrigida (cm²)	Tensão normal (kN/m²)	Tensão cisalhante (kN/m²)
1	100,00	100,00	0,00
2	99,07	100,84	29,07
3	98,78	101,13	34,72
4	98,19	101,74	42,26
5	97,89	102,05	44,95
6	96,99	103,00	50,83

Tab. 3.6 (continuação)

Leitura	Área corrigida (cm²)	Tensão normal (kN/m²)	Tensão cisalhante (kN/m²)
7	95,79	104,29	54,91
8	95,19	105,05	56,52
9	94,90	105,37	57,53
10	94,59	105,72	57,93
11	94,30	105,94	58,85
12	93,40	106,96	60,39
13	93,10	107,41	60,90
14	92,80	107,65	61,21
15	92,50	108,11	61,84
16	91,31	109,52	64,29
17	90,71	110,13	65,37
18	89,52	111,60	67,69
19	89,22	111,97	68,15
20	88,92	112,46	68,38

Tab. 3.7 Parâmetros calculados para ensaio de cisalhamento direto: CP 03

Leitura	Área corrigida (cm²)	Tensão normal (kN/m²)	Tensão cisalhante (kN/m²)
1	100,00	200,00	0,00
2	98,65	202,64	59,00
3	98,36	203,24	67,71
4	98,07	203,83	73,01
5	97,47	205,09	83,21
6	97,17	205,72	87,17
7	95,68	208,93	102,11
8	95,08	210,35	105,81
9	94,78	211,01	107,72
10	94,48	211,58	109,02
11	94,18	212,36	110,53
12	93,89	212,91	111,94
13	93,29	214,39	114,59
14	92,99	214,97	115,82
15	92,10	217,16	119,33
16	91,51	218,56	121,74
17	90,61	220,73	125,15
18	89,72	222,80	128,18
19	89,12	224,42	130,83
20	88,82	225,17	131,39

Finalmente, com os dados de tensão cisalhante e deslocamento horizontal calculados para cada leitura, traçam-se as curvas tensão-

-deformação para cada um dos corpos de prova. Essas curvas são apresentadas na Fig. 3.13.

De posse dos valores de tensões cisalhante e normal, é possível aplicar o critério de Mohr-Coulomb (Fig. 3.14) para obtenção de parâmetros de resistência drenados (ângulo de atrito e intercepto coesivo) para a amostra de granito-gnaisse ensaiada. A envoltória de resistência, ajustada com os pontos de pico de cada ensaio (σ, $\tau_{máx}$) pelo método dos mínimos quadrados, forneceu um intercepto coesivo de 5,28 kPa e um ângulo de atrito de ϕ = 29,3°.

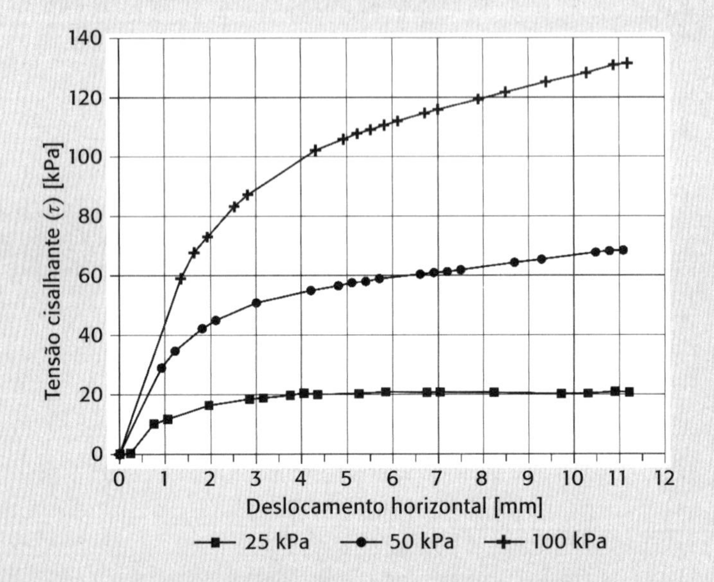

Fig. 3.13 *Curvas tensão cisalhante* versus *deslocamento horizontal de ensaios de cisalhamento direto do solo residual de granito-gnaisse*

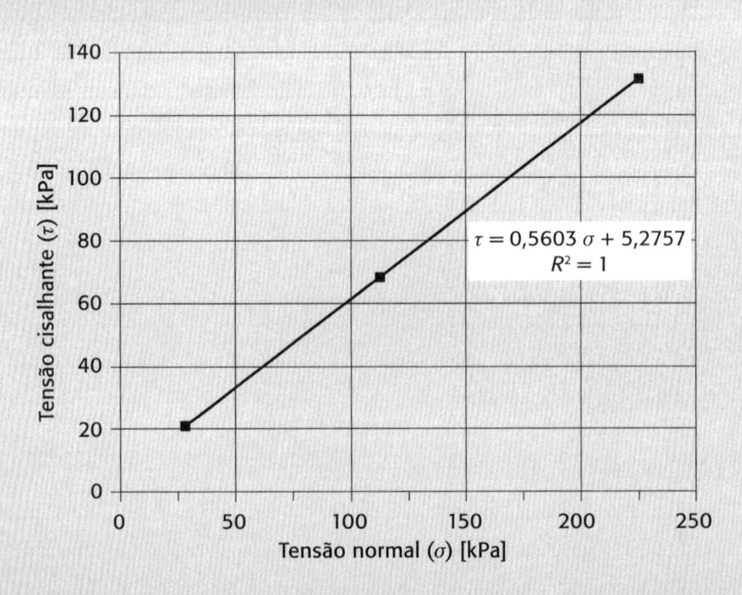

Fig. 3.14 *Envoltória de Mohr-Coulomb para o solo residual de granito-gnaisse ensaiado em cisalhamento direto*

3.2 Cisalhamento direto simples (DSS)

É sabido que a resistência do solo depende de uma série de fatores, como o modo de cisalhamento, a tensão de adensamento, o tempo de adensamento e o histórico de tensões do solo. Os dispositivos utilizados em ensaios DSS foram desenvolvidos para simular um estado plano de tensões e deformações denominado cisalhamento puro. Esse estado de tensões é de reprodução perfeita impraticável, devido a não reciprocidade das tensões cisalhantes, mas para fins de Engenharia a aproximação do cisalhamento simples no ensaio DSS é suficientemente representativa.

O mecanismo básico do cisalhamento direto simples consiste no (i) adensamento de um corpo de prova sob condições geostáticas, com posterior (ii) cisalhamento do solo sob uma tensão τ_h, provocando uma distorção angular (γ) na amostra de solo. Na Fig. 3.15 é apresentado um diagrama de corpo livre das tensões e deformações atuantes em um corpo de prova ensaiado em cisalhamento direto simples.

O ensaio DSS foi desenvolvido no Royal Swedish Geotechnical Institute (SGI), na Suécia. Os primeiros estudos conhecidos utilizando a resistência ao cisalhamento do solo obtida pelo DSS foram conduzidos por Kjellman (1951) com um dispositivo construído em 1936. Nesse equipamento, o corpo de prova era confinado lateralmente por uma membrana de borracha, sobre a qual era sobreposta uma série de anéis de alumínio. Os anéis permitiam, em um primeiro momento, o adensamento unidimensional do corpo de prova por meio do confinamento e o posterior deslocamento horizontal durante o cisalhamento, com manutenção da seção transversal constante.

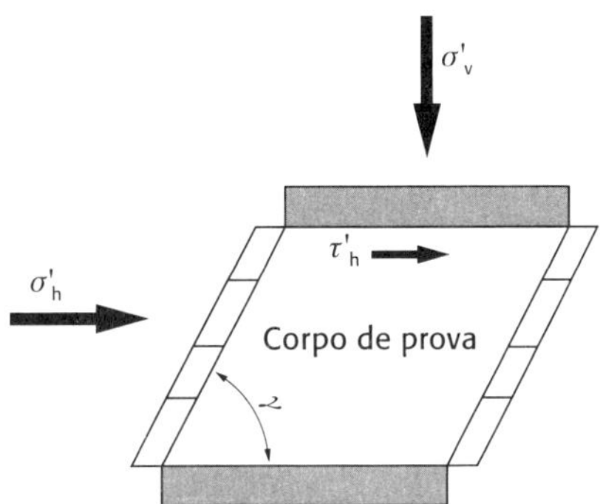

Fig. 3.15 *Esquema de um ensaio de cisalhamento direto simples, com as tensões e deformações atuantes sobre o corpo de prova*

Para alcançar melhor domínio sobre os fatores que influenciam a resistência ao cisalhamento de argilas sensitivas da Noruega na avaliação da estabilidade de taludes naturais, Bjerrum e Landva (1966) utilizaram um aprimoramento do equipamento DSS desenvolvido no Norwegian Geotechnical Institute (NGI). Os princípios do *direct simple shear* mostraram-se mais adequados devido ao desenvolvimento do cisalhamento simples associado a deformações cisalhantes, mantendo-se o diâmetro do corpo de prova constante em todo o ensaio. Numa evolução do equipamento estudado por Kjellman (1951), o corpo de prova foi envolvido apenas por uma membrana de borracha reforçada com um arame espiral ao longo da altura.

Embora em suas origens o ensaio DSS tenha sido concebido para cálculo da resistência não drenada do solo ($S_{u,DSS}$), utilizando uma correspondência teórica entre as variações de volume e os excessos de poropressão, há também como obter a resistência drenada, analogamente ao valor medido no cisalhamento direto convencional. Quanto à resistência residual, não é usual empregar o ensaio de cisalhamento direto simples nessa determinação, visto que os níveis de deformação usualmente atingidos não permitem o alinhamento das partículas.

3.2.1 Normas

A normatização internacional mais importante aplicada ao ensaio DSS é a americana. A ASTM D 6528 (ASTM, 2017) trata dos ensaios DSS estáticos, enquanto a ASTM D 8296 (ASTM, 2019) versa sobre os ensaios cíclicos, ambos realizados na condição de volume constante com controle de carga ou deslocamento. Não há normatização brasileira vigente sobre o ensaio em nenhuma condição, nem normatização internacional relacionada ao ensaio em condições drenadas (com variação de volume). Devido à relevância do tema, diversas publicações foram desenvolvidas na área de petróleo por agências regulamentadoras específicas, como a NORSOK.

3.2.2 Equipamentos, materiais e acessórios

A prensa de cisalhamento direto simples deve ser capaz de aplicar força vertical e deslocamento horizontal a taxa constante, além de ser capaz de obter medidas de força e deslocamento vertical e horizontal. Um esquema de prensa DSS é apresentado na Fig. 3.16, com destaque para os instrumentos utilizados nas medições. Atualmente, as medidas de força são feitas usando células de carga e os deslocamentos são aferidos por meio de transdutores de deslocamento linear (LVDT), visto que as prensas DSS em geral são fabricadas no exterior e com um grau tecnológico superior quando comparadas às prensas de cisalhamento direto.

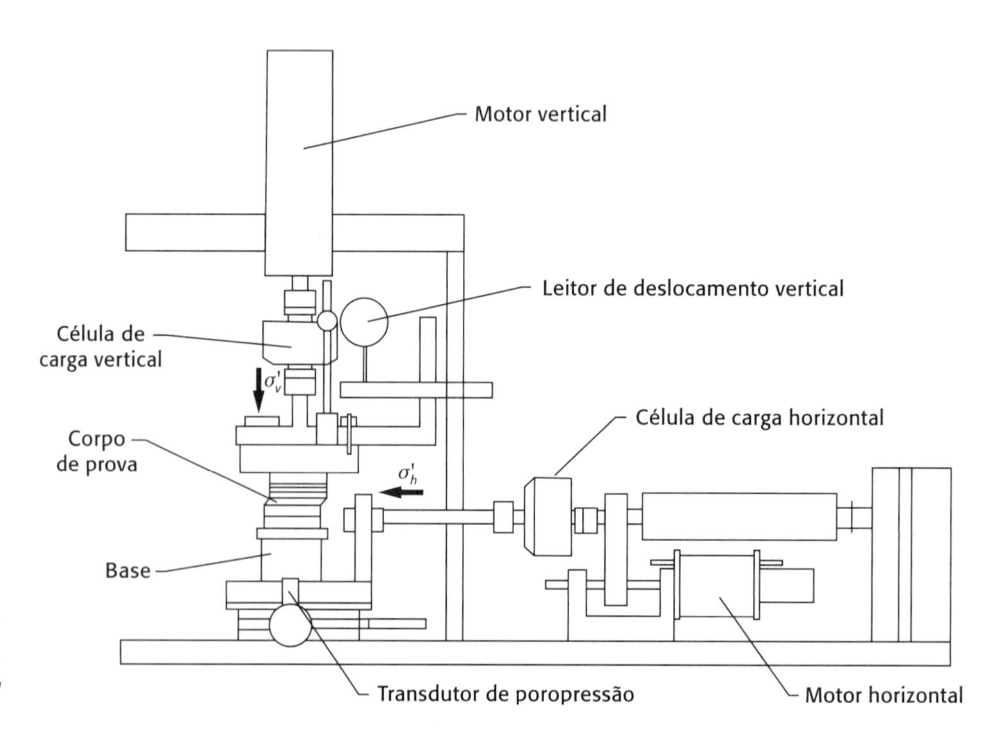

Fig. 3.16 *Esquema de uma prensa de cisalhamento direto simples convencional*

Como é usual empregar esse equipamento em ensaios não drenados, a prensa deverá possuir capacidade de controle da força vertical durante toda a duração do ensaio, permitindo ajustes rápidos de força quando for demandado controle ativo de altura, ou seja, a força é variada ao longo do cisalhamento para manter a altura do corpo de prova constante. Esse processo, obviamente, é mais complexo do ponto de vista executivo, mas hoje os recursos de fácil aplicação permitem que a utilização de controle ativo seja praticável em laboratórios convencionais. Os elementos de topo e de base da prensa devem ser construídos com material resistente à corrosão, devendo ser projetados com os devidos canais de drenagem e garantir, por meio de ranhuras, a transferência adequada do cisalhamento para o corpo de prova sem deslizamento horizontal entre o solo e os contornos.

Além da prensa, é necessário um conjunto de anéis de confinamento, com diâmetro interno mínimo de 50 mm, que são responsáveis pelo confinamento lateral do corpo de prova, garantindo que a área da seção transversal não mude mais que 0,10% durante o cisalhamento. Uma solução alternativa é o uso de membranas de borracha reforçadas com aço. No caso dos anéis rígidos, a espessura de cada anel deve ser menor que 1/10 da espessura do corpo de prova, de modo a fornecer deformação cisalhante uniforme. Recomenda-se que os anéis sejam constituídos de material inoxidável e que seja garantido o menor atrito possível entre anéis.

Adicionalmente, são empregadas membranas de borracha (em conjunto aos anéis), pedras porosas e papéis-filtro de topo e base, anéis elastoméricos para isolar o corpo de prova com a membrana e um dispositivo para leitura de poropressão. Outros elementos acessórios são utilizados, sobretudo para permitir a transferência do corpo de prova para o interior dos anéis metálicos. Um sistema de reservatórios de água também é necessário para alimentar os canais de drenagem (topo e base), além de garantir a submergência do corpo de prova quando for preciso.

3.2.3 Preparação dos corpos de prova

No ensaio DSS podem ser empregados corpos de prova obtidos tanto de amostras indeformadas quanto compactadas ou reconstituídas, sendo possível moldar a amostra diretamente na prensa de ensaio por métodos de pluviação, por exemplo. Durante a moldagem, todos os cuidados devem ser tomados para evitar alterações nas condições de ensaio.

O diâmetro mínimo permitido para os corpos de prova é de 45 mm, com uma altura mínima correspondente de 12 mm. A razão H/D não deverá exceder 0,40, de modo a reduzir a interferência do atrito lateral nos resultados. Além disso, a altura do corpo de prova não deverá ser menor do que 10 vezes o máximo diâmetro das partículas que constituem o corpo de prova.

Após a preparação, deve-se registrar apropriadamente o diâmetro, a altura, a massa e o teor de umidade inicial do corpo de prova.

3.2.4 Processo executivo: ensaio estático

Inicialmente, a prensa deverá ser preparada ajustando-se o curso do deslocamento horizontal para a faixa adequada de funcionamento. Muitos equipamentos, por possuírem funcionalidade cíclica, demandam o reconhecimento dos limites do curso antes da realização do ensaio, devendo esse processo ser feito antes da transferência do corpo de prova. Depois, realizar a saturação dos canais de drenagem com água desaerada, e posiciona-se a pedra porosa e o papel-filtro da base. Na sequência, transfere-se o corpo de prova para a prensa diretamente para o interior da membrana de borracha envolta pelos anéis metálicos, conforme mostrado na Fig. 3.17. Finalmente, posiciona-se o *top cap*, faz-se a vedação da membrana de borracha com os anéis elastoméricos e fixa-se o pistão de aplicação de carga no cabeçote, tomando o cuidado de evitar quaisquer interferências no corpo de prova, seja por força vertical ou torção no ajuste dos parafusos. Ao final, todos os elementos devem ser devidamente fixados e os parafusos apertados, posicionando-se os instrumentos de leitura vertical e horizontal (força e deslocamento).

Finalizada a etapa de preparação da prensa, pode-se, caso necessário, realizar a percolação de água pelo corpo de prova para elevar o grau de saturação. Nesse processo, aplica-se uma tensão vertical de 2 kPa a 5 kPa e permite-se a ocorrência de fluxo ascendente com um gradiente hidráulico adequado que evite a ruptura hidráulica do corpo de prova. A mesma pré-carga pode ser aplicada no caso de ensaios inundados. Em amostras argilosas ou naturalmente saturadas, essa etapa não é necessária, partindo-se diretamente para a fase de adensamento.

O adensamento pode ser realizado em uma ou mais etapas, dando-se preferência para a segunda opção. Usualmente, realiza-se o ensaio na tensão vertical efetiva estimada de campo, mas os valores de tensão de adensamento são definidos de acordo com a necessidade de cada obra. No caso de realização de várias etapas, a tensão vertical final é dividida de modo que a tensão vertical seja dobrada a cada estágio de carga, como no ensaio edométrico. Durante o adensamento, deverão ser registradas medidas de força e deslocamento vertical ao longo do tempo, permitindo-se a drenagem do corpo de prova. O final do adensamento primário de cada etapa é avaliado visualmente pela curva de adensamento (representação de Taylor), sendo um tempo de 12 h a 24 h em geral suficiente. No estágio final de carregamento, a carga vertical deve ser mantida sobre o corpo de prova por um tempo dez vezes maior ou 24 horas a mais do que o tempo necessário para que ocorra 95% do adensamento primário (t_{95}).

Fig. 3.17 *Base da prensa DSS preparada para receber o corpo de prova*

Após a finalização do adensamento, a amostra encontra-se em uma condição de equilíbrio hidráulico (sem excessos de poropressão) e sob uma condição edométrica de tensões. Na sequência, o cisalhamento poderá ser realizado de forma drenada ou não drenada:

a. *Ensaio drenado*: realizado sob tensão vertical constante, aplicando-se uma taxa de deformação horizontal constante ao corpo de prova, mantendo-se a válvula de drenagem aberta (geralmente no topo), para permitir que ocorram deformações volumétricas. São medidos, nessa modalidade, o deslocamento e a força vertical e horizontal, e é monitorada a poropressão na base, para garantir excessos de poropressão nulos ou indetectáveis. O critério de ruptura usualmente adotado é relacionado a deformações cisalhantes de 15% a 20%, ou então ao pico de tensão cisalhante medido.
b. *Ensaio não drenado*: devido às dificuldades do equipamento em evitar completamente a drenagem, nessa modalidade de ensaio a altura do corpo de prova é mantida constante por um controle ativo, o qual promove variações controladas na tensão vertical de modo a não se verificar variação volumétrica do solo, simulando uma condição verdadeiramente não drenada. A velocidade de deformação horizontal é também constante, e são medidos ao longo do ensaio os deslocamentos e forças vertical e horizontal, bem como excessos de poropressão, que nesse caso também devem se manter nulos, devido ao controle de força e deslocamento.

A velocidade de cisalhamento pode ser calculada considerando a ocorrência de ruptura em um tempo superior a duas vezes t_{90} (tempo para 90% do adensamento), obtido da curva de adensamento (representação de Taylor) correspondente à tensão vertical de cisalhamento. Os registros da literatura indicam que uma velocidade de deformação cisalhante de 5% por hora tem fornecido resultados adequados, conforme mencionado pela ASTM D 6528. Um levantamento bibliográfico feito por Perazzolo (2008) forneceu valores de referência para o tempo de adensamento, as velocidades de ensaio e os tempos de ruptura para diversos solos em estudos clássicos do ensaio DSS, conforme apresentado na Tab. 3.8.

Tab. 3.8 Valores de referência para adensamento e cisalhamento em ensaios DSS

Solo	**Adensamento (h)**	**Ensaio**	**Velocidade de ensaio**	**Dimensões do corpo de prova**		**Tempo de ruptura (h)**	**Referência**
				***D* (mm)**	***H* (mm)**		
Argila	–	Drenado	0,33 a 0,53 mm/h	10	80	30 a 40	Bjerrum e Landva (1966)
	–	Volume constante	4 a 16 mm/h	–	–	1,5 a 10	
Argila	24	–	4,5%/h	–	–	–	Andersen *et al.* (1980)

Tab. 3.8 (continuação)

Solo	Adensamento (h)	Ensaio	Velocidade de ensaio	Dimensões do corpo de prova		Tempo de ruptura (h)	Referência
				D (mm)	*H* (mm)		
Areia	24	–	–	–	–	–	Budhu (1984)
Argila	96	Volume constante	2,7%/h	16	80	-	Dyvik *et al.* (1987)
Caulinita	–	–	0,03 mm/h	20	110	-	Airey e Wood (1987)
Caulinita	–	–	0,010 mm/h	15	80	-	Airey e Wood (1987)
Argila	22	–	–	20	75	–	Ohara e Matsura (1988)
Argila	18	–	–	–	–	0,67 a 1,67	Vucetic e Lacasse (1982)

Fonte: Perazzolo (2008).

3.2.5 Processo executivo: ensaio cíclico

Os ensaios de cisalhamento direto simples cíclicos (*cyclic simple shear*, CSS) são utilizados para determinação de propriedades dinâmicas dos solos. A diferença entre ensaios estáticos e dinâmicos encontra-se no modo como a solicitação cisalhante é aplicada no corpo de prova. Enquanto no ensaio estático as tensões cisalhantes são induzidas por uma taxa de deformação constante, no ensaio cíclico um carregamento é aplicado de modo a gerar deformações cisalhantes positivas e negativas a cada período. Em geral, para uma dada frequência, são calculados valores de carregamento (tensão cisalhante) a aplicar no solo, sendo essas porcentagens da resistência ao cisalhamento obtidas no ensaio estático. As frequências mais empregadas estão entre 5 Hz e 0,01 Hz, com o valor de 1 Hz considerado padrão para a frequência de carregamento cíclico das ondas do mar. A amplitude máxima a ser empregada é de +-20 mm (ciclos definidos em termos de deslocamento) ou +- 500 kN (ciclos definidos em termos de força horizontal).

O procedimento de ensaio até a etapa de adensamento é basicamente o mesmo usado no ensaio estático. Durante o cisalhamento, pode-se simular uma condição não drenada, na qual o corpo de prova é mantido com volume constante pelo controle ativo de altura, ou verdadeiramente não drenada, na qual não é permitida a saída de água e tampouco a variação da tensão vertical, sendo os valores de poropressão gerados no cisalhamento medidos diretamente com o uso de transdutores. Esse tipo de ensaio é comumente realizado em prensas que utilizam fluido confinante, em que as variações de volume são mais bem controladas.

Depois de adensado, o corpo de prova poderá ser submetido a um nível de tensão cisalhante inicial (τ_a) e, em seguida, cíclica (τ_{cy}). Tais valores são definidos como uma porcentagem, a depender da aplicação desejada, da resistência não drenada ($S_{u,DSS}$) obtida no ensaio monotônico (estático). A tensão inicial (τ_a) deverá ser aplicada de maneira gradual ao longo do tempo, em uma taxa de deformação de 4,5% a 5% por hora, ou com duração de aproximadamente 1 (uma) hora. Quando o valor especificado for atingido, são realizados ciclos aplicando o valor de τ_{cy} nas duas direções a partir do ponto final de aplicação da tensão τ_a.

Uma envoltória do número de ciclos para a ruptura (N_f) para diferentes combinações de tensão inicial e cíclica é obtida com o ensaio de, no mínimo, três corpos de prova, sendo usuais ensaios de nove corpos de prova com três tensões iniciais e três tensões cíclicas diferentes. Em geral, a ruptura dos corpos de prova é definida por três critérios:

- Critério 1: deformação cisalhante média de 15% (Eq. 3.9);
- Critério 2: deformação cisalhante cíclica de 15% (Eq. 3.10);
- Critério 3: 1.500 ciclos de carregamento.

$$\gamma_a = \frac{\gamma_{máx} + \gamma_{mín}}{2} \quad \textbf{(3.9)}$$

$$\gamma_{cy} = \frac{\gamma_{máx} - \gamma_{mín}}{2} \quad \textbf{(3.10)}$$

em que:

γ_a = deformação cisalhante média (%);

γ_{cy} = deformação cisalhante cíclica (%);

$\gamma_{máx}$ = deformação cisalhante máxima no ciclo (%);

$\gamma_{mín}$ = deformação cisalhante mínima no ciclo (%).

3.2.6 Cálculos e resultados

Os cálculos realizados ao longo de um ensaio DSS objetivam a construção de gráficos que auxiliem na análise da resistência ao cisalhamento e do comportamento tensão-deformação do solo frente à condição de ruptura mais próxima ao cisalhamento puro, solicitada de maneira estática ou dinâmica. A análise dos parâmetros de resistência ao cisalhamento na condição de cisalhamento simples é de grande interesse nos estudos de estabilidade de taludes e fundações profundas, sobretudo envolvendo rejeitos de mineração, argilas moles e solos marinhos.

Uma vantagem exclusiva do ensaio de cisalhamento direto simples é a possibilidade de obtenção do módulo de elasticidade transversal (G). Também conhecido como módulo de cisalhamento, esse parâmetro elástico estabelece a relação de proporcionalidade direta entre as tensões de cisalhamento (τ) e as distorções angulares (γ). O módulo de cisalhamento apresenta elevada importância no caso de projetos cuja limitação não é a resistência do solo (um estado-limite último), mas sim suas deformações durante a solicitação (um estado-limite de serviço). É recomendado que se realize a construção das curvas de tensão cisalhante em função da deformação cisalhante (distorção angular), da tensão cisalhante em função da tensão normal efetiva, da variação da poropressão em função da deformação cisalhante e do logaritmo do módulo de rigidez do solo em função do logaritmo da deformação cisalhante.

Adensamento

Os registros de deslocamento vertical do corpo de prova ao longo do tempo permitem a confecção da curva de adensamento e, segundo a representação e interpretação de Taylor (1948), por exemplo, a verificação do tempo requerido para que ocorra 95% do adensamento primário do solo sob a máxima tensão vertical efetiva de adensamento. O valor de H_{95} é 1/18 maior do que a diferença entre H_{90} e H_0, sendo esses últimos determinados a partir do método convencional de Taylor, explicado no Cap. 2. Já t_{95} corresponde à abscissa do ponto coordenado com ordenada H_{95} na curva de adensamento experimental. Curvas de adensamento para as tensões efetivas de 100 kPa, 200 kPa e 400 kPa em um solo arenoso compactado estão representadas no gráfico de Taylor e apresentadas na Fig. 3.18.

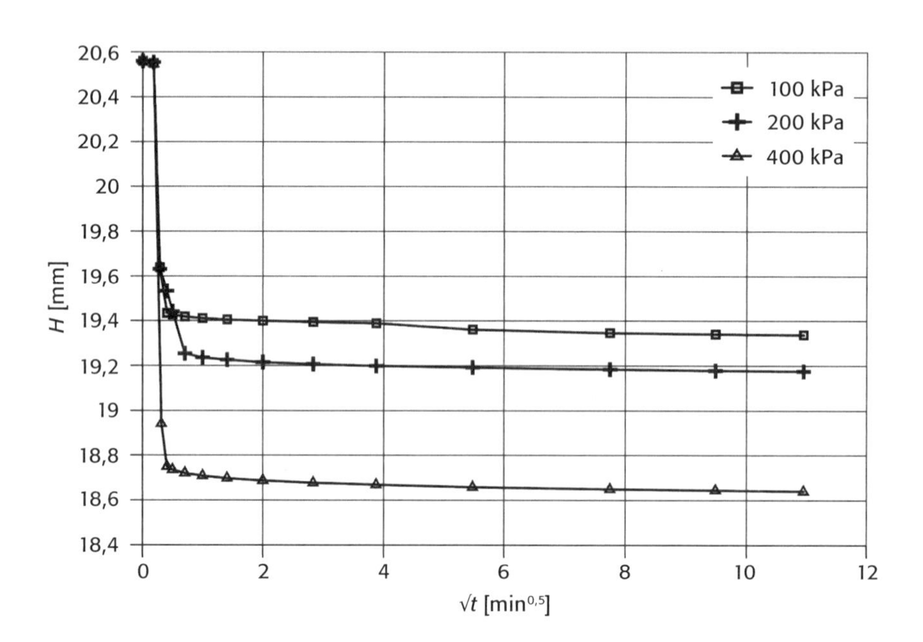

Fig. 3.18 *Curvas de adensamento: representação de Taylor*

Cisalhamento

Após o adensamento do corpo de prova sob a tensão vertical efetiva requerida para o ensaio, realiza-se o cisalhamento direto simples estático ou cíclico. Os cálculos aqui apresentados referem-se, essencialmente, aos ensaios estáticos. Durante essa fase, são medidas as grandezas de força vertical ou normal (N) e força horizontal ou tangencial (T) aplicada ao corpo de prova, as grandezas de deslocamento vertical (δ_v) e deslocamento horizontal (δ_h) sofrido pelo corpo de prova e os valores de poropressão desenvolvida (u). Para cada uma das leituras realizadas, suficientes para plotagem do gráfico tensão-deformação do solo ensaiado, os seguintes parâmetros devem ser calculados:

a. Deformação cisalhante ou distorção angular:

$$\gamma = \frac{\delta_h}{H_a}100 \tag{3.11}$$

em que:
γ = distorção angular (%);
δ_h = deslocamento horizontal medido no cisalhamento (mm);
H_a = altura do corpo de prova ao final da fase de adensamento (mm).

b. Tensão cisalhante ou tangencial:

$$\tau = \frac{T}{A} \tag{3.12}$$

em que:
τ = tensão tangencial (kPa);
T = força tangencial no cisalhamento (kN);
A = área da seção transversal do corpo de prova (m^2).

c. Deformação vertical ou axial:

$$\varepsilon_a = \frac{\delta_v}{H_a}100 \tag{3.13}$$

em que:
ε_a = deformação axial (%);
δ_v = deslocamento vertical medido no cisalhamento (mm);
H_a = altura do corpo de prova ao final da fase de adensamento (mm).

d. Tensão vertical ou normal:

$$\sigma = \frac{A}{N} \tag{3.14}$$

em que:
σ = tensão normal (kPa);
N = força normal no cisalhamento (kN);
A = área da seção transversal do corpo de prova (m^2).

A tensão efetiva, de fato analisada após a finalização do ensaio, é a diferença entre a tensão normal calculada pela Eq. 3.14 e a poropressão medida durante o cisalhamento por meio de transdutores.

e. Módulo cisalhante, módulo de rigidez ou módulo de elasticidade transversal:

$$G = \frac{\tau}{\gamma}100 \tag{3.15}$$

em que:
G = módulo de rigidez (kPa);
τ = tensão tangencial no cisalhamento (kN);
γ = distorção angular (%).

De posse dos valores de tensão cisalhante e distorção angular, é possível construir a curva tensão cisalhante *versus* deformação cisalhante do solo conforme apresentada na Fig. 3.19, resultado de um ensaio DSS estático não drenado realizado em uma amostra de silte argiloso marinho, de coloração cinza-claro e adensado sob tensão vertical efetiva de 29 kPa. A Fig. 3.21 apresenta os valores de tensão cisalhante e tensão normal efetiva (trajetória de tensões) verificados no mesmo ensaio. A variação da poropressão ao longo dos ensaios é expressa pelo gráfico que a correlaciona à distorção angular (deformação cisalhante), apresentado na Fig. 3.20. Os três gráficos, somados ao da relação logarítmica do módulo cisalhante e distorção angular, são os principais resultados a serem obtidos a partir do ensaio de cisalhamento direto simples de carregamento monotônico.

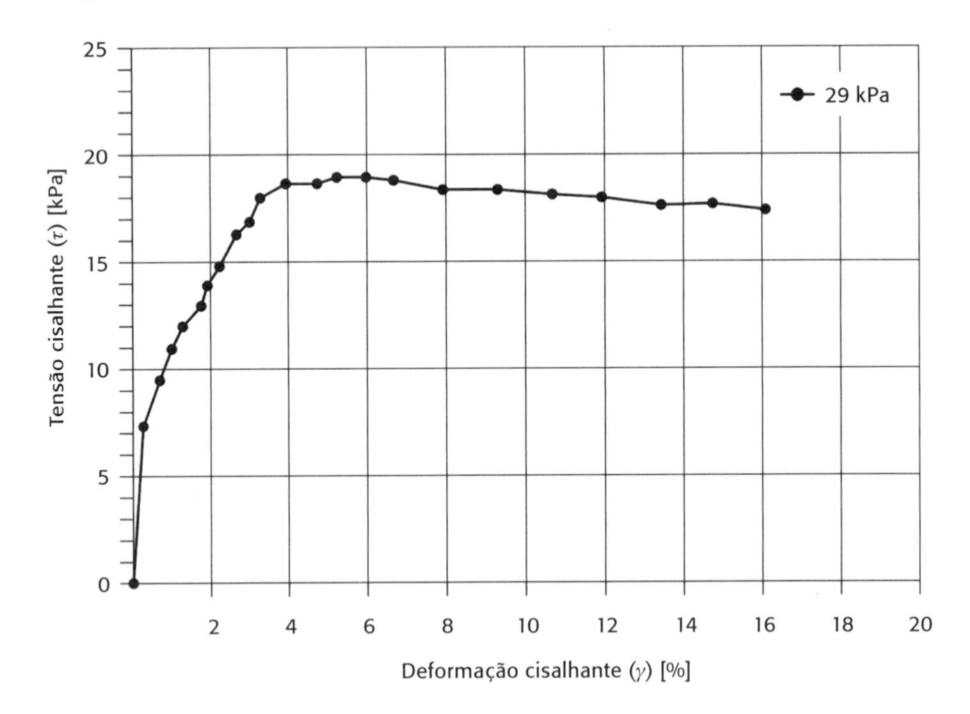

Fig. 3.19 *Curva tensão cisalhante* versus *deformação cisalhante de um ensaio DSS realizado em solo silte argiloso de origem marinha*

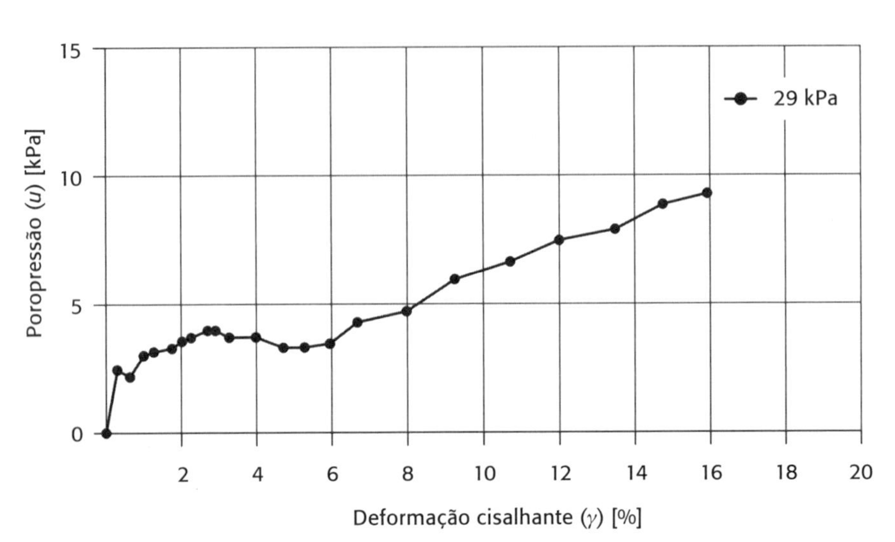

Fig. 3.20 *Poropressões desenvolvidas durante o cisalhamento de um solo silte argiloso de origem marinha no ensaio DSS*

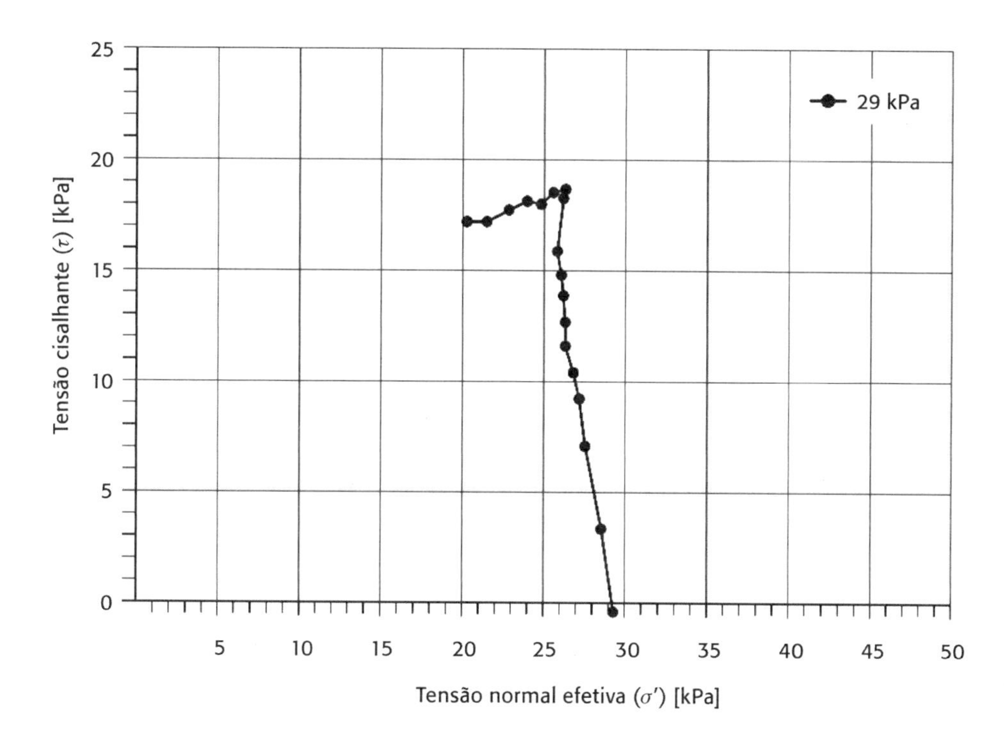

Fig. 3.21 *Trajetória de tensões efetivas durante ensaio DSS realizado em solo silte argiloso de origem marinha*

Determinação da resistência do solo

Em se tratando do ensaio de cisalhamento direto simples, devido às suas condições de ruptura, é possível utilizar a tensão cisalhante máxima obtida no ensaio (τ_{DSS}) como a sua resistência ao cisalhamento de maneira direta, conforme a Eq. 3.16.

$$\tau_{DSS} = \tau_{máx} \tag{3.16}$$

em que:

τ_{DSS} = resistência ao cisalhamento do solo segundo o ensaio DSS (kPa);

$\tau_{máx}$ = tensão cisalhante máxima atingida pelo solo durante o ensaio DSS (kPa).

Alternativamente, é possível construir a envoltória de Mohr-Coulomb a partir da tensão normal efetiva e da tensão cisalhante no momento da ruptura e obter os parâmetros de resistência em termos de tensões efetivas (ângulo de atrito e intercepto coesivo), nos casos em que há pelo menos três ensaios realizados sob diferentes tensões normais efetivas e medição das poropressões. O parâmetro de resistência não drenada ($S_{u,DSS}$) deve ser obtido a partir de ensaios não drenados com controle de altura ou medição de poropressão.

Vale ressaltar que o estado de tensões no interior da amostra de solo durante a sua ruptura no ensaio DSS não é totalmente conhecido e, portanto, ainda existem limitações quanto à completa interpretação do comportamento mecânico do solo durante o ensaio de cisalhamento direto simples utilizando o critério de Mohr-Coulomb.

Boxe 3.2 Cálculo de cisalhamento direto simples

Três corpos de prova de uma amostra arenosa remoldada foram submetidos ao ensaio de cisalhamento direto simples estático não drenado (com controle de altura) para avaliação dos parâmetros de resistência efetivos de Mohr-Coulomb e dos módulos de elasticidade transversal. Eles foram adensados sob as tensões efetivas de 100 kPa, 200 kPa e 400 kPa e, no cisalhamento, todos foram solicitados horizontalmente sob taxa de deslocamento constante de 0,1 mm/min. Os corpos de prova são cilíndricos, com diâmetro igual a 50,75 mm.

Nas Tabs. 3.9 a 3.11 são apresentadas as primeiras 25 leituras da prensa DSS automatizada durante o cisalhamento dos três corpos de prova, com os valores medidos de carga horizontal e vertical, deslocamento horizontal e vertical e poropressões. As demais leituras não serão detalhadas, presentes apenas em formato gráfico, por motivos de simplificação.

Tab. 3.9 Dados do ensaio de cisalhamento direto simples da amostra arenosa remoldada CP 01 (tensão de adensamento = 100 kPa)

Leitura	Deslocamento horizontal (mm)	Deslocamento vertical (mm)	Força cisalhante (N)	Força vertical (N)	Δ Poropressão (kPa)
1	0,00	0,00	0,00	196,00	0,00
2	0,03	0,01	30,00	188,00	0,00
3	0,05	0,01	42,00	203,00	0,00
4	0,07	0,01	49,00	194,00	0,00
5	0,10	0,01	51,00	178,00	0,00
6	0,13	0,01	57,00	173,00	0,00
7	0,10	0,01	15,00	130,00	0,00
8	0,13	0,02	56,00	185,00	0,00
9	0,16	0,02	57,00	159,00	0,00
10	0,18	0,02	59,00	151,00	0,00
11	0,20	0,01	61,00	133,00	0,00
12	0,23	0,01	63,00	118,00	0,00
13	0,25	0,01	63,00	124,00	0,00
14	0,28	0,01	65,00	120,00	0,00
15	0,30	0,01	65,00	117,00	0,00
16	0,33	0,01	67,00	117,00	0,00
17	0,36	0,01	68,00	115,00	0,00
18	0,38	0,01	68,00	114,00	0,00
19	0,40	0,01	69,00	113,00	0,00
20	0,43	0,02	70,00	110,00	0,00
21	0,45	0,01	72,00	108,00	0,00
22	0,47	0,02	70,00	107,00	0,00
23	0,50	0,01	72,00	110,00	0,00
24	0,52	0,02	69,00	102,00	0,00
25	0,54	0,01	70,00	97,00	0,00

Tab. 3.10 Dados do ensaio de cisalhamento direto simples da amostra arenosa remoldada CP 02 (tensão de adensamento = 200 kPa)

Leitura	Deslocamento horizontal (mm)	Deslocamento vertical (mm)	Força cisalhante (N)	Força vertical (N)	Δ Poropressão (kPa)
1	0,00	0,00	0,00	394,00	0,00
2	0,03	0,00	46,00	400,00	0,00
3	0,05	0,00	53,00	377,00	0,00
4	0,08	0,00	69,00	364,00	0,00
5	0,10	0,00	76,00	375,00	0,00
6	0,12	0,00	82,00	333,00	0,00
7	0,14	0,00	90,00	314,00	0,00
8	0,17	0,00	93,00	290,00	0,00
9	0,19	0,00	91,00	272,00	0,00
10	0,21	0,00	96,00	264,00	1,00
11	0,23	0,00	99,00	261,00	0,00
12	0,26	0,00	101,00	247,00	0,00
13	0,30	0,00	100,00	228,00	1,00
14	0,33	0,00	101,00	219,00	1,00
15	0,36	0,00	102,00	209,00	1,00
16	0,38	0,00	100,00	203,00	1,00
17	0,40	0,00	103,00	202,00	0,00
18	0,42	0,00	102,00	201,00	1,00
19	0,45	0,00	103,00	205,00	0,00
20	0,47	0,00	105,00	189,00	0,00
21	0,49	0,00	103,00	196,00	0,00
22	0,51	0,00	103,00	182,00	1,00
23	0,54	0,00	107,00	183,00	0,00
24	0,56	0,00	105,00	178,00	0,00
25	0,59	0,00	105,00	174,00	1,00

Tab. 3.11 Dados do ensaio de cisalhamento direto simples da amostra arenosa remoldada CP 03 (tensão de adensamento = 400 kPa)

Leitura	Deslocamento horizontal (mm)	Deslocamento vertical (mm)	Força cisalhante (N)	Força vertical (N)	Δ Poropressão (kPa)
1	0,00	0,00	0,00	785,00	0,00
2	0,03	0,01	58,00	831,00	0,00
3	0,05	0,01	81,00	789,00	0,00
4	0,07	0,01	98,00	798,00	0,00
5	0,09	0,01	111,00	788,00	0,00
6	0,11	0,01	120,00	744,00	0,00
7	0,13	0,01	132,00	740,00	0,00
8	0,15	0,01	141,00	700,00	0,00
9	0,17	0,00	152,00	650,00	0,00
10	0,19	0,01	147,00	652,00	0,00

Tab. 3.11 (continuação)

Leitura	Deslocamento horizontal (mm)	Deslocamento vertical (mm)	Força cisalhante (N)	Força vertical (N)	Δ Poropressão (kPa)
11	0,22	0,01	161,00	641,00	0,00
12	0,25	0,01	164,00	619,00	0,00
13	0,28	0,01	168,00	569,00	0,00
14	0,30	0,01	176,00	565,00	0,00
15	0,32	0,01	173,00	566,00	0,00
16	0,34	0,01	167,00	524,00	0,00
17	0,36	0,01	178,00	531,00	0,00
18	0,39	0,01	182,00	502,00	0,00
19	0,41	0,01	177,00	466,00	0,00
20	0,43	0,01	177,00	470,00	0,00
21	0,45	0,01	184,00	477,00	0,00
22	0,47	0,01	183,00	452,00	0,00
23	0,49	0,01	186,00	473,00	1,00
24	0,52	0,01	181,00	427,00	0,00
25	0,55	0,01	190,00	440,00	0,00

As distorções angulares que ocorrem no ensaio de cisalhamento direto simples são calculadas a partir do deslocamento horizontal medido no corpo de prova e da altura ao final do adensamento, conforme a Eq. 3.11. Será apresentado o cálculo referente à leitura 10 do CP 02 e, de maneira análoga, as demais distorções são facilmente obtidas ao longo do ensaio. Nesse corpo de prova, a altura ao final do adensamento H_a foi igual a 19,18 mm.

$$\gamma = \frac{\delta_h}{H_a} 100 = \frac{0{,}21}{19{,}18} \times 100 = 1{,}09\%$$

A partir da medição das forças horizontais ou tangenciais, é possível calcular as tensões tangenciais, como na Eq. 3.12. No ensaio DSS mantém-se constante o diâmetro do corpo de prova, não se fazendo necessário a correção da seção transversal durante o cisalhamento, como se realiza no ensaio de cisalhamento direto. Para a mesma décima leitura no CP 02, tem-se a seguinte tensão tangencial:

$$\tau = \frac{T}{A} = \frac{96}{\frac{0{,}051^2 \pi}{4}} = 47{,}46 \text{ kPa}$$

Como se realizou a simulação da condição não drenada na amostra de solo, a tensão vertical foi ajustada (diminuída) ao longo do cisalhamento de modo a manter constante a altura e, por conseguinte, o volume do corpo de prova. Pelas tabelas, observa-se que, de fato, os deslocamentos verticais foram iguais a zero nos três ensaios.

Como se realizou a simulação da condição não drenada na amostra de solo, a tensão vertical foi ajustada (diminuída) ao longo do cisalhamento de modo a manter constante a altura e, por conseguinte, o volume do corpo de prova. Pelas tabelas, observa-se que, de fato, os deslocamentos verticais foram iguais a zero nos três ensaios.

A tensão normal é calculada a partir da carga vertical e da área da seção transversal do corpo de prova pela Eq. 3.14. Na décima leitura do CP 02, tem-se a seguinte tensão normal:

$$\sigma = \frac{N}{A} = \frac{264}{\frac{0{,}051^2 \pi}{4}} = 129{,}23\,\text{kPa}$$

Por fim, o módulo cisalhante é obtido a partir da tensão cisalhante e da distorção angular correspondente, conforme a Eq. 3.15. Os valores do módulo cisalhante devem sempre estar associados a um nível de deformação cisalhante. Para 1,09% de distorção angular, correspondente à décima leitura do ensaio no CP 02, tem-se:

$$G = \frac{\tau}{\gamma} 100 = \frac{47{,}46}{1{,}09} \times 100 = 4.354{,}13\,\text{kPa}$$

Para os três ensaios, a 100 kPa, 200 kPa e 400 kPa de tensão normal efetiva, os cálculos apresentados se repetem aos dados brutos provenientes dos ensaios e, então, têm-se os valores de distorção e tensão cisalhantes, tensão normal e módulo de rigidez verificados nas Tabs. 3.12 a 3.14, correspondentes às 25 primeiras leituras, a título de exemplificação.

Tab. 3.12 Parâmetros calculados com o ensaio de cisalhamento direto simples da amostra arenosa remoldada CP 01

Tensão de cisalhamento (kPa)	Tensão vertical (kPa)	Distorção angular (%)	Módulo tangencial (kPa)
0,00	96,89	0,00	10.622,02
14,83	92,94	0,14	10.622,02
20,76	100,35	0,25	8.194,13
24,22	95,90	0,38	6.330,15
25,21	88,00	0,51	4.924,75
28,18	85,52	0,65	4.359,28
7,42	64,27	0,53	1.392,21
27,68	91,46	0,68	4.055,68
28,18	78,60	0,81	3.470,76

Tab. 3.12 (continuação)

Tensão de cisalhamento (kPa)	Tensão vertical (kPa)	Distorção angular (%)	Módulo tangencial (kPa)
29,17	74,65	0,91	3.204,71
30,16	65,75	1,05	2.858,57
31,14	58,33	1,21	2.573,80
31,14	61,30	1,31	2.371,14
32,13	59,32	1,45	2.211,35
32,13	57,84	1,56	2.057,58
33,12	57,84	1,72	1.929,24
33,62	56,85	1,85	1.820,92
33,62	56,36	1,95	1.724,32
34,11	55,86	2,08	1.636,79
34,60	54,38	2,21	1.567,18
35,59	53,39	2,32	1.532,98
34,60	52,90	2,43	1.426,84
35,59	54,38	2,57	1.384,92
34,11	50,42	2,68	1.270,96
34,60	47,95	2,80	1.236,94

Tab. 3.13 Parâmetros calculados com o ensaio de cisalhamento direto simples da amostra arenosa remoldada CP 02

Tensão de cisalhamento (kPa)	Tensão vertical (kPa)	Distorção angular (%)	Módulo tangencial (kPa)
0,00	194,78	0,00	15.036,82
22,74	197,74	0,15	15.036,82
26,20	186,37	0,26	10.253,59
34,11	179,94	0,39	8.721,35
37,57	185,38	0,50	7.583,79
40,54	164,62	0,60	6.759,46
44,49	155,23	0,74	6.008,28
45,97	143,36	0,89	5.155,64
44,99	134,46	1,00	4.493,00
47,46	130,51	1,11	4.272,56
48,94	129,03	1,22	4.027,87
49,93	122,11	1,38	3.626,72
49,44	112,71	1,54	3.202,61
49,93	108,26	1,71	2.927,99
50,42	103,32	1,85	2.723,75
49,44	100,35	1,98	2.494,67
50,92	99,86	2,10	2.428,89
50,42	99,37	2,21	2.280,50
50,92	101,34	2,32	2.194,19

Tab. 3.13 (continuação)

Tensão de cisalhamento (kPa)	Tensão vertical (kPa)	Distorção angular (%)	Módulo tangencial (kPa)
51,91	93,43	2,45	2.122,33
50,92	96,89	2,55	1.996,75
50,92	89,97	2,67	1.907,06
52,90	90,47	2,81	1.885,37
51,91	88,00	2,94	1.764,84
51,91	86,02	3,09	1.681,37

Tab. 3.14 Parâmetros calculados com o ensaio de cisalhamento direto simples da amostra arenosa remoldada CP 03

Tensão de cisalhamento (kPa)	Tensão vertical (kPa)	Distorção angular (%)	Módulo tangencial (kPa)
0,00	388,07	0,00	19.794,67
28,67	410,81	0,14	19.794,67
40,04	390,05	0,28	14.353,76
48,45	394,49	0,38	12.718,96
54,87	389,55	0,48	11.364,87
59,32	367,80	0,58	10.144,69
65,25	365,82	0,69	9.502,72
69,70	346,05	0,82	8.492,03
75,14	321,33	0,92	8.143,27
72,67	322,32	1,02	7.129,31
79,59	316,88	1,17	6.805,39
81,07	306,01	1,33	6.093,63
83,05	281,29	1,49	5.588,73
87,01	279,31	1,59	5.479,05
85,52	279,80	1,70	5.044,79
82,56	259,04	1,80	4.579,95
88,00	262,50	1,95	4.518,53
89,97	248,17	2,11	4.267,39
87,50	230,37	2,20	3.978,08
87,50	232,35	2,30	3.801,89
90,96	235,81	2,41	3.767,81
90,47	223,45	2,53	3.572,67
91,95	233,83	2,64	3.483,63
89,48	211,09	2,77	3.226,06
93,93	217,52	2,95	3.189,08

Graficamente, as Figs. 3.22 a 3.25 apresentam as curvas tensão cisalhante *versus* distorção angular, variação de poropressões, trajetórias de tensões efetivas e relação logarítmica do módulo de cisalhamento e distorção angular.

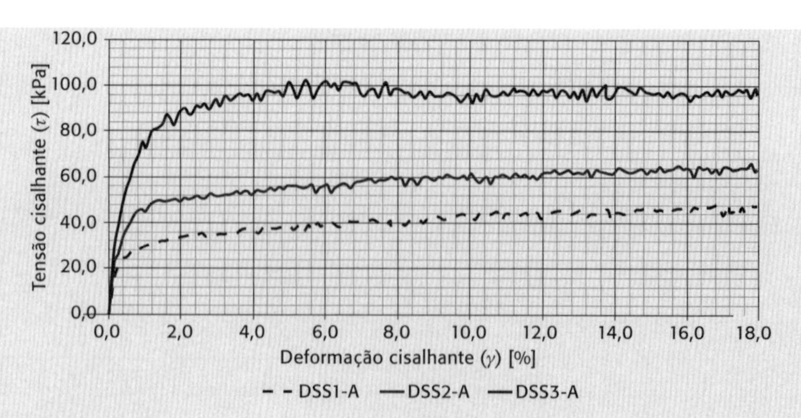

Fig. 3.22 *Curvas tensão cisalhante* versus *distorção angular do ensaio DSS na amostra arenosa remoldada*
Fonte: adaptado de Zorzan (2018).

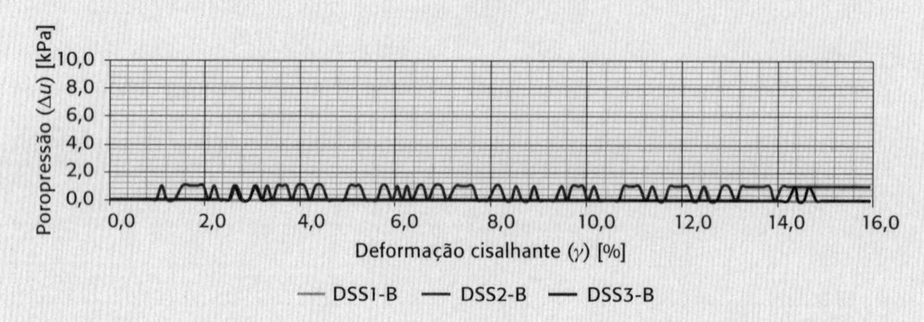

Fig. 3.23 *Variação da poropressão no cisalhamento do ensaio DSS na amostra arenosa remoldada*
Fonte: adaptado de Zorzan (2018).

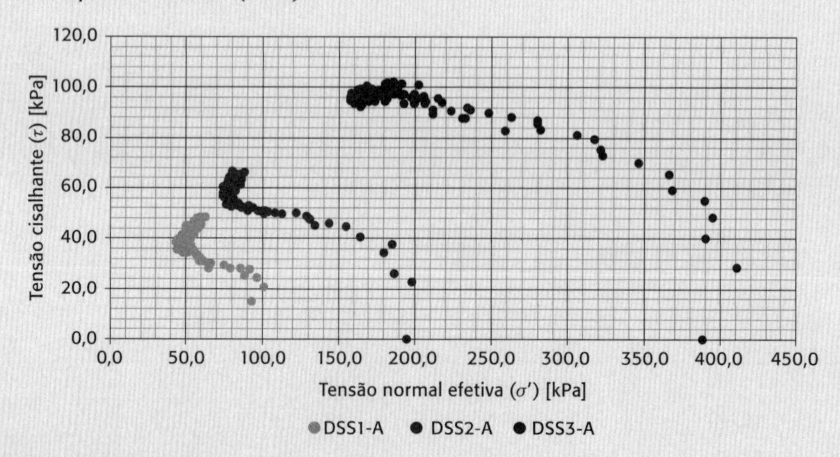

Fig. 3.24 *Trajetórias de tensões efetivas do ensaio DSS na amostra arenosa remoldada*
Fonte: adaptado de Zorzan (2018).

Observa-se que os valores da curva tensão-deformação apresentam pequenas instabilidades. Os autores acreditam que seja por causa das correções nos valores de tensão normal ao longo do ensaio para manter a altura do corpo de prova constante, a fim de simular a condição não drenada de carregamento. Verifica-se também que os valores da poropressão medida se mantêm próximos de zero durante o cisalhamento. Assim, as mudanças nos valores da tensão vertical correspondem diretamente às mudanças nos valores de tensão vertical efetiva.

A Fig. 3.26 apresenta a envoltória linear de Mohr-Coulomb obtida a partir da tensão normal efetiva e tensão cisalhante na ruptura dos três corpos de prova. Assumiu-se como critério para determinação da ruptura a deformação cisalhante de 12%. No ajuste linear de Mohr-Coulomb para o dado intervalo de tensões normais efetivas, obtém-se um intercepto coesivo de 20,06 kPa e um ângulo de atrito de 25,58°. Observa-se que esse resultado não é diretamente coerente com o material ensaiado, para o qual se espera intercepto coesivo nulo. Investigações adicionais envolvendo, por exemplo, simulações numéricas do ensaio e retroanálise de rupturas devem contribuir para aprimorar o conhecimento sobre o ensaio de cisalhamento simples para obtenção de parâmetros de resistência efetivos pelo ajuste de Mohr-Coulomb.

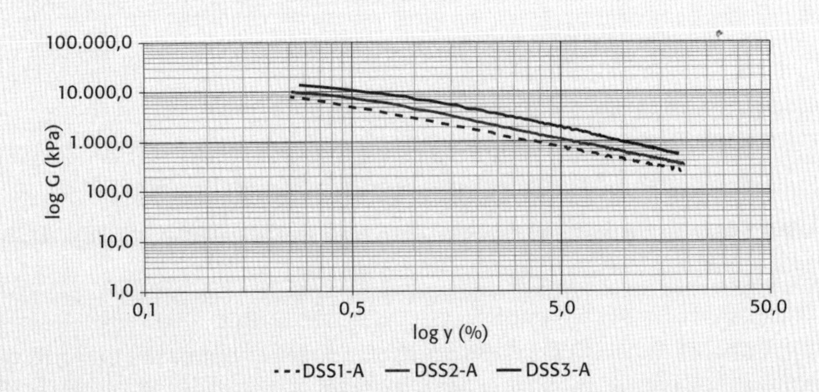

Fig. 3.25 *Curva de rigidez do solo: relação logarítmica entre módulo e deformação cisalhantes*
Fonte: adaptado de Zorzan (2018).

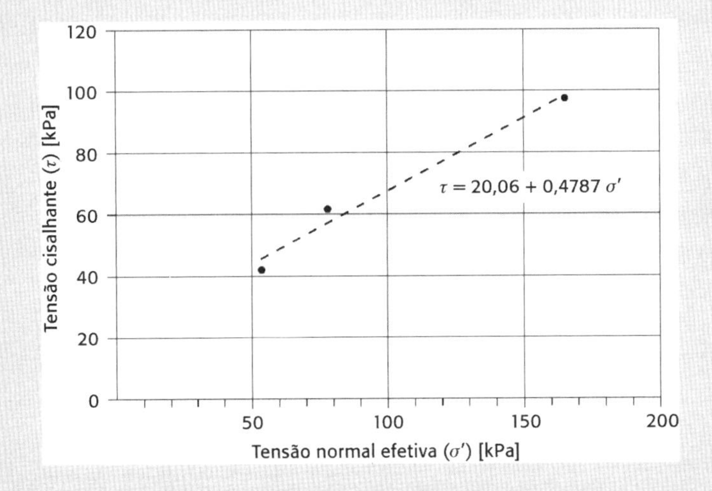

Fig. 3.26 *Envoltória de Mohr-Coulomb para um solo arenoso a partir do ensaio DSS*
Fonte: adaptado de Zorzan (2018).

3.3 O que aprendemos neste capítulo?

Neste capítulo foram apresentados os ensaios de cisalhamento direto e cisalhamento direto simples para a determinação da resistência dos solos. Esses ensaios são constituídos basicamente por duas etapas principais: o adensamento e o cisalhamento do solo.

O ensaio de ensaio de cisalhamento direto tem como principais vantagens a versatilidade, a rapidez e a simplicidade de execução. Podemos dizer ainda que:

- É possível obter as envoltórias e os parâmetros de resistência drenados do solo na condição de resistência máxima e residual.
- Suas principais limitações são: plano de ruptura horizontal imposto ao corpo de prova, distribuição das tensões de cisalhamento não uniforme durante a ruptura e ausência de medida de geração de poropressão durante o cisalhamento.

O ensaio de ensaio de cisalhamento direto simples foi desenvolvido para simular um estado plano de tensões e deformações, denominado cisalhamento puro. Nesse ensaio, a amostra de solo é cisalhada sob a ação de uma tensão horizontal τ_h, que provoca uma distorção angular (γ) no corpo de prova. Outras características desse ensaio são citadas a seguir:

- É possível obter as envoltórias e os parâmetros de resistência drenados e não drenados do solo na condição de resistência máxima.
- O ensaio pode ser conduzido com carregamentos estáticos (DSS) ou cíclicos (CSS). A diferença entre eles encontra-se no modo como a solicitação cisalhante é aplicada no corpo de prova. Enquanto no ensaio estático as tensões cisalhantes são induzidas por uma taxa de deformação constante, no ensaio cíclico um carregamento é aplicado de modo a gerar deformações cisalhantes positivas e negativas a cada período.
- Assim como no cisalhamento direto, não é possível controlar a saturação do corpo de prova no DSS e, devido aos pequenos deslocamentos sofridos pela amostra, não se consegue determinar a resistência residual do solo.
- Sua grande vantagem é que a resistência mobilizada representa a média entre a compressão triaxial e a extensão triaxial desenvolvidas em uma potencial superfície de ruptura; assim, seus resultados são altamente aplicáveis nos estudos de estabilidade de taludes.

Ensaios triaxiais

4

Os ensaios triaxiais são os mais versáteis e difundidos ensaios de laboratório para a determinação dos parâmetros de resistência ao cisalhamento e de deformabilidade dos solos, sob diferentes solicitações. De forma geral, eles permitem o conhecimento do comportamento hidromecânico do solo frente a diferentes cenários de solicitação em campo.

Neste ensaio é possível garantir a saturação por processos de percolação por dióxido de carbono, percolação de água ou por elevação da contrapressão. Além disso, é possível simular em ensaios triaxiais diferentes condições de adensamento (hidrostáticos ou não), de drenagem (drenados ou não drenados) e de carregamento na fase de cisalhamento (por carregamento ou descarregamento axial ou radial).

Consideravelmente mais complexo e abrangente que o ensaio de cisalhamento direto, os ensaios triaxiais podem fornecer resultados mais fidedignos às condições naturais de ruptura para algumas situações em campo. No primeiro, o plano de ruptura é predeterminado pela geometria do equipamento, enquanto no segundo a ruptura se desenvolve no plano de maior fraqueza do material. Permite, portanto, a obtenção de parâmetros mais realistas para a definição do comportamento mecânico do solo *in situ*, considerando materiais heterogêneos e anisotrópicos.

Embora os ensaios triaxiais possam simular de modo verossímil o comportamento em campo, além de garantir condições de contorno bem definidas, a aplicabilidade de cada ensaio de resistência deve ser analisada considerando diversos fatores, tais como modo de ruptura, desenvolvimento de tensões cisalhantes e deformações experimentadas pelo solo.

Os ensaios triaxiais são, de certo ponto de vista, os ensaios padrão em Mecânica dos Solos, visto que a maioria dos fundamentos dessa disciplina da Engenharia Civil está embasada em ensaios triaxiais bem executados, os quais permitiram traçar comportamentos gerais que hoje servem de referência para a prática da Engenharia Geotécnica. Serão abordados, no decorrer deste capítulo, os aspectos teóricos e práticos relevantes para a realização de grande parte dessa categoria de ensaios, sobretudo os convencionais e sob a trajetória K_0, além das normas e dos procedimentos que preconizam sua execução. Ensaios triaxiais com carregamento cíclico, muito utilizados em pavimentação e avaliação do efeito dinâmico dos carregamentos, não serão abordados nesta publicação.

4.1 Conceitos fundamentais

4.1.1 Princípio das tensões efetivas

O solo é um meio particulado e trifásico, possuindo vazios interconectados ou não. No caso particular de um solo saturado, todos os vazios encontram-se preenchidos por água ou outro fluido. As tensões no interior de uma massa de solo podem ser divididas em duas, conforme apresentado por Lambe e Whitman (1969a):

- *Tensões macroscópicas*: força interna que atua em uma área infinitesimal total consistindo em um plano levemente ondulado que passa pelos pontos de contato e pelos vazios da massa de solo. Possui intervalo de variação entre 10 kPa e 10 MPa na maior parte das aplicações.
- *Tensões de contato*: força interna que atua em cada ponto de contato. Como as áreas de contato entre os grãos são muito pequenas, as tensões de contato assumem valores bastante superiores aos das tensões macroscópicas, chegando a valores da ordem de 700 MPa.

Nos primórdios da Engenharia Geotécnica, o papel da água em vazios no comportamento dos solos era muitas vezes negligenciado, o que levou a diversos acidentes em obras geotécnicas. Em 1936, Terzaghi publicou pela primeira vez em língua inglesa o seu princípio das tensões efetivas (PTE), assentando as bases da Mecânica dos Solos moderna e fundamentando o correto entendimento do comportamento mecânico dos solos, bem como a determinação dos parâmetros de resistência. Estes últimos são de suma importância para a Engenharia Geotécnica em temas como estabilidade de taludes, execução de obras de contenção, construção de aterros e execução de fundações.

Para Terzaghi (1936), em um solo saturado em equilíbrio sob uma carga aplicada, a tensão total normal (σ), em um dado plano, gerada por esse carregamento consiste em duas partes: uma representada pela pressão da água presente nos vazios do solo saturado – a poropressão (u) atuante em todas as direções com a mesma intensidade, de modo hidrostático – e outra que é sentida apenas pelo esqueleto sólido, denominada tensão efetiva (σ'). Em linhas gerais, Terzaghi definiu tensão efetiva como uma fração da tensão total que exerce influência apenas sobre o esqueleto sólido, mas utilizando um conceito macroscópico, o que a difere das tensões de contato anteriormente definidas. Uma interpretação física do PTE, recomendada ao leitor interessado, foi feita por Bishop (1960).

A relação entre a tensão total, a efetiva e a poropressão é dada pela Eq. 4.1, que expressa matematicamente o princípio das tensões efetivas para solos saturados. Nessa equação, a tensão efetiva é a diferença entre a tensão total e a poropressão.

$$\sigma' = \sigma - u \qquad \textbf{(4.1)}$$

Quando o solo é carregado em uma condição não drenada, desenvolve-se um excesso de poropressão, isto é, instantaneamente a parcela de água presente no interior do solo suporta toda a tensão aplicada. Com o passar do tempo, essa tensão é transferida da água para as partículas sólidas do solo – ou seja, há uma redução na pressão de água e um aumento da tensão sobre o esqueleto sólido. Esse processo é chamado de adensamento, no qual ocorre dissipação da poropressão, deformação do esqueleto sólido e um gradual aumento da tensão efetiva.

Como a água possui resistência ao cisalhamento nula, conclui-se que a transmissão de qualquer força em uma massa de solo ocorre pelo contato efetivo entre suas partículas, isto é, a resistência de um solo é função de sua tensão efetiva. Essa importante observação foi ratificada pelos resultados obtidos em diversos ensaios de laboratório realizados por Terzaghi (1936), nos quais todos os efeitos mensuráveis resultantes de variações de tensões nos solos, como compressão, distorção e resistência ao cisalhamento, ocorreram por causa das variações no estado de tensões efetivas.

Em função da possibilidade de medir as poropressões desenvolvidas no solo durante o cisalhamento em ensaios triaxiais, os parâmetros de resistência ao cisalhamento podem ser determinados tanto em termos de tensões efetivas, que refletem o verdadeiro comportamento dos solos de acordo com o PTE, como em termos de tensões totais, muito utilizado em análises não drenadas. Os parâmetros mais usuais são o intercepto coesivo (c e c'), o ângulo de atrito interno (ϕ e ϕ') e a resistência ao cisalhamento não drenada (S_u).

4.1.2 Parâmetros de poropressão em ensaios triaxiais

Os parâmetros de poropressão do solo definidos por Skempton (1954) são variáveis auxiliares que buscam relacionar as variações da poropressão e as variações no estado de tensões totais de uma massa de solo. Matematicamente, a variação da poropressão é parametrizada por A e B, conhecidos como coeficientes de Skempton, coeficientes de poropressão ou simplesmente parâmetros A e B, na forma da Eq. 4.2.

$$\Delta u = B\left[\Delta\sigma_3 + A\left(\Delta\sigma_1 - \Delta\sigma_3\right)\right] \quad (4.2)$$

em que:
Δu = variação da poropressão (kPa);
B = parâmetro B de Skempton;
$\Delta\sigma_3$= variação da tensão principal menor (kPa);
A = parâmetro A de Skempton;
$\Delta\sigma_1$ = variação da tensão principal maior (kPa).

É usual em Mecânica dos Solos a divisão do estado de tensões totais em duas componentes: uma hidrostática, de igual magnitude em todas as direções, e uma desviadora, que representa o desvio em relação à condição hidrostática em uma determinada direção. Com base nisso, Skempton (1954) definiu o parâmetro A como uma variável que parametriza a variação da poropressão devida a alterações na componente desviadora do estado de tensões totais, considerando que o solo não possui, em geral, boa correspondência com a teoria da elasticidade na condição de ruptura. Para um solo que se comporte, idealmente, de modo elástico e linear, esse parâmetro vale 1/3 na condição de carregamento axial e 2/3 na condição de descarregamento axial.

Assim, o parâmetro experimental A depende do tipo de solo, do tipo de carregamento, do nível de deformação no cisalhamento e do histórico de tensões. Basicamente, ele indica a tendência de geração de poropressões negativas ou positivas no cisalhamento devido ao sobreadensamento ou não. O parâmetro *B*, por sua vez, está relacionado à componente hidrostática do incremento de tensões totais, relacionando-se à compressibilidade do esqueleto sólido do solo e dos fluidos dos vazios e à porosidade do meio trifásico, conforme a Eq. 4.3. Em geral, *B* é calculado para verificar a obtenção de 100% de saturação do corpo de prova.

$$B = \frac{1}{\left(1 + \frac{nC_v}{C_c}\right)} \tag{4.3}$$

em que:
n = porosidade do elemento de solo;
C_v = compressibilidade do fluido dos vazios, em geral a água;
C_c = compressibilidade do meio sólido.

A tensão de cisalhamento induzida em uma amostra de solo pela aplicação de uma tensão desviadora tende a causar mudanças de volume (no caso de carregamento drenado) no corpo de prova, podendo este contrair ou dilatar. Em um solo saturado, isso acarreta a saída (redução de volume) ou a entrada (aumento de volume) de água do interior do corpo de prova. Para o caso de um carregamento não drenado, em que não há ocorrência de fluxo, a tendência de variação volumétrica de um solo saturado manifesta-se na forma de uma mudança no valor da poropressão: se houver tendência de contração do solo no cisalhamento drenado, serão desenvolvidas poropressões positivas no cisalhamento não drenado; no caso de comportamento dilatante no cisalhamento drenado, ocorrerá geração de poropressões negativas no cisalhamento não drenado.

O parâmetro A relaciona-se, portanto, a essa variação de poropressão (Δu) ocasionada pela mudança na tensão desviadora no cisalhamento não drenado, podendo assumir de valores negativos até valores superiores a 1,0. No caso de areias muito fofas, por exemplo, o acréscimo de tensão axial pode provocar um colapso no solo, gerando uma pressão neutra superior ao acréscimo aplicado; o parâmetro A, nesse caso, é superior a 1,0. Argilas normalmente adensadas apresentam, em geral, parâmetros *A* da ordem de 0,5 a 1,0, enquanto argilas arenosas compactadas têm parâmetros *A* da ordem de 0,25 a 0,75. Argilas sobre-adensadas e areias compactas tendem à expansão quando sujeitas a carregamento; consequentemente, a pressão neutra é negativa e o parâmetro *A* na ruptura assume valores negativos.

Skempton (1954) define o parâmetro *B* como a razão entre a variação de poropressão em um corpo de prova na condição não drenada e a variação de tensão total (hidrostática) imposta. Analisando a Eq. 4.3, conclui-se que esse parâmetro é predominantemente influenciado pelo grau de saturação da amostra: quando o solo se encontra saturado, C_v é igual à compressibilidade da água, muito inferior à compressibilidade do esqueleto sólido (C_c) para o caso de solos argilosos moles. Assim, o denominador da expressão tenderá à unidade, resultando em um parâmetro *B* próximo a 1,00. No outro extremo, quando o solo se encontra na condição seca, C_v é igual à compressibilidade do ar, muito superior à compressibilidade do esqueleto sólido, fazendo com que o parâmetro *B* tenda a zero. Dessa forma, com a medida da variação da poropressão devida a uma variação no estado de tensões hidrostático em um corpo de prova carregado sob condições não drenadas, é possível calcular o parâmetro *B* para a verificação do grau de saturação de corpos de prova em ensaios triaxiais.

Portanto, os parâmetros *A* e *B* são determinados durante a realização de ensaios triaxiais não drenados. A Eq. 4.4 é utilizada na etapa de saturação e a Eq. 4.5 refere-se ao caso especial de ensaio de compressão por carregamento axial. Para outras trajetórias, o valor de *A* deve ser calculado de acordo com a Eq. 4.2. Law e Holtz (1978) ainda apresentam de modo bastante didático observações referentes ao cálculo dos parâmetros de Skempton para o caso de rotação das tensões principais ou de trajetórias de tensões diferentes das apresentadas no trabalho original de 1954.

$$B = \frac{\Delta u_i}{\Delta \sigma_3} \quad \textbf{(4.4)}$$

$$A = \frac{\Delta u_d}{\sigma_d} \quad \textbf{(4.5)}$$

em que:
Δu_i = variação da poropressão devida à variação da componente hidrostática do estado de tensões totais (kPa);
$\Delta \sigma_3$ = variação da componente hidrostática do estado de tensões totais (kPa);
Δu_d = variação da poropressão devida à variação da componente desviadora do estado de tensões totais (kPa), usualmente referenciada ao instante da ruptura;
σ_d = tensão desviadora (kPa), usualmente referenciada ao instante da ruptura.

4.1.3 Carregamento do solo em ensaios triaxiais

Os ensaios triaxiais permitem a condução de ensaios de resistência em diversas condições de carregamento, a depender da finalidade de utilização dos resultados. Em geral, as diferenças encontram-se nas etapas de adensamento e cisalhamento, cuja combinação de possibilidades de execução leva a uma ampla gama de ensaios diferentes.

No ensaio triaxial, as tensões são aplicadas na amostra em dois ou mais estágios, a depender do estado de tensões inicial (antes do cisalhamento) desejado. Em ensaios com adensamento hidrostático, aplica-se inicialmente uma tensão total em todas as direções do corpo de prova, denominada tensão confinante (σ_3), a qual causa um excesso de poropressão entre os vazios da massa de solo que é dissipado ao longo do tempo, levando ao aumento gradual da tensão efetiva à qual o solo está submetido. Para alcançar a ruptura na etapa de cisalhamento, a tensão vertical ou radial é então aumentada ou reduzida, o que acarreta o desenvolvimento de tensões cisalhantes que levam o solo à ruptura.

Nos ensaios com adensamento não hidrostático (também chamados de anisotrópicos, inclusive na literatura internacional), após a aplicação de uma tensão efetiva hidrostática, o solo é submetido a uma variação na tensão efetiva (ou seja, sem gerar excesso de poropressão) na direção vertical ou horizontal até que seja atingida uma relação predeterminada entre as tensões principais (σ'_1 e σ'_3), denominada coeficiente de empuxo (Eq. 4.6). Finalmente, a tensão vertical ou radial é aumentada ou reduzida para levar o solo à ruptura na fase de cisalhamento.

$$K = \frac{\sigma'_3}{\sigma'_1} \qquad \textbf{(4.6)}$$

em que:
K = coeficiente de empuxo;
σ'_3 = tensão principal menor efetiva;
σ'_1 = tensão principal maior efetiva.

Como não existem tensões de cisalhamento nas bases e nas geratrizes do corpo de prova, desde que garantidas as condições de extremidade (relação H/D), os planos horizontais e verticais são os planos principais. Eles só passam a existir após a aplicação do carregamento na condição K ou durante o processo de cisalhamento, pois, no estado hidrostático de tensões, todos os planos são principais e as tensões maior e menor são iguais e atuam em todas as direções, não havendo tensão cisalhante nessa condição, sendo o círculo de Mohr correspondente a esse estado de tensões reduzido a um ponto no espaço $\tau \times \sigma$.

Para o caso de adensamento não hidrostático em que o coeficiente de empuxo K é inferior a 1,0, o plano horizontal é o plano principal maior após o final da etapa de adensamento, por ser onde atua a maior tensão (vertical), e o plano vertical é o plano principal menor onde atua a menor tensão (confinante).

No caso de coeficiente de empuxo superior a 1,0, o plano vertical será o plano principal maior ao final do adensamento, onde atua a tensão principal maior (horizontal), e o plano horizontal será o plano principal menor.

Para a etapa de cisalhamento, os planos principais maior e menor dependem da trajetória de tensões percorrida no cisalhamento. No caso de compressão por carregamento axial, com adensamento hidrostático, o plano principal maior sempre será o plano horizontal; por outro lado, no caso de extensão por carregamento lateral, o plano principal maior será o vertical. Nesse sentido, deverão ser analisadas tanto as condições de adensamento quanto as de carregamento na etapa de cisalhamento para a definição dos planos e tensões principais.

A aplicação do carregamento pode ser feita de diferentes formas, a depender do modo de ruptura desejado. Essencialmente, pode-se sumarizar as trajetórias de carregamento em:

- *Carregamento axial*: é o modo mais comum de carregamento em ensaios triaxiais. Nesse processo, é aplicada uma força de compressão ao corpo de prova por meio do pistão em contato com o *top cap*. A tensão resultante dessa força é denominada tensão desviadora (σ_d), atuante no plano principal maior (horizontal). A tensão desviadora na ruptura obtida experimentalmente permite calcular a tensão principal maior e traçar o círculo de Mohr correspondente ao estado de tensões na ruptura.
- *Descarregamento axial*: é aplicada uma força de extensão no corpo de prova. A tensão desviadora aplicada é negativa e, durante o cisalhamento, pode haver inversão dos planos principais.
- *Carregamento lateral*: na ruptura, a tensão horizontal (confinante) é elevada, provocando compressão lateral no corpo de prova até a ruptura. Durante o cisalhamento, pode haver inversão dos planos principais, a depender da condição de adensamento.
- *Descarregamento lateral*: durante o cisalhamento, a tensão horizontal do corpo de prova é reduzida, gerando tensões de extensão horizontais até a ruptura. Também pode haver inversão dos planos principais, a depender da condição de adensamento.

A Fig. 4.1 ilustra o processo de aplicação de tensões em um ensaio triaxial de compressão por carregamento axial adensado hidrostaticamente. No início desse processo, o corpo de prova encontra-se com uma tensão efetiva próxima a zero (A), sendo saturado até que o grau de saturação (S) se eleve a valores próximos de 100%. Em seguida, a tensão confinante é elevada (B), gerando um excesso de poropressão (Δu_c), que é dissipado ao longo do tempo durante o adensamento. Finalmente, é aplicada uma tensão desviadora ao corpo de prova (C), levando-o à ruptura por diferença entre as tensões principais (D).

Para melhor entendimento da metodologia de carregamento em ensaios triaxiais, sobretudo os convencionais de compressão por carregamento axial, as seguintes bibliografias podem ser consultadas: Bishop e Henkel (1962), Head (1998), Lambe (1951) e Vickers (1983).

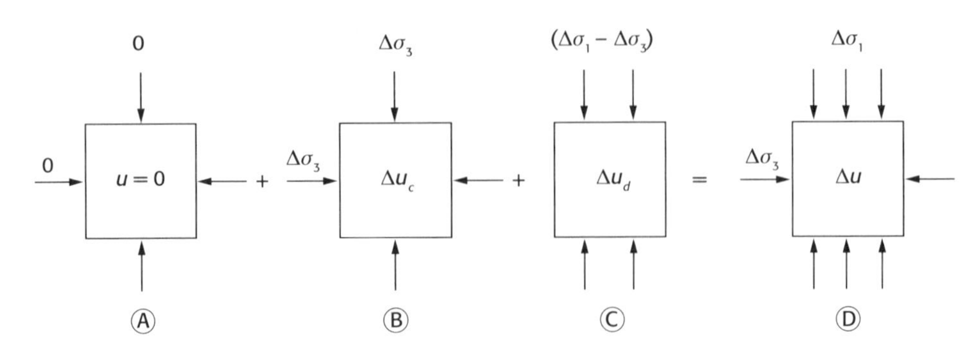

Fig. 4.1 *Tensão aplicada nos elementos de solo em um ensaio triaxial de compressão por carregamento axial: (A) estado inicial após amostragem; (B) acréscimo da pressão de câmara na etapa de adensamento – componente hidrostática do carregamento; (C) acréscimo da tensão desviadora na etapa de cisalhamento – componente desviadora do carregamento; (D) condição final de carregamento*

4.1.4 Trajetórias de tensões

Quando um solo é desconfinado ou descarregado, após atividades de escavações urbanas, ou quando é carregado, após o momento de aplicação de carga em uma fundação, por exemplo, ele passa por mudanças no seu estado de tensões. O estado de tensões em um ponto no interior da massa de solo corresponde ao conjunto de tensões (normal e cisalhante) atuantes em um determinado plano que intercepta esse ponto. Em laboratório, é possível representar a mudança do estado inicial de tensões da amostra de solo ao longo da solicitação por meio da trajetória de tensões.

Tradicionalmente, o estado de tensões atuantes em todos os planos passando por um ponto no interior da amostra no ensaio triaxial em determinado instante de tempo, em geral o da ruptura, é representado pelo círculo de Mohr. O círculo de Mohr é uma "fotografia" daquele instante, ou seja, é a representação das tensões em um tempo t. A trajetória de tensões permite representar graficamente a evolução contínua da relação entre as componentes normal e cisalhante atuantes em um determinado plano em diversas fases do carregamento.

A utilização da trajetória de tensões torna prática a identificação do comportamento do solo frente a descarregamentos e carregamentos verticais e horizontais que este pode sofrer durante a execução de uma obra, e também ajuda a conhecer sua história de tensões a partir da diferença entre a trajetória de tensões totais e efetivas, identificando se o solo está sobreadensado ou normalmente adensado sob aquela solicitação.

Espaço paramétrico s × t *(MIT)*

A representação gráfica da trajetória de tensões no solo mais usual em laboratório, por sua praticidade e significado físico, foi desenvolvida pelo professor

Thomas William Lambe em 1964, no Instituto Tecnológico de Massachusetts (MIT). Nela, a relação entre as tensões atuantes em um plano da massa de solo é simplificada a duas direções, uma vez que, durante o adensamento hidrostático e a compressão/extensão no estado axissimétrico de tensões, a tensão σ_2 será igual à tensão σ_3 ou σ_1. Essas direções são representadas pelo par ordenado s × t, definidos pelas Eqs. 4.7 e 4.8, respectivamente.

$$s = \frac{\sigma_1 + \sigma_3}{2} \quad \textbf{(4.7)}$$

$$t = \frac{\sigma_1 - \sigma_3}{2} \quad \textbf{(4.8)}$$

em que:
s = abscissa do ponto coordenado da trajetória do MIT (kPa), em termos de tensão total;
t = ordenada do ponto coordenado da trajetória do MIT (kPa), em termos de tensão total;
σ_1 = tensão principal maior total (kPa);
σ_3 = tensão principal menor total (kPa).

Fisicamente, os pontos que definem a trajetória de tensões s × t representam as máximas tensões cisalhantes ($\tau_{máx}$) experimentadas por um elemento de solo conforme os estados de tensões variam ao longo do ensaio. Em outras palavras, cada ponto no espaço s × t representa a coordenada do topo do círculo de Mohr correspondente ao estado de tensões naquele instante do ensaio. Formalmente, a trajetória de tensões nesse sistema é o lugar geométrico dos pontos de máxima tensão cisalhante experimentada pelo solo no ensaio triaxial axissimétrico, conforme ilustrado na Fig. 4.2.

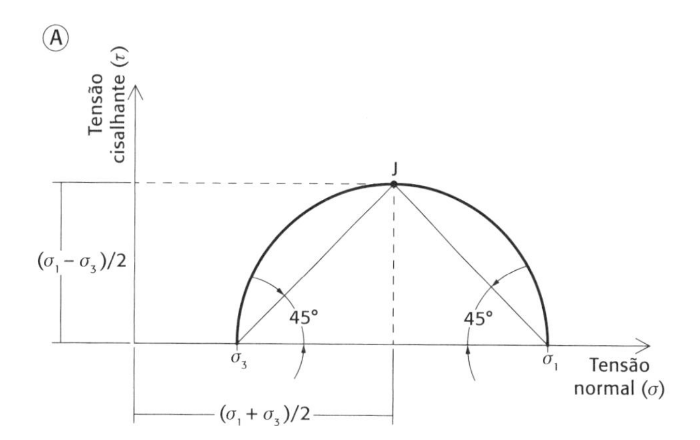

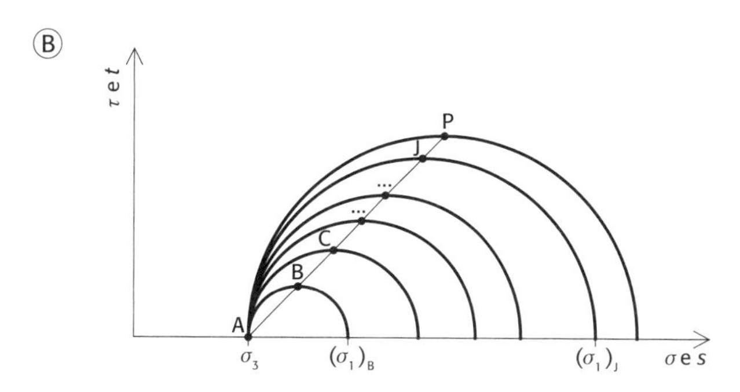

Fig. 4.2 *Trajetória de compressão axial no espaço s × t: (A) definição do ponto de máxima tensão cisalhante, e (B) trajetória de tensões como lugar geométrico dos pontos de máxima tensão cisalhante*

Embora a trajetória do MIT tenha sido definida em termos de tensões totais, pode-se utilizá-la para representar o comportamento do solo em termos de tensões efetivas (Eqs. 4.9 e 4.10). Nesse caso, a trajetória de tensões efetivas é uma consequência da trajetória de tensões totais aplicada e da poropressão desenvolvida a partir desse carregamento.

$$s' = \frac{\sigma'_1 + \sigma'_3}{2} = s - u \quad \textbf{(4.9)}$$

$$t' = \frac{\sigma'_1 - \sigma'_3}{2} = t \quad \textbf{(4.10)}$$

em que:
s' = abscissa do ponto coordenado da trajetória do MIT (kPa), em termos de tensão efetiva;
t' = ordenada do ponto coordenado da trajetória do MIT (kPa), em termos de tensão efetiva;
σ'_1 = tensão principal maior efetiva (kPa);
σ'_3 = tensão principal menor efetiva (kPa).

Em laboratório, a curva definida pelas coordenadas apresentadas representa as variações da tensão principal maior e da tensão principal menor, totais ou efetivas, sofridas pelo corpo de prova ao longo do ensaio. Em caso de carregamento axial, a tensão principal menor σ_3 é a tensão confinante (que deve permanecer constante), ao passo que a tensão principal maior σ_1 é o resultado da soma entre σ_3 e σ_d. Ou seja, o aumento no valor de σ_1 é alcançado pelo acréscimo no valor da tensão desviadora, o que representa, no sistema s × t, um igual acréscimo de σ_d nos valores das coordenadas s e t. Graficamente, o carregamento é representado por uma curva crescente à direita, cujo ângulo formado com a horizontal é de 45°, para análise em termos de tensões totais (curva A da Fig. 4.3A).

No caso de descarregamento lateral, o valor de σ_3 é diminuído enquanto σ_1 é mantido constante. Esse estado de tensões é alcançado pela diminuição no valor da tensão confinante em igual magnitude ao aumento no valor da tensão desviadora. No sistema s × t, isso representa uma diminuição no valor de s e um aumento no valor de t, na mesma intensidade, gerando uma curva crescente à esquerda que forma um ângulo de 45° com a horizontal (curva D da Fig. 4.3A). O mesmo princípio é aplicado quando se deseja replicar o carregamento lateral no solo (curva B da Fig. 4.3A) e o descarregamento, ou tração, axial (curva C da Fig. 4.3A). Quando o corpo de prova é adensado sob tensão hidrostática, as curvas elucidadas possuem origem em uma reta horizontal, em que o valor da ordenada t é igual a zero.

As possíveis trajetórias de tensão total obtidas de um corpo de prova adensado de modo não hidrostático (por exemplo, corpos de prova adensados para as tensões estimadas em campo sob um estado geostático de tensões – K_0) e carregado axialmente (A) ou lateralmente (B), e descarregado axialmente (C) ou lateralmente (D) estão ilustradas na Fig. 4.3B. As trajetórias têm origem na reta K_0, e com ela cada uma forma um ângulo menor de 45°, para análises em termos de tensão total.

Para obter as trajetórias em termos de tensão efetiva, basta substituir as tensões totais pelas respectivas efetivas, isto é, diminuir o valor da poropressão (positiva ou negativa) gerada na fase de cisalhamento do corpo de prova do valor da tensão total aplicada nele. Assim, a trajetória das tensões efetivas (TTE) está

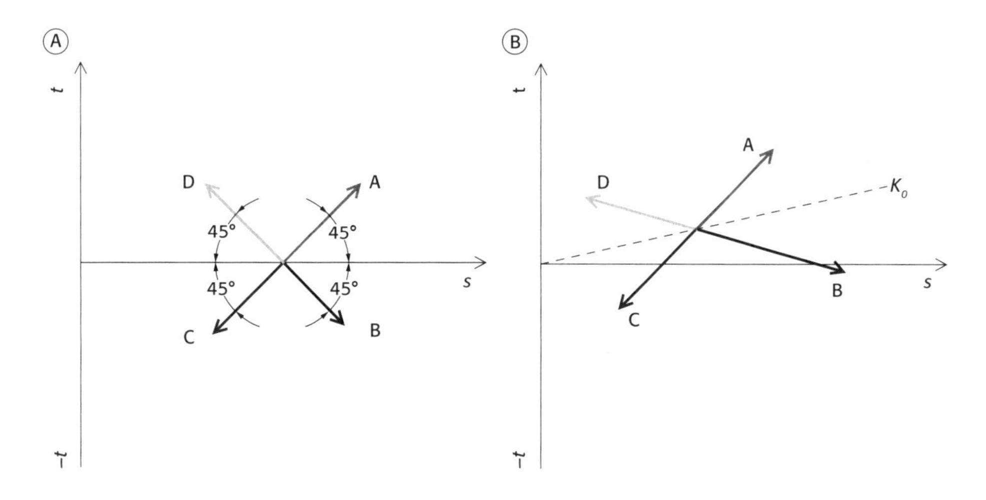

Fig. 4.3 *Trajetórias de tensões totais no espaço de MIT, a partir de um estado de tensões (A) hidrostático (K = 1) e (B) não hidrostático (K = K_0)*

afastada da trajetória das tensões totais (TTT) em uma distância equivalente ao valor da poropressão total u (u_0 + Δu) formada em cada fase do carregamento.

A TTE possui curvatura à esquerda (Fig. 4.4) caso o resultado da somatória da poropressão inicial (u_0) e do excesso de poropressão (Δu) seja positivo, típico de argilas normalmente adensadas e areias fofas, que geram poropressão positiva durante o cisalhamento não drenado para equilibrar o efeito que esses solos apresentariam, de diminuir o volume, se fossem cisalhados de maneira drenada, conforme destacado na seção 4.1.2. A curvatura à direita (Fig. 4.4) acontece nos casos em que o somatório da poropressão inicial e do excesso de poropressão desenvolvido durante o cisalhamento é negativo, típico de argilas fortemente sobreadensadas e areias densas, que geram poropressões negativas, para equalizar o efeito do aumento de volume que apresentariam se fossem cisalhadas de maneira drenada. Desse modo, por meio do formato da trajetória de tensões efetivas do solo, é possível identificar a sua história de tensões, no caso das argilas, ou o seu grau de compacidade, no caso das areias, para a dada solicitação.

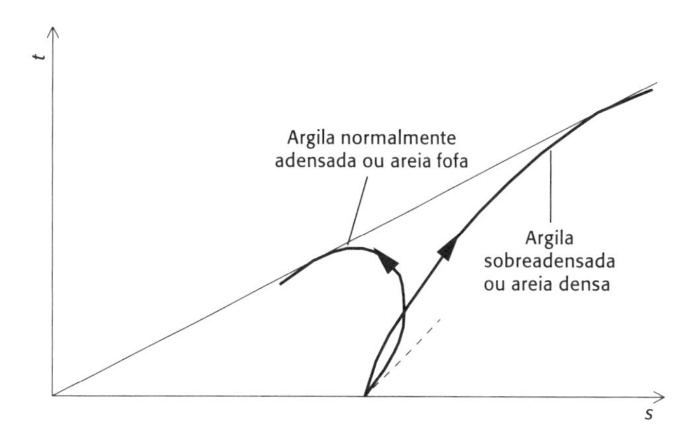

Fig. 4.4 *Formato típico de trajetórias de tensões efetivas de argilas normalmente adensadas e areias fofas e de argilas sobreadensadas e areias densas em ensaios não drenados, no espaço de MIT*

Espaço paramétrico p × q *(Cambridge)*

Em 1958, na Universidade de Cambridge, Roscoe, Schofield e Wroth propuseram plotar no eixo horizontal a média das três tensões principais (σ_1, σ_2, σ_3) que atuam sobre o corpo de prova em um ensaio triaxial de tensões, em termos de tensão total (p) ou efetiva (p'). Essa tensão média é expressa pelas Eqs. 4.11 e 4.12 e representa a tensão normal octaédrica para o estado de tensões considerado. No eixo das ordenadas, plota-se a tensão desviadora em termos de tensões principais (Eq. 4.13), relacionada à tensão cisalhante octaédrica. A tensão de desvio independe do valor da poropressão.

$$p = \frac{\sigma_1 + \sigma_2 + \sigma_3}{3} \quad \textbf{(4.11)}$$

$$p' = \frac{\sigma'_1 + \sigma'_2 + \sigma'_3}{3} \quad \textbf{(4.12)}$$

$$q = \sqrt{\frac{1}{2}\left[(\sigma_1 - \sigma_2)^2 + (\sigma_1 - \sigma_3)^2 + (\sigma_2 - \sigma_3)^2\right]} \quad \textbf{(4.13)}$$

em que:
p = abscissa do ponto coordenado da trajetória de Cambridge (kPa), em termos de tensão total;
p' = abscissa do ponto coordenado da trajetória de Cambridge (kPa), em termos de tensão efetiva;
q = ordenada do ponto coordenado da trajetória de Cambridge (kPa);
σ_1 = tensão principal maior total (kPa);
σ_2 = tensão principal intermediária total (kPa);
σ_3 = tensão principal menor total (kPa);
σ'_1 = tensão principal maior efetiva (kPa);
σ'_2 = tensão principal intermediária efetiva (kPa);
σ'_3 = tensão principal menor efetiva (kPa).

No ensaio triaxial axissimétrico de carregamento axial, o mais comumente realizado, duas das tensões principais são iguais à tensão horizontal atuante no corpo de prova, sendo, portanto, p, p' e q calculados conforme as Eqs. 4.14, 4.15 e 4.16.

$$p = \frac{\sigma_1 + 2\sigma_3}{3} \quad \textbf{(4.14)}$$

$$p' = \frac{\sigma'_1 + 2\sigma'_3}{3} \quad \textbf{(4.15)}$$

$$q = \sigma_1 - \sigma_3 = \sigma'_1 - \sigma'_3 \quad \textbf{(4.16)}$$

As tensões principais atuantes em um elemento de solo e a representação gráfica da trajetória de tensões efetivas no espaço $p \times q$ para um ensaio de compressão triaxial axissimétrico são apresentadas na Fig. 4.5.

Ao analisar as tensões efetivas durante o cisalhamento, nota-se o mesmo formato da representação gráfica da TTE observada no espaço de MIT: solos que geram poropressão positiva durante o cisalhamento não drenado apresentam trajetórias efetivas curvadas à esquerda, e solos com poropressão negativa apresentam trajetórias efetivas curvadas à direita.

Esse sistema de plotagem da trajetória de tensões é especialmente interessante por considerar a componente principal intermediária de tensões ou deformações, tornando a análise mais fidedigna à realidade. A trajetória de Cambridge

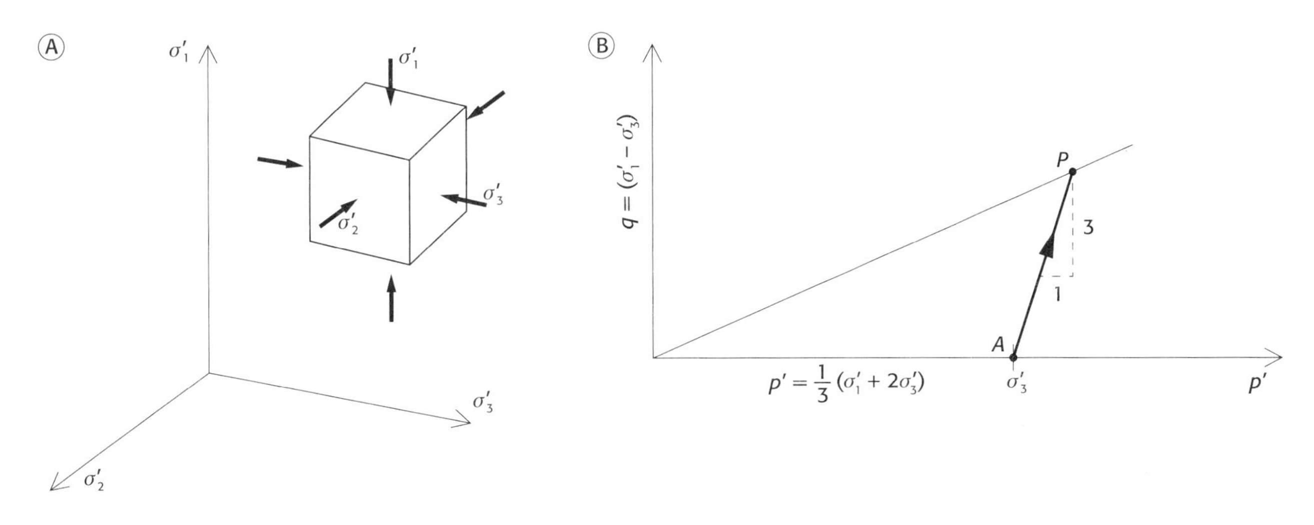

Fig. 4.5 *Trajetória de compressão axial no espaço p × q: (A) estado triaxial de tensões; (B) trajetória de tensões de inclinação 1:3 de um ensaio de compressão axissimétrico*

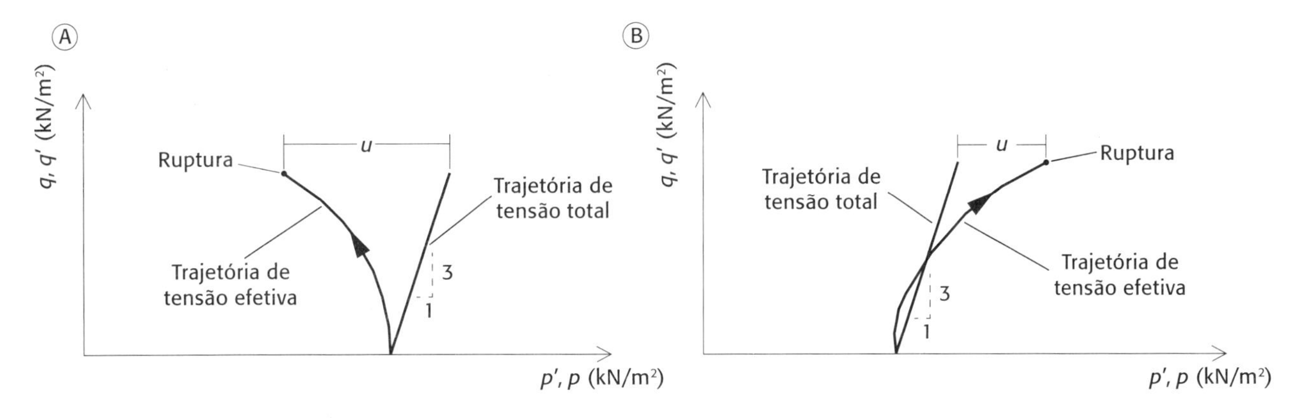

Fig. 4.6 *Formato típico de trajetórias de tensões efetivas de (A) argilas normalmente adensadas e areias fofas e (B) argilas sobreadensadas e areias densas em ensaios não drenados, no espaço de Cambridge*

é utilizada em diversos modelos constitutivos importantes em Mecânica dos Solos, como os modelos CamClay (Roscoe; Schofield; Wroth, 1958) e CamClay modificado (Roscoe; Burland, 1968), além de modelos dinâmicos, como o de Pastor, Zienkiewicz e Leung (1985). Uma abordagem mais consistente do uso das trajetórias de Cambridge com foco para a mecânica dos solos dos estados críticos é dada por Atkinson e Bransby (1978).

4.2 Modalidades de ensaios triaxiais

Como comentado, a versatilidade dos ensaios triaxiais permite representar diversas condições do solo *in situ*. No processo executivo, tais condições são simuladas a partir de diferentes possibilidades inseridas em três etapas principais: saturação, adensamento e cisalhamento. A Fig. 4.7 apresenta um fluxograma com as modalidades de ensaios triaxiais adensados relacionadas às etapas do processo executivo, bem como as siglas adotadas nesta publicação para a sua designação. Os ensaios não consolidados e não drenados (UU) contam apenas com a etapa de cisalhamento, e são abordados em detalhe na seção 4.6.1.

Na sequência, são sumarizadas as etapas de ensaio, que serão detalhadas na seção 4.5, com enfoque para as diferentes possibilidades da Fig. 4.7.

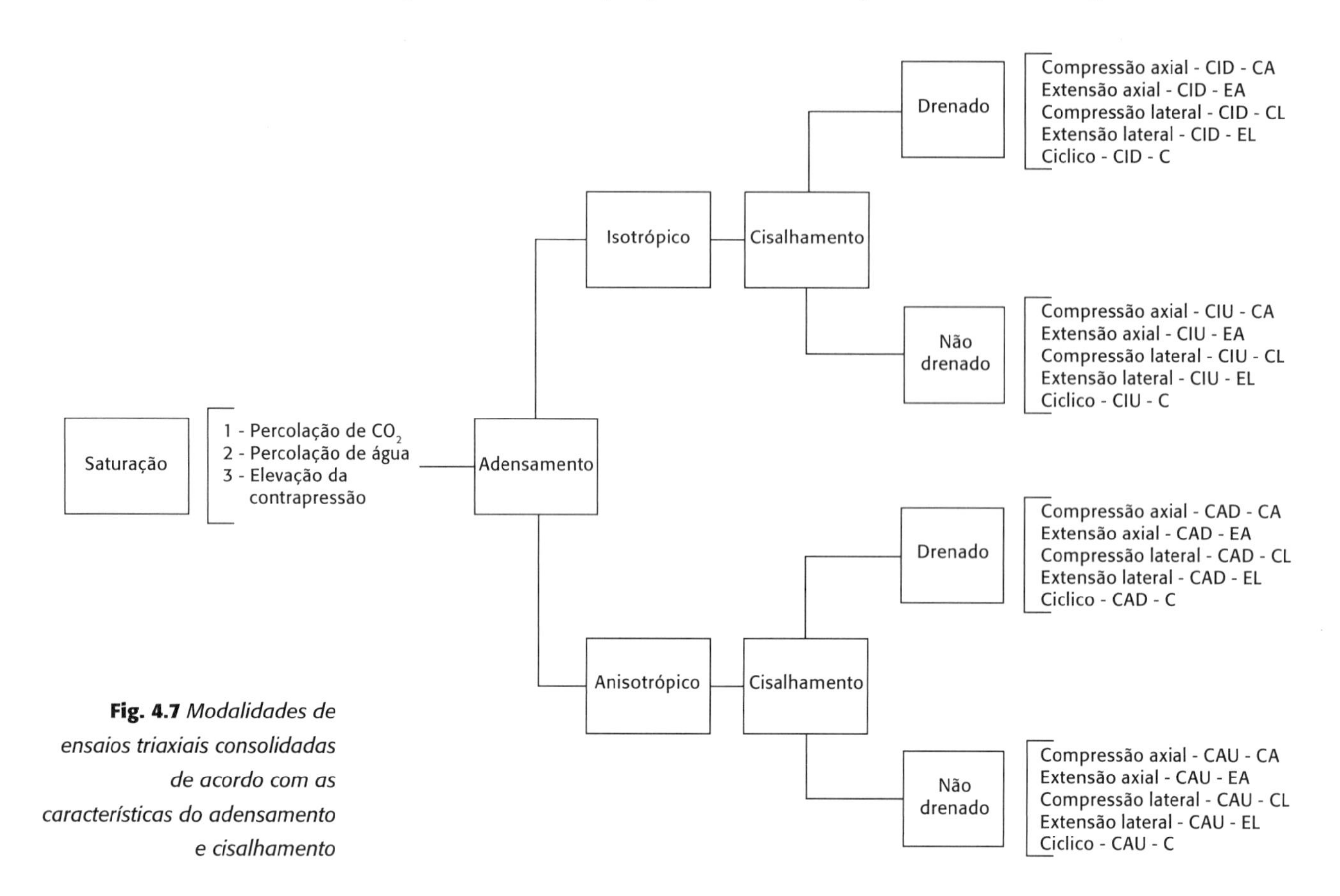

Fig. 4.7 *Modalidades de ensaios triaxiais consolidadas de acordo com as características do adensamento e cisalhamento*

- *Saturação*: etapa do ensaio que objetiva elevar o grau de saturação da amostra até que se atinjam valores satisfatoriamente próximos a 100%, garantindo a obtenção de parâmetros saturados sem interferência da pressão de ar ou da sucção. Três processos podem ser utilizados para elevar o grau de saturação da amostra:
  - *Percolação de dióxido de carbono (CO_2)*: realiza-se a percolação ascendente de CO_2 com o objetivo de substituir o ar existente nos vazios da amostra pelo CO_2, mais solúvel em água. O processo é útil para acelerar o processo de saturação.
  - *Percolação de água*: a percolação de água no sentido ascendente auxilia na retirada de ar do interior da amostra, sendo bastante útil em amostras com características arenosas. Deve-se atentar para a manutenção de uma tensão efetiva baixa na percolação.
  - *Saturação por contrapressão*: eleva-se a pressão no interior no corpo de prova (sempre mantendo uma tensão efetiva baixa) de modo a promover a dissolução do ar existente nos vazios em água. Pode ser realizada na forma de rampas ou ciclos de contrapressão.

- *Adensamento*: visa consolidar o corpo de prova (que, após a saturação, encontra-se em uma tensão efetiva próxima de zero) nas tensões estimadas de campo ou nos níveis desejados para a determinação da resistência do solo. A depender de cada projeto, o adensamento pode se realizar de modo hidrostático ou não hidrostático:
  - *Hidrostático (ou isotrópico)*: a tensão confinante efetiva atuante na amostra é elevada até o valor de interesse nas três direções, submetendo o corpo de prova a um estado de tensões hidrostático.
  - *Não hidrostático (ou anisotrópico)*: o corpo de prova é consolidado de forma que as tensões principais maior e menor sejam diferentes ao final do adensamento, respeitando uma determinada relação. Em geral, o corpo de prova é adensado hidrostaticamente na tensão efetiva horizontal e então lentamente carregado até atingir a tensão efetiva vertical (casos em que $K < 1,0$).
- *Cisalhamento*: consiste na ruptura do corpo de prova por meio de uma diferença nas tensões principais. Pode ser conduzido por carregamento ou descarregamento tanto na direção axial quanto na radial, além de carregamentos cíclicos. O cisalhamento também pode diferir de acordo com a drenagem:
  - *Drenado*: é permitida a saída de água (e a variação de volume) do corpo de prova no cisalhamento, sem haver excesso de poropressão nesse processo.
  - *Não drenado*: a drenagem é impedida, podendo ser medidas as poropressões desenvolvidas ao longo do cisalhamento com o uso de transdutores de pressão.

4.3 Normas

Os ensaios de compressão triaxial em amostras de solo saturadas e adensadas hidrostaticamente, realizados para a obtenção de parâmetros de resistência ao cisalhamento do solo em termos de tensão efetiva (*consolidated isotropic drained*, CID, e *consolidated isotropic undrained*, CIU), são preconizados pela norma técnica internacional BS 1377-8 (BS, 1990c). Já a norma BS 1377-7 (BS, 1990b) descreve os procedimentos para obter os parâmetros de resistência em termos de tensão total para amostras de solo não adensadas e não drenadas (*unconsolidated undrained*, UU).

A norma americana ASTM D 2850 (ASTM, 2015a) também discorre sobre o ensaio triaxial de compressão UU. A ASTM D 4767 (ASTM, 2020), por sua vez, trata de ensaios de compressão adensados não drenados (CIU). No entanto, os procedimentos preconizados pela British Standard, provenientes de Bishop e Henkel (1962), são os mais amplamente difundidos na prática. Recentemente, as normas ISO (International Organization of Standardization) vêm se difundindo na Mecânica dos Solos experimental por propor uma normatização única internacional. As normas ISO 17892-8 e ISO 17892-9 (ISO, 2018a, 2018b) tratam de ensaios UU e ensaios adensados em amostras saturadas, respectivamente.

Ressalta-se que ensaios para a obtenção de trajetórias de tensão que não a de compressão axial não são preconizados por normas técnicas. Além disso, ensaios com adensamento não hidrostático são abordados apenas na norma ISO 17892-9. No Brasil, não existe regulamentação nacional, por parte da ABNT, para nenhum desses ensaios.

4.4 Equipamentos, materiais e acessórios

O equipamento para o ensaio triaxial é composto por uma prensa e uma câmara triaxial para aplicação de carga e pressão sobre um corpo de prova cilíndrico, associadas a um sistema de medida de forças, pressões, deslocamentos e volumes.

Os equipamentos empregados em ensaios triaxiais são considerados de alta complexidade, pois exigem completo conhecimento dos mecanismos envolvidos durante o ensaio. Diversas variações do sistema de aplicação de carga (motor de passos ou servomotor) e controle dela (por deformação ou tensão), aplicação de pressão (hidráulica ou pneumática), processamento de dados (manual ou automatizado), condição de saturação, entre outros, são encontradas em laboratórios de pesquisas e de prestação de serviços, a depender da disponibilidade de materiais para automação, ou não, do ensaio. Entretanto, a concepção não difere muito da proposta por Bishop e Henkel na década de 1960.

Nesta seção, são apresentados os elementos gerais necessários para a realização de ensaios triaxiais convencionais (não adensados ou adensados hidrostaticamente) e ensaios com adensamento não hidrostático (sob a linha K_0, por exemplo), e para a determinação do K_0 em laboratório. A Fig. 4.8 apresenta um diagrama esquemático dos equipamentos empregados em um sistema para ensaio triaxial convencional.

4.4.1 Aplicação e medida de pressão e volume

As pressões a serem aplicadas no corpo de prova durante um ensaio triaxial são, basicamente, a contrapressão e a tensão confinante. A contrapressão é a pressão atuante no interior do corpo de prova, induzida por um mecanismo de aplicação de pressão. Já a tensão confinante é a pressão hidrostática à qual a água que preenche a câmara triaxial é submetida para confinar o corpo de prova nas tensões requeridas de ensaio.

A água sob pressão a ser injetada no interior do corpo de prova ou na câmara triaxial pode provir, isoladamente, de macacos hidráulicos, com funcionamento eletromecânico, em um sistema análogo ao de um êmbolo. São necessários, portanto, ao menos dois equipamentos para aplicação das pressões. Nos casos em que se deseja aplicar contrapressão (ou, de outro ponto de vista, aumentar o número de faces drenantes) na base e no topo do corpo de prova para diminuir o tempo de percolação/adensamento, é requerido mais um dispositivo de aplicação de pressão.

Além de aplicar mecanicamente a pressão na água que será inserida no interior do corpo de prova (contrapressão) ou na câmara (tensão confinante), os

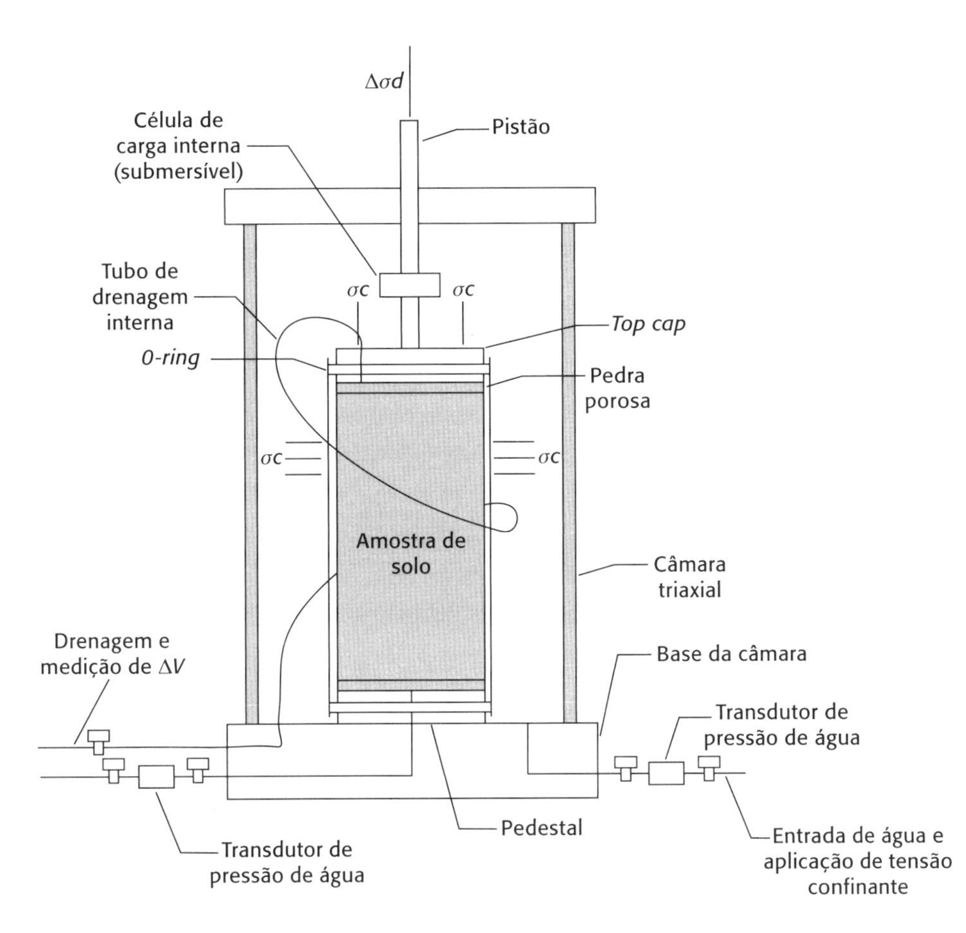

Fig. 4.8 *Equipamentos componentes de um sistema para ensaios triaxiais convencionais de compressão e extensão*

macacos hidráulicos (Fig. 4.9) realizam leituras digitais instantâneas dos valores de pressão e também de volume de água percolado no corpo de prova na fase de saturação, do volume de água que sai dele na fase de adensamento e da variação volumétrica na etapa de cisalhamento drenado. Esses dados são transmitidos diretamente ao *software* do equipamento instalado no computador. Além disso, pode-se programar o valor da pressão e do volume a ser aplicado. Nos sistemas manuais, os valores de variação de volume são lidos nas buretas graduadas instaladas em um painel de controle, com sistema de abastecimento e descarte de água, sendo a drenagem do corpo de prova controlada, em geral, pela válvula de contrapressão no seu topo.

Fig. 4.9 *Atuadores hidráulicos controladores de pressão e* data logger *em um sistema automatizado de realização de ensaios triaxiais*

Outro sistema que pode ser utilizado para a aplicação de pressões na água contida no interior do corpo de prova e da câmara é o sistema de ar comprimido, cujo princípio de funcionamento é similar ao dos macacos hidráulicos, com a diferença de que o fluido que é diretamente pressurizado e tem a pressão controlada, usando compressores convencionais, é o ar. Para o funcionamento do sistema, o ar pressurizado interage com a água por meio de uma interface constituída por uma membrana de borracha, para transferir a pressão contida no ar para a água. Dessa forma, a água pressurizada induz o fluxo de água no corpo de prova ou aplica contrapressão e tensão confinante na câmara de ensaio. Nesse sistema, a leitura dos valores de pressão aplicada é realizada e transmitida da mesma maneira que nos macacos hidráulicos, sendo estes então denominados atuadores pneumáticos.

É comum instalar um manômetro no painel de controle associado ao sistema de aplicação de pressão (Fig. 4.10) para a conferência dos valores digitais de pressão lidos nos dispositivos automatizados. Os manômetros são dispositivos manuais altamente confiáveis, mas que também devem ser checados de tempos em tempos. Visualmente conferem-se os valores de contrapressão ou tensão confinante aplicados.

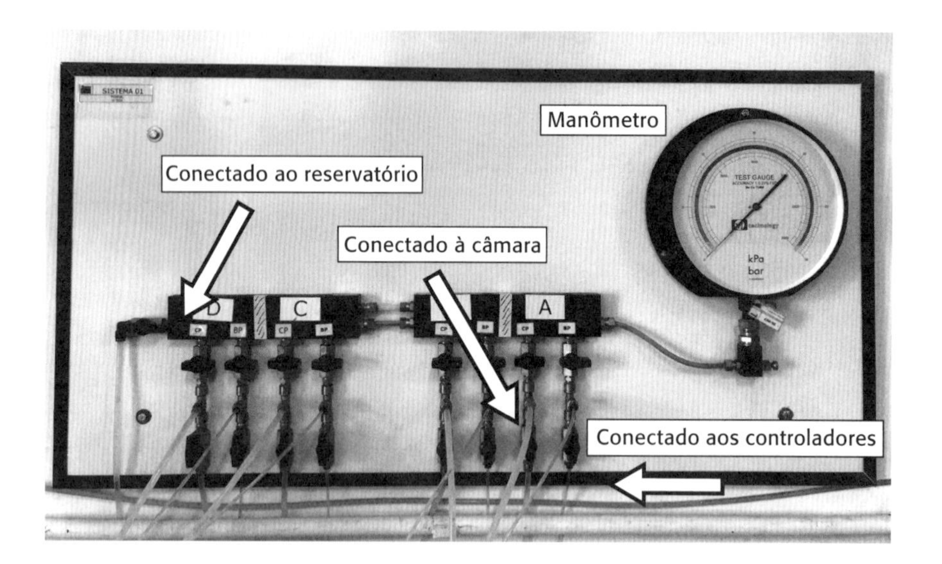

Fig. 4.10 *Manômetro e painel de controle de pressões*

Para medir o valor da pressão neutra nos poros do solo nas fases de saturação, adensamento e cisalhamento de ensaios triaxiais não drenados, utiliza-se um transdutor de poropressão instalado em uma das saídas da base da câmara triaxial e ligado à base do corpo de prova (Fig. 4.11). Os dados obtidos por esse equipamento são transmitidos a um *data logger* externo ou interno à prensa triaxial, quando o sistema é eletrônico, o qual, por sua vez, transmite-os ao computador. Nos sistemas manuais, essas leituras podem ser realizadas através dos manômetros por meio das mangueiras flexíveis (linhas de pressão) que conectam o topo do corpo de prova e o painel de medição de pressão. É possível também a realização de medida local de poropressão (geralmente no meio do corpo de prova) utilizando um transdutor de pressão no interior da câmara acoplado ao corpo de prova.

4.4.2 Aplicação e medida de força e deslocamento

Depois da fase de saturação e adensamento (nos ensaios em que são requeridas), a câmara triaxial é ajustada na prensa triaxial para a fase de cisalhamento do corpo de prova. A prensa triaxial convencional é o equipamento que, por meio de um sistema de ação e reação de carga, aplica o carregamento vertical de compressão ou tração no pistão que, por sua vez, transmite a carga ao topo do corpo de prova e gera a tensão desviadora na amostra ensaiada. A prensa também pode ser do tipo Bishop-Wesley para ensaios com trajetória de tensões controlada ou em que se almeja a determinação do valor de K_0.

Fig. 4.11 *Transdutor de poropressão ligado à base do corpo de prova*

Na prensa convencional, o carregamento axial é dado por meio da associação de um motor de passos, isto é, um motor de engrenagem eletromecânico instalado no interior do compartimento inferior da prensa, e de uma viga de reação de altura ajustável instalada na parte superior da prensa, compondo um pórtico, junto a dois elementos verticais de suporte, como mostrado na Fig. 4.12.

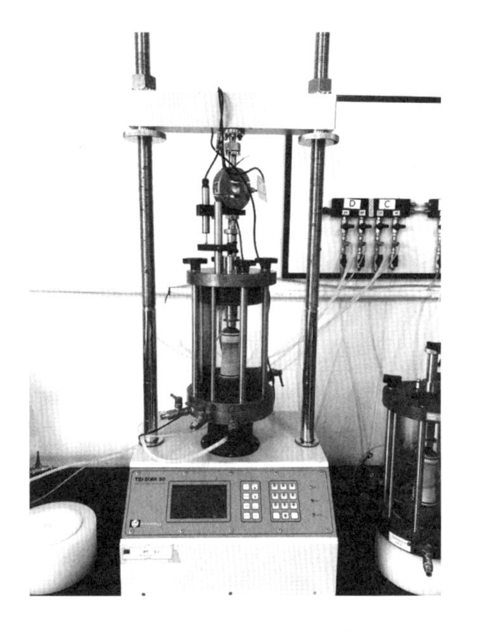

Fig. 4.12 *Prensa de ensaio triaxial convencional com célula de carga e LVDT para mensuração da deformação axial*

Durante o carregamento, o motor de passos movimenta a base da prensa para cima, forçando o pistão fixado na parte superior da câmara triaxial contra a viga de reação, o que gera esforço de compressão axial no corpo de prova. O movimento da base da prensa também pode ser para baixo, gerando extensão axial. Neste último caso, o suporte da câmara deve estar previamente elevado para que, na fase de cisalhamento, a base desça e o corpo de prova seja tracionado, por estar preso na sua parte superior pelo cabeçote de extensão (ou *top cap*) fixado ao prato superior e à célula de carga ou anel dinamométrico.

A prensa do tipo Bishop-Wesley (Bishop; Wesley, 1975) possui duas câmaras internas: a câmara convencional, para aplicação da tensão confinante, e a câmara para aplicação da pressão que promove a subida ou a descida do curso da prensa, localizada na base do equipamento (Fig. 4.13). Ou seja, em prensas do tipo Bishop-Wesley, três pressões são importantes durante um ensaio triaxial: a pressão de câmara, a contrapressão e a pressão da prensa, no geral denominada RAM. Essas pressões, como já mencionado, são mais comumente controladas por atuadores hidráulicos ou pneumáticos.

Nas prensas Bishop-Wesley, ambas as câmaras de pressão são isoladas por selos vedantes do tipo Bellofram, que garantem a diferença de pressão entre a câmara de ensaio e a câmara da RAM. Tal diferença é o que viabiliza o movimento do pistão localizado no corpo da prensa (Fig. 4.13). Para promover a subida da prensa para, por exemplo, a ruptura do corpo de prova por carregamento axial, a pressão na câmara RAM é elevada a um valor pelo menos superior ao da câmara de ensaio, propiciando o deslocamento do curso do Bellofram e a subida do pistão ligado ao pedestal do corpo de prova. Logo, este reage contra a célula de carga interna, tendo como consequência a aplicação de tensão desviadora. No caso de ensaios de extensão, a pressão na RAM é reduzida, promovendo a descida do curso da prensa.

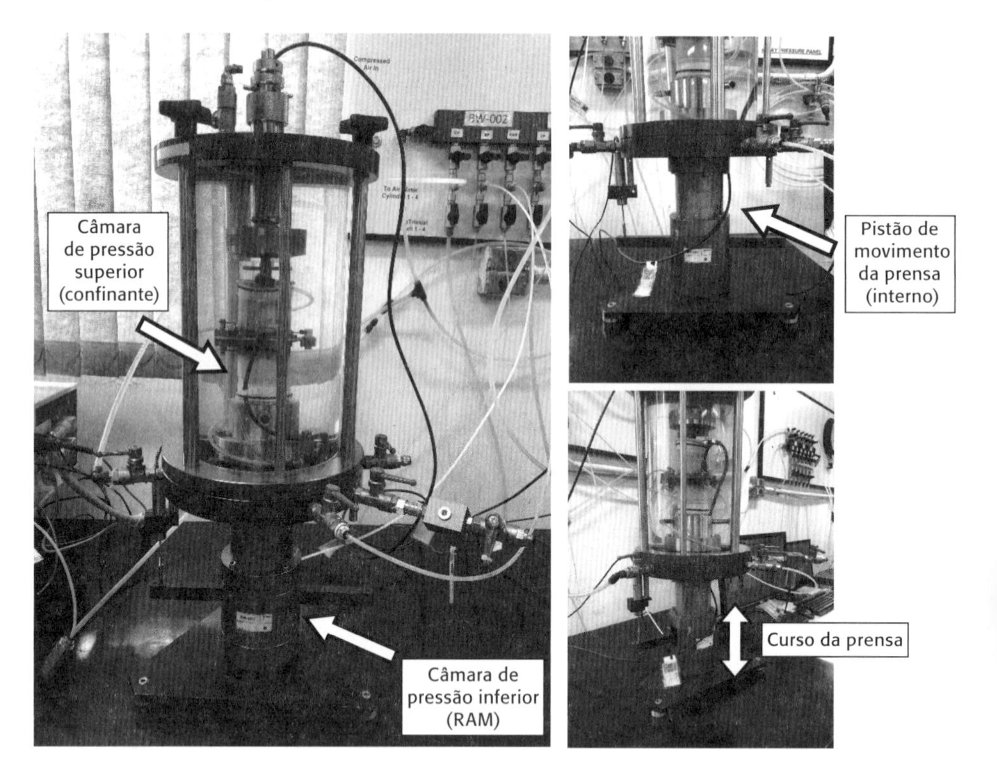

Fig. 4.13 *Prensa Bishop-Wesley para execução de ensaios com trajetória de tensões controlada, conforme idealizado por Bishop e Wesley (1975)*

A célula de carga (dispositivo automático) ou o anel dinamométrico (dispositivo manual) utilizado para medida dos valores de carga axial aplicados no corpo de prova é fixado na viga de reação, sendo externo à célula triaxial. No entanto, a célula de carga pode ser interna à câmara, fornecendo valores mais fidedignos ao que efetivamente é aplicado no cabeçote superior do corpo de prova, uma vez que o atrito entre o pistão e a câmara pode interferir nos valores de carga lidos nos dispositivos quando estes se encontram externos à câmara, especialmente quando não são tomados cuidados, como a lubrificação do pistão. Todavia, esses dispositivos são mais suscetíveis a danos decorrentes do constante contato com a água, e por isso são menos usuais.

A aquisição dos dados de força pode ser manual, por meio do anel dinamométrico, ou automatizada, por meio do seu armazenamento em *data logger* e posterior transmissão a programas computacionais (para casos em que se utilizam células de carga).

Os deslocamentos do corpo de prova durante o ensaio podem ser mensurados axial e/ou radialmente. No geral, utiliza-se um relógio comparador analógico (leitura manual) ou um transdutor de deslocamento linear (leitura automatizada), sendo o LVDT o mais comum, para aferição dos deslocamentos axiais. Ambos são dispositivos instalados externamente à câmara e cujos dados são armazenados em um *data logger* e transmitidos a um computador ou adquiridos manualmente. Já os transdutores de deslocamento locais axiais ou radiais (Fig. 4.14) são acoplados internamente no trecho médio do corpo de prova para mensuração direta dos deslocamentos, fornecendo medidas mais precisas em relação aos medidores externos. Os transdutores internos de deslocamento axial apresentados na Fig. 4.14 são dois elementos posicionados diametralmente opostos, podendo também ser utilizados para aferição da inclinação do corpo de prova.

4.4.3 Câmara triaxial e acessórios

A câmara triaxial é a câmara de confinamento onde a amostra é alocada e ensaiada. É preenchida por água que, quando sob pressão, aplica a tensão confinante sobre o corpo de prova em todas as direções, inclusive a vertical. Através do pistão acoplado a seu prato superior, a câmara também permite a aplicação da tensão desviadora axialmente ao corpo de prova no caso de ensaios de compressão por carregamento axial.

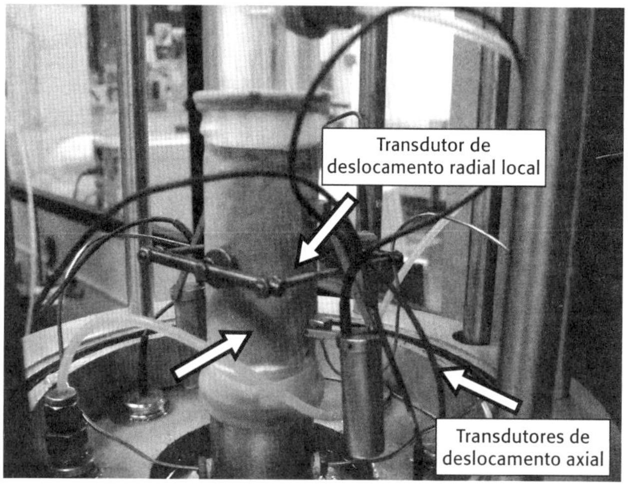

A câmara triaxial é composta pelo corpo, por um prato superior e uma base. O corpo é cilíndrico e fabricado a partir de um material suficientemente resistente à pressão interna de trabalho (geralmente acrílico), que pode ser reforçado com fitas colantes apropriadas ou cintas metálicas ao longo de seu diâmetro. Quanto maiores a pressão interna requerida para a realização do ensaio e o diâmetro do corpo de prova, maior o diâmetro necessário para a câmara.

Fig. 4.14 *Transdutor de deslocamento radial local e transdutores de deslocamento axial (um par, estando cada elemento diametralmente oposto ao outro) posicionados no interior da câmara*

A base da câmara, normalmente metálica, contém o pedestal que apoia o corpo de prova e toda a interface que permite a conexão entre os sistemas de enchimento e esvaziamento de água, aplicação de contrapressão e tensão confinante, medida de poropressão e drenagem do corpo de prova por meio de válvulas e conexões em mangueiras flexíveis. Usualmente, nessa base existem os seguintes elementos (ver Fig. 4.15):

1. Válvula A e mangueira flexível A para percolação de água ou outro fluido no interior do corpo de prova. Essa válvula permite a entrada do fluido no interior da amostra de maneira ascendente, pelo primeiro orifício do pedestal, na base do corpo de prova, com saída pela conexão B no topo da amostra.
2. Válvula B e mangueira flexível B para aplicação da contrapressão através do cabeçote do corpo de prova no topo da amostra. Essa conexão

e válvula geralmente são utilizadas para drenagem da amostra nos momentos requeridos.

3. Válvula C para instalação do transdutor de poropressão, ou outro dispositivo de mensuração de pressão neutra, conectado ao segundo pequeno orifício do pedestal, na base do corpo de prova. Ou seja, orifícios A e C estão conectados na base do corpo de prova.
4. Válvula D para enchimento, pressurização e esvaziamento de água da câmara (aplicação da tensão confinante).

Na configuração apresentada, apenas a aplicação de contrapressão é realizada pelo topo do corpo de prova; é recomendado que a leitura da poropressão sempre se dê pela base. Vale ressaltar que é necessária a existência de um orifício no topo da câmara triaxial, no prato superior, que, quando aberto, permita a saída de ar e, consequentemente, a entrada de água. Se essa abertura estiver fechada no momento de enchimento de água, a vedação produzida pelos anéis elastoméricos (*O-ring* ilustrado na Fig. 4.8) na base da câmara não permitirá a entrada do líquido.

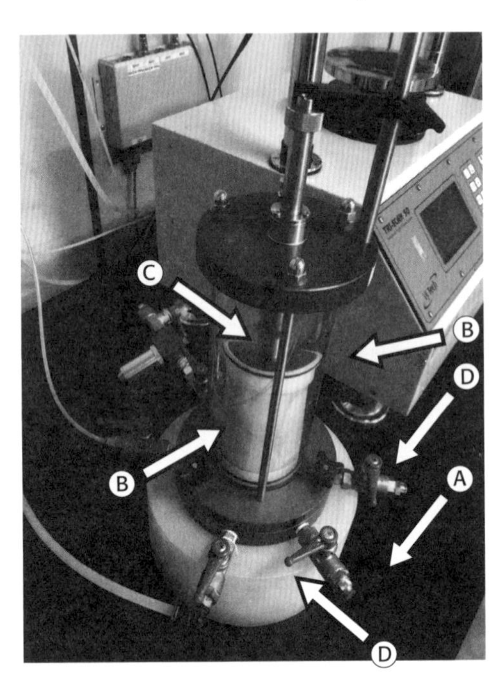

Fig. 4.15 *Válvulas e conexões usuais da câmara triaxial*

Os materiais e acessórios básicos requeridos para a preparação do corpo de prova são: um molde cilíndrico com o mesmo diâmetro do corpo de prova para a moldagem dele; uma membrana de látex para impermeabilização total do comprimento da amostra; anéis elastoméricos para vedação da membrana (*O-rings*); equipamentos auxiliares para passagem da membrana e dos anéis elastoméricos; dois papéis-filtro e duas pedras porosas posicionadas no topo e na base do corpo de prova para permitir plena drenagem do solo; e um cabeçote (*top cap*), metálico ou de acrílico, de mesmo diâmetro que o corpo de prova, para distribuir uniformemente a carga do pistão à amostra ensaiada. Para uma melhor distribuição de cargas, o pistão deve ter, no mínimo, 1/6 do diâmetro do corpo de prova. Adicionalmente, podem ser utilizados drenos laterais, fabricados com papel-filtro, para acelerar a drenagem do corpo de prova.

4.5 Processo executivo

Como abordado no início deste capítulo, o ensaio triaxial é constituído por três etapas: a saturação, o adensamento e o cisalhamento. As etapas de saturação e adensamento podem ser suprimidas se o ensaio for executado em amostras saturadas naturalmente (amostras marinhas, por exemplo) e na condição de tensão efetiva média de campo, como no ensaio *unconsolidated undrained* (UU). Esse tipo de ensaio é aplicável a solos argilosos, saturados e com baixa consistência.

4.5.1 Preparação de amostras e obtenção de corpos de prova

Os ensaios triaxiais podem ser conduzidos em amostras indeformadas, remoldadas ou compactadas. Em geral, mantém-se a relação 2:1 entre a altura e o diâmetro, de modo a tornar válidas as hipóteses do ensaio (condições de extremidade). É usual, no laboratório, adotar diâmetros de 38 mm ou 50 mm, partindo-se para diâmetros de 70 mm ou mais apenas nos casos em que a granulometria do material impeça a obtenção de corpos de prova menores.

As medidas do corpo de prova devem ser verificadas com paquímetro de exatidão de 0,01 mm. Massa, volume e teor de umidade também devem ser mensurados.

As envoltórias triaxiais podem ser obtidas com no mínimo três corpos de prova diferentes (convencional) ou com um único corpo de prova. Neste último caso, realiza-se o primeiro adensamento, com a menor tensão efetiva, e procede-se ao cisalhamento com um nível de deformação baixo (por exemplo, 7%). Segue-se um novo adensamento, com uma tensão efetiva maior, depois outro cisalhamento e, na sequência, um terceiro adensamento e cisalhamento. A execução de envoltórias com um único corpo de prova é realizada quando há muita dificuldade em recolher amostras e/ou quando o solo é muito heterogêneo.

4.5.2 Preparação da prensa e atividades preliminares

Primeiro, todos os canais de circulação de água da câmara devem ser saturados por percolação de água desaerada, garantindo que o sistema esteja livre de bolhas de ar. Essencialmente, deve-se percolar os canais de leitura de poropressão, percolação de água e aplicação das pressões. Na base da câmara, no local onde o corpo de prova será posicionado, deve ser mantida uma pequena película de água para impedir a entrada de ar nos canais. Deve-se atentar, ainda, para a preparação de todos os instrumentos de medição. No caso da utilização de atuadores hidráulicos para medição de volume e pressão, recomenda-se a manutenção periódica para evitar a presença de ar no interior dos êmbolos.

A integridade da membrana de borracha deve ser atestada visualmente e por meio de teste de estanqueidade. Também é recomendada uma cuidadosa inspeção de toda a câmara antes do início dos ensaios, a fim de garantir que não haja vazamentos, e caso algum vazamento seja detectado, deve ser imediatamente reparado. Os testes devem ser realizados nas mangueiras utilizadas para aplicação das pressões e na mangueira flexível que conecta o *top cap* à base da câmara. Para garantir a vedação, os anéis elastoméricos da câmara devem ser sempre limpos antes do início da montagem.

Finalmente, concluídas as inspeções, coloca-se o papel-filtro e a pedra porosa, ambos saturados, na base da câmara (sobre a película de água) e prepara-se a transferência do corpo de prova.

4.5.3 Montagem do corpo de prova

Preparada a câmara, a membrana de látex é posicionada em torno do corpo de prova com o uso de um passador de membranas. Na sequência, o corpo de prova é transferido para o pedestal da câmara, sobre o papel-filtro e a pedra porosa. A membrana é então presa por anéis de vedação (*O-rings*), podendo utilizar alguns equipamentos auxiliares no processo.

Alternativamente, o corpo de prova pode ser transferido para a câmara triaxial e, depois, ser envolto pela membrana. Coloca-se a pedra porosa e o papel-filtro no topo do corpo de prova e, cuidadosamente, assenta-se o cabeçote (*top cap*). Em seguida, a membrana deve ser posicionada, de modo a envolver o cabeçote, e presa com anéis de vedação.

Com o corpo de prova devidamente posicionado e a sua verticalidade garantida (Fig. 4.16), a câmara triaxial é posicionada, fechada (atentando-se para a sua vedação), enchida com água, e o ensaio é iniciado. No processo de fechamento, prestar atenção para não danificar o corpo de prova com o pistão, o qual deve ser colocado em contato com o *top cap*.

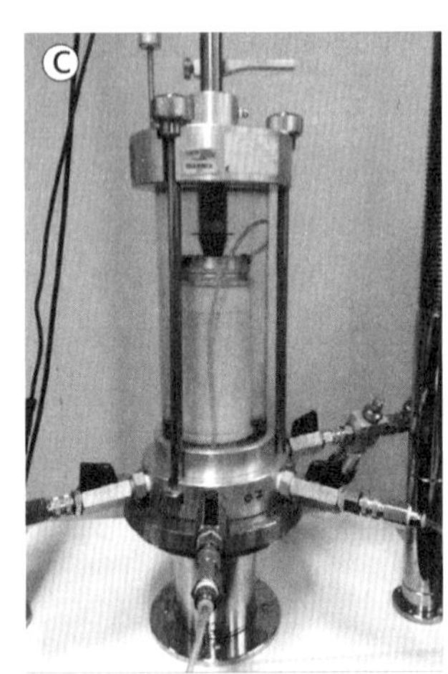

Fig. 4.16 *(A) Corpo de prova moldado; (B) corpo de prova envolto pela membrana de látex e disposição do cabeçote; e (C) corpo de prova na câmara triaxial selada e preenchida com água*

4.5.4 Saturação

Na prática laboratorial, foram desenvolvidos alguns métodos para atingir a saturação de amostras de solo. A saturação é importante, no âmbito da mecânica dos solos saturados, para evitar a interferência da sucção e garantir a validade das condições de cisalhamento a volume constante, que não podem ser assumidas válidas se a amostra não estiver completamente saturada. Como já mencionado, é comum a utilização de três métodos distintos, detalhados na sequência:

- percolação de CO_2;
- percolação de água;
- saturação por incremento de contrapressão.

Percolação de CO_2

O dióxido de carbono é múltiplas vezes mais solúvel em água que o ar, e é composto majoritariamente por oxigênio gasoso. Por essa razão, um dos métodos para redução do tempo e das pressões necessárias para garantir a saturação da amostra é percolar CO_2 pelo corpo de prova antes da percolação de água.

Para realizar a percolação, processo que dura entre uma e duas horas, é necessário que a amostra seja confinada por uma tensão baixa, em torno de 20 kPa. Na sequência, utilizando um medidor de pressão com precisão mínima de 1 kPa, o dióxido de carbono é percolado da base para o topo (Fig. 4.17) com uma pressão máxima de 10 kPa, garantindo uma tensão efetiva baixa na amostra, mas suficiente para não provocar a ruptura do corpo de prova. Falhas no processo de controle da pressão do CO_2 podem levar o corpo de prova à ruptura hidráulica. Em geral, a pressão de entrada de dióxido de carbono é controlada a partir de um gradiente hidráulico fixo e reduzido, à semelhança do aplicado no processo de percolação de água.

No canal de saída de ar, pode ser posicionada uma mangueira conectada a um recipiente com água, de modo a monitorar a frequência de saída de bolhas de ar do interior da amostra. Uma taxa de cinco bolhas de ar por segundo é considerada suficiente.

Em geral, o processo de percolação de CO_2 é bastante útil para acelerar a saturação de amostras arenosas, reduzindo a magnitude da contrapressão necessária para garanti-la e, muitas vezes, permitindo que as pressões sejam controladas em uma faixa de trabalho segura. Em solos com maior porcentagem de finos, a influência da substituição do ar no interior dos vazios pode não fornecer benefícios no processo de saturação.

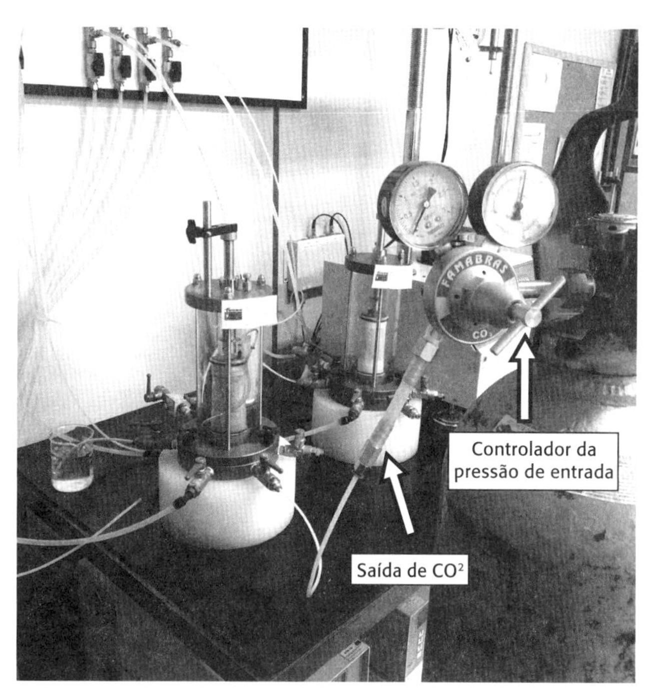

Fig. 4.17 *Percolação de CO_2 em amostras de rejeito de mineração arenoso*

Percolação de água

O processo tradicional de saturação de amostras de solo em ensaios triaxiais é composto por uma etapa de percolação ascendente (da base para o topo) de água pelo corpo de prova, que permite a expulsão de bolhas de ar presentes nos vazios. Obviamente, a percolação não garante a completa saturação, e é complementada com a elevação da contrapressão na amostra. Em geral, caso a percolação de água seja precedida pela percolação de CO_2, mais leve e solúvel, pode-se obter graus de saturação inicial mais elevados.

Inicialmente, o corpo de prova deve ser confinado em tensão baixa. Em seguida, uma contrapressão é aplicada na sua base, de forma a criar um gradiente hidráulico com o topo, o qual permanece em contato com a atmosfera. Com a diferença de pressão nas extremidades do corpo de prova, ocorre fluxo de água. A diferença entre a tensão confinante (pressão de câmara) e a poropressão média (Eq. 4.17) – ou seja, a tensão efetiva (Eq. 4.18) à qual a amostra está submetida durante a percolação – não deve ser maior que a tensão efetiva desejada no ensaio ou 20 kPa, o que for menor, e também não deve ser inferior a 5 kPa, para evitar ruptura por forças de percolação. Normalmente, tensões efetivas de 10 kPa são adequadas para a maioria dos solos.

$$\bar{u} = \frac{p_1 + p_2}{2} \quad \textbf{(4.17)}$$

$$\overline{\sigma}' = \sigma - \bar{u} \quad \textbf{(4.18)}$$

em que:
$\bar{u}$ = poropressão média no corpo de prova (kPa);
p_1 = contrapressão aplicada na base do corpo de prova (kPa);
p_2 = contrapressão aplicada no topo do corpo de prova (kPa);
$\overline{\sigma}'$ = tensão efetiva média no corpo de prova (kPa);
σ = tensão total (kPa), igual à pressão confinante.

Em geral, as pressões escolhidas para a percolação, recomendadas anteriormente, são determinadas a partir da fixação de um gradiente hidráulico localizado no intervalo entre 1 e 10. O cálculo, portanto, das pressões p_1 e p_2, caso sejam utilizados dois sistemas de contrapressão, pode ser feito pela Eq. 4.19.

$$i = \left(\frac{p_1 - p_2 / \gamma_w}{H_0} \right) \quad \textbf{(4.19)}$$

em que:
i = gradiente hidráulico (m/m);
γ_w = peso específico da água (kN/m³);
H_0 = altura inicial do corpo de prova (m).

É usual e recomendado percolar um volume de água equivalente a três vezes o volume de vazios do corpo de prova.

Saturação por incremento da contrapressão

Após a percolação de água, inicia-se o processo de elevação da contrapressão, ou seja, da pressão aplicada no interior do corpo de prova, para dissolver possíveis bolhas de ar existentes nos vazios do solo ou nas mangueiras da câmara. Basicamente, com o incremento de contrapressão (comumente aplicada no topo do corpo de prova) ocorre um afluxo de água para o interior do solo, preenchendo os vazios ou promovendo a dissolução do ar em água.

O aumento da contrapressão é sempre realizado mantendo-se uma tensão efetiva baixa. Isso significa que a pressão confinante (ou de câmara) também é incrementada em uma taxa definida, de modo que a diferença entre a tensão confinante e a contrapressão seja constante.

Inicia-se o processo com o corpo de prova devidamente posicionado e montado na câmara triaxial preenchida com água desareada. Aplica-se, em um primeiro momento, uma tensão confinante (total) ao corpo de prova, mantendo-se a válvula de drenagem fechada. Aguarda-se a estabilização da medida da poropressão e, posteriormente, anota-se a suposta tensão efetiva do corpo de prova. Nessa etapa, é possível calcular o parâmetro B inicial do solo ensaiado, o que permite inferir o grau de saturação inicial do corpo de prova. Em geral, a partir desse ponto, pode-se prosseguir de acordo com duas metodologias diferentes:

a) Saturação por ciclos de contrapressão

Aplica-se um incremento de contrapressão na amostra com valor inferior ao da tensão confinante a que o solo está submetido, a fim de manter a tensão efetiva positiva e baixa (de 10 kPa a 20 kPa para a maioria dos solos; essa tensão efetiva inicial deve ser inferior à tensão efetiva média de campo). Aguarda-se a estabilização da entrada de água no interior da amostra e a elevação da poropressão no corpo de prova. A entrada de água ocorrerá enquanto a poropressão lida for igual à contrapressão aplicada.

Em seguida, faz-se um novo incremento de tensão confinante não drenado (ou seja, fechando a válvula da contrapressão) e observa-se o aumento da poropressão. Geralmente, valores de incremento de tensão confinante entre 10 kPa e 100 kPa fornecem bons resultados.

Após a estabilização do valor da pressão neutra lida, calcula-se o parâmetro B do solo com a Eq. 4.4. Caso esse parâmetro resulte superior a 0,97 (a referência pode variar conforme a Tab. 4.1), considera-se o corpo de prova saturado; do contrário, aplica-se um novo incremento de contrapressão, permitindo a entrada de água no interior do corpo de prova, seguida por mais um incremento de tensão confinante não drenado, até que o parâmetro B calculado seja muito próximo de 1,00.

b) Saturação por rampas de contrapressão

Essa metodologia é utilizada em equipamentos em que é possível controlar a taxa de aplicação da contrapressão, mantendo-se a tensão efetiva do corpo de prova constante (de 10 kPa a 20 kPa). Assim, a amostra é continuamente submetida a valores crescentes de contrapressão e pressão de câmara até o valor estipulado (que é, em geral, desconhecido). Para valores de contrapressão usuais para a garantia da saturação, recomenda-se consultar Head (1998).

Finalizado o tempo de saturação, faz-se o teste do parâmetro B para verificação do grau de saturação da amostra, podendo ser considerado aceitável um valor de B igual a 0,97 (a referência pode variar conforme a Tab. 4.1). Caso essa condição não se verifique, é necessário incrementar novamente a contrapressão aplicada até atingir valores muito próximos de 1,00.

Conforme já abordado, a tensão efetiva aplicada no processo de saturação deve ser a menor possível para evitar deformações no corpo de prova em ensaio, impedindo um adensamento precoce da amostra ainda na etapa de saturação.

No caso de tensões de adensamento inferiores a 20 kPa, a norma ISO 17892-9 recomenda que a tensão efetiva durante a saturação não supere 5 kPa.

No que se refere ao parâmetro *B* aceitável para a garantia da saturação, considera-se o solo saturado quando for atingido um valor de 0,97. Algumas bibliografias ainda indicam que valores de 0,95 também são satisfatórios. Para alguns solos muito rijos (como argilas fortemente sobreadensadas e alguns solos residuais), é impossível chegar a valores próximos à unidade, consequência direta da própria definição do parâmetro *B* pela Eq. 4.3. Nesses casos, podem ser aceitos valores de *B* conforme a Tab. 4.1.

Recomenda-se especial atenção ao cálculo do parâmetro *B* a cada incremento de contrapressão. Caso existam dúvidas sobre a saturação do corpo de prova – como, por exemplo, um parâmetro *B* extremamente elevado após consecutivos valores baixos –, aconselha-se considerar o solo saturado apenas após a repetição de pelo menos mais um valor elevado. De modo geral, é recomendado testar a repetitividade de parâmetros *B* iguais ou superiores a 0,97. Ressalta-se que não existem valores para o parâmetro *B* superiores à unidade.

Tab. 4.1 Valores do parâmetro *B* próximos à saturação total

Tipo de solo	Grau de saturação (%)		
	100	99,5	99,0
Mole	0,9998	0,992	0,986
Médio	0,9988	0,963	0,930
Rijo	0,9877	0,690	0,510
Muito rijo	0,9130	0,200	0,100

Fonte: Head (1998).

Após a saturação, a pressão de câmara e a contrapressão nunca podem ser reduzidas, pois desempenham um papel importante na compressão e dissolução das bolhas de ar na água nos vazios do solo. Assim, atingido o critério de saturação, pode-se dar início à etapa de adensamento da amostra.

4.5.5 Adensamento

A tensão efetiva a que a amostra é submetida no final da saturação é, usualmente, muito menor que a tensão efetiva requerida no cisalhamento da amostra. Os valores de tensão efetiva são definidos em função da finalidade do ensaio e dos objetivos do projeto. Em geral, o ensaio é realizado com ao menos três tensões efetivas diferentes: a tensão vertical efetiva em campo, a metade e o dobro dela. Em outras situações, os ensaios podem ser realizados em tensões bem superiores à tensão de campo, em uma razão de três, por exemplo. A fase de adensamento permite submeter o corpo de prova à tensão efetiva desejada.

O adensamento pode ser realizado de modo hidrostático ou não hidrostático. Na literatura em língua inglesa, utiliza-se o termo *isotropic* para referenciar o adensamento realizado em condições hidrostáticas, embora a isotropia seja uma característica do material e não do carregamento em si. Por essa razão, nesta publicação são utilizados os termos hidrostático e não hidrostático para as etapas de *isotropic consolidation* e *anisotropic consolidation*, respectivamente.

O ensaio com adensamento hidrostático é aquele onde as tensões de confinamento nas diferentes direções e sentidos são iguais e é o mais comumente utilizado em laboratório. Já no ensaio com adensamento não hidrostático, a tensão de confinamento horizontal é diferente da vertical; esse ensaio é geralmente utilizado quando se deseja conhecer os parâmetros geomecânicos do solo sob o estado geostático de tensões (K_0). Essa condição é particularmente útil ao considerar que a consolidação no estado geostático simula mais fielmente a evolução, incluindo o pré-adensamento, de depósitos naturais.

Adensamento hidrostático

Normalmente, a tensão efetiva é aplicada ao corpo de prova por um incremento da tensão confinante até determinado valor σ_3, mantendo-se a contrapressão igual ou superior à última poropressão medida ao final do processo de saturação (u_f). O valor de pressão de câmara, a contrapressão a aplicar, é obtido pela Eq. 4.20. É comum que a contrapressão aplicada assuma o valor de u_f.

$$\sigma_3 = \sigma'_3 + u_f \quad \textbf{(4.20)}$$

em que:

σ_3 = tensão confinante (ou pressão de câmara) a ser aplicada (kPa);

σ'_3 = tensão confinante efetiva desejada para o cisalhamento da amostra (kPa);

u_f = última poropressão medida no final da saturação ou valor superior a este (kPa), podendo ser arredondado para cima dentro dos limites do equipamento utilizado; é igual à contrapressão aplicada ao corpo de prova durante o adensamento.

Caso a pressão de câmara (σ_3) requerida no cisalhamento seja maior que a tensão máxima do equipamento ($\sigma_{3,máx}$), será necessário, além de incrementar a tensão confinante, reduzir a contrapressão. Nesse caso, a contrapressão deve ser definida por um valor u_b, como apresentado na Eq. 4.21, e a tensão de confinamento aplicada é $\sigma_{3,máx}$. É inevitável que u_b seja menor que u_f; também é usual definir u_b como um múltiplo de 100 kPa, de maneira que a pressão na câmara seja um pouco menor que $\sigma_{3,máx}$.

$$u_b = \sigma_{3,máx} - \sigma'_3 \quad \textbf{(4.21)}$$

Reduzir a contrapressão a que a amostra está submetida nunca é recomendado, especialmente a valores inferiores à última poropressão lida na saturação. Esse processo só deve ser utilizado em regime de exceção, devendo-se tomar os devidos cuidados para que não se torne necessário. A normatização de ensaios triaxiais preconiza que a contrapressão não deve ser reduzida a valores menores que aquele atingido pela poropressão no final da saturação ou menores que 300 kPa, independentemente do valor atingido na saturação. Já para amostras compactadas com teor de ar inicial elevado, a contrapressão não deve ser menor que 400 kPa. Esses valores mínimos são estabelecidos para evitar a presença de bolhas de ar no interior das amostras.

Se a tensão confinante estabelecida para o ensaio for muito elevada, pode ser necessário adensar a amostra em dois estágios de incrementos de tensão e dissipação de excesso de poropressão, especialmente se forem utilizados drenos laterais.

Para iniciar o processo de adensamento, a válvula referente à aplicação da contrapressão (linha de drenagem) deve permanecer fechada. Ajusta-se, então, a pressão de câmara (σ_3) e a contrapressão (u_b), e a diferença entre elas é a tensão efetiva de ensaio (σ'_3). Após a elevação da tensão confinante atuante sobre a amostra, o solo é submetido a um aumento de poropressão – doravante denominado excesso – em um valor muito próximo ao da tensão efetiva de ensaio, caso o solo se encontre saturado. A diferença entre a poropressão estabilizada e a contrapressão aplicada é o excesso de poropressão que será dissipado no processo de adensamento. O adensamento prosseguirá até que pelo menos 95% da poropressão sejam dissipados e que a variação de volume do corpo de prova se estabilize. Deve-se aguardar a estabilização do aumento da poropressão, podendo calcular novamente o parâmetro B, conforme apresentado na Eq. 4.4. Se necessário, pode-se plotar as leituras de poropressão no tempo para estabelecer quando o equilíbrio será alcançado. Geralmente, é requerido um intervalo da ordem de 30 minutos para a estabilização da leitura da poropressão.

Em seguida, o temporizador é zerado, a poropressão inicial (u_i) e o indicador de variação de volume são registrados como zero, e então procede-se à abertura da válvula de contrapressão ao mesmo tempo que se inicia o temporizador.

A poropressão e a variação de volume são gravados em intervalos de tempo adequados. Sugere-se aplicar a Eq. 4.22, na qual t é o tempo transcorrido, em minutos, e N é o número da leitura (0, 1, 2, 3, 4,...).

$$t = 0{,}25\ N^2 \quad \textbf{(4.22)}$$

Ao longo do ensaio, é possível plotar um gráfico de variação de volume pela raiz quadrada do tempo (Fig. 4.18) e outro de dissipação da poropressão (%) pelo logaritmo do tempo (Fig. 4.19). A dissipação da poropressão pode ser calculada por meio da Eq. 4.23, em que u é a poropressão observada em determinado tempo.

$$U = \frac{u_i - u}{u_i - u_b} 100 \quad \textbf{(4.23)}$$

em que:
U = grau de adensamento (%);
u_i = poropressão no início do adensamento (kPa);
u_b = contrapressão aplicada (kPa);
u = poropressão lida no instante desejado (kPa).

A etapa de adensamento hidrostático pode ser finalizada quando a dissipação da poropressão alcançar 95% do total, ou seja, com o adensamento primário finalizado, e quando a variação de volume estiver estabilizada, o que pode ser caracterizado visualmente. A norma ISO 17892-9 preconiza que a variação de volume pode ser considerada estabilizada quando for inferior a 0,1% do volume do corpo de prova por hora ou 0,1 cm³ por hora, o que for maior. Os conceitos e procedimentos para a determinação da dissipação de poropressão e do tempo necessário até a finalização do adensamento primário foram vistos no Cap. 2.

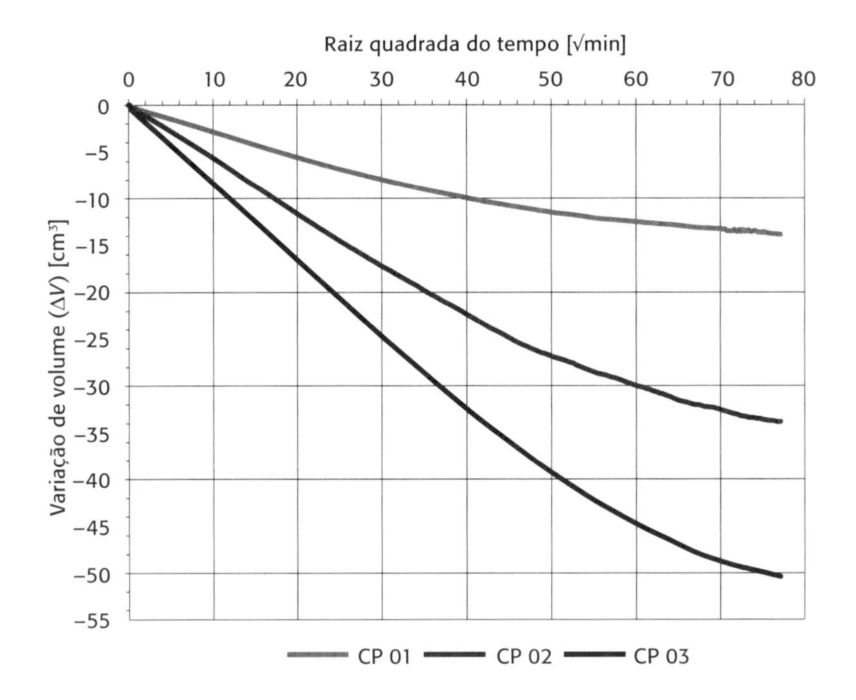

Fig. 4.18 *Gráfico da variação do volume* versus *raiz quadrada do tempo: representação de Taylor*

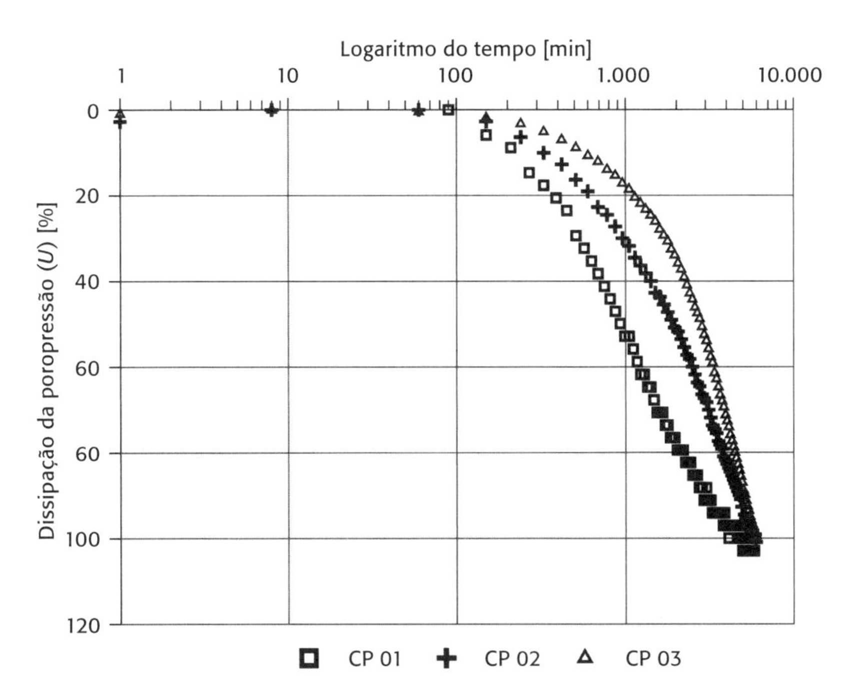

Fig. 4.19 *Gráfico da dissipação de poropressão* versus *logaritmo do tempo: representação de Casagrande*

Por fim, registram-se as leituras de poropressão final na base do corpo de prova (u_{ci}) e de variação do volume total (ΔV_{ci}) do corpo de prova, fechando-se a válvula da contrapressão. A leitura da poropressão nesse estágio deve ser próxima ao valor da contrapressão aplicada. Finalizado o adensamento hidrostático, pode-se prosseguir ao cisalhamento ou à etapa de adensamento não hidrostático.

Adensamento não hidrostático

Nessa modalidade de adensamento, a tensão vertical efetiva é diferente da tensão horizontal efetiva. De modo geral, a relação entre essas duas tensões ao final da etapa de adensamento é dada pelo coeficiente de empuxo (Eq. 4.6); um caso particular bastante comum é a utilização do coeficiente de empuxo no repouso (K_0) estimado para o solo em análise, visando a fidelidade com o processo de deposição e consolidação de um solo em campo.

Atualmente, a normatização ISO 17892-9 aborda a etapa de adensamento anisotrópica em ensaios triaxiais, propondo três metodologias possíveis para a sua condução:

- *Método 1*: o corpo de prova é inicialmente adensado de forma hidrostática em uma tensão efetiva igual a uma das tensões requeridas para o ensaio (em geral a horizontal). Após o fim da consolidação primária hidrostática, uma tensão desviadora é aplicada ao corpo de prova, ajustando-se ou a tensão vertical ou a tensão horizontal até que o par de tensões exigido seja atingido. Esse carregamento deve ser conduzido em uma condição 100% drenada, com medida de deformação volumétrica e axial, podendo ser realizado em etapas para evitar excessos de poropressão. No geral, a amostra é carregada em taxas baixas, da ordem de 1 kPa por hora. As tensões a que o solo está submetido não podem ser reduzidas em nenhum momento ao longo do ensaio.
- *Método 2*: as tensões confinantes horizontal e vertical são contínua e simultaneamente incrementadas, de modo drenado, até um estado de tensões predefinido e anisotrópico, sendo medidas as deformações volumétricas e axiais a que o solo é submetido.
- *Método 3*: as tensões horizontal e vertical aplicadas são controladas por um comportamento do corpo de prova (uma variável de retorno), por exemplo, mantendo-se o diâmetro dele constante. A deformação axial do corpo de prova é medida por transdutores de deslocamento.

Na prática laboratorial, os equipamentos convencionais existentes condicionam que a grande maioria dos ensaios segundo trajetórias anisotrópicas seja realizada conforme o primeiro método. Ensaios especiais, para a determinação experimental de K_0 em laboratório, por exemplo, aplicam o terceiro método, como será abordado posteriormente. O segundo método, mais complexo operacionalmente em termos de equipamentos, é pouco utilizado.

A relação entre a tensão horizontal e a vertical, como mencionado, geralmente obedece a relação K_0. O coeficiente de empuxo no repouso pode ser estimado, por exemplo, através da Eq. 4.24 para solos normalmente adensados e pela Eq. 4.25 para solos sobreadensados, sendo ϕ' e OCR aferidos por meio de ensaios triaxiais CIU e de adensamento edométrico (Cap. 2), respectivamente. De forma alternativa, o valor de K_0 pode ser determinado por ensaios triaxiais com deformação radial nula, conforme o método 3, ou estimado a partir de ensaios de campo.

$$K_0 = 1 - \operatorname{sen}\phi' \tag{4.24}$$

$$K_0 = (1 - \operatorname{sen}\phi')\left(OCR^{\operatorname{sen}\phi'}\right) \tag{4.25}$$

O adensamento não hidrostático é considerado finalizado quando a variação de volume for inferior a 0,10% do volume do corpo de prova por hora ou a 0,10 cm^3 por hora, o que for maior. Além disso, ao menos 95% do excesso de poropressão medido precisam ter se dissipado. Caso esses critérios não possam ser atingidos por razões diversas, estas devem ser registradas, e sua interferência avaliada na etapa de cisalhamento. Reforça-se a necessidade de medida da deformação axial (ε_a%) durante o adensamento anisotrópico, nos mesmos intervalos de leitura da variação de volume, para posterior cálculo da área do corpo de prova.

4.5.6 Cisalhamento

Finalizado o adensamento do corpo de prova, realiza-se a sua ruptura. Como já explicado, a ruptura pode ser induzida, em um ensaio triaxial, de diferentes maneiras: por aumento da tensão desviadora vertical (compressão axial), redução da tensão desviadora vertical (extensão axial), aumento da tensão confinante horizontal (compressão lateral) ou redução da tensão confinante horizontal (extensão lateral). Em qualquer possibilidade, as tensões cisalhantes se manifestam no corpo de prova pela diferença entre as tensões principais maior e menor. Essa diferença permite o surgimento de tensões e deformações cisalhantes que mobilizam a resistência do solo.

Além do modo de ruptura, a condição de drenagem é um fator determinante nessa etapa do ensaio. A ruptura em ensaios triaxiais pode acontecer de maneira drenada (com a permissão da saída de água durante a aplicação da tensão desviadora) ou não drenada (com o volume do corpo de prova mantido constante). Basicamente, os ensaios drenados simulam uma condição de carregamento lento, e os ensaios não drenados um carregamento rápido no qual não há tempo para dissipação do excesso de poropressão gerado.

Os ensaios drenados permitem a obtenção dos parâmetros efetivos do solo diretamente; já nos ensaios não drenados, encontram-se os parâmetros totais e efetivos pela medida da poropressão desenvolvida no solo. A variável de maior influência nessa etapa é a velocidade de aplicação da carga. Em ensaios drenados, essa velocidade deve ser suficientemente baixa para que não ocorram excessos de poropressão durante o cisalhamento. Isso significa que a velocidade de ruptura deve ser menor que a velocidade de saída da água dos vazios. Dessa necessidade provém a obtenção da velocidade do ensaio a partir de parâmetros de permeabilidade e compressibilidade do solo. Em ensaios não drenados, a velocidade deve ser suficientemente baixa para permitir a equalização da leitura da poropressão lida na base do corpo de prova, convencionalmente, e/ou no meio do corpo de prova, alternativamente. Como os valores de poropressão são essenciais para a interpretação desses ensaios, a coleta de dados não pode ser perturbada por inconsistência nas leituras. Percebe-se, dessa forma, que tanto ensaios drenados quanto não drenados devem ter a velocidade controlada, por razões diferentes.

Na sequência, abordam-se a determinação da velocidade de cisalhamento e os procedimentos gerais de ensaio nessa etapa, especificamente em relação ao modo de ruptura e às condições de drenagem. Diversas combinações podem ser obtidas a partir das possibilidades apresentadas.

Cálculo da velocidade de cisalhamento

A velocidade de cisalhamento do ensaio triaxial, em condições de deformação constante, pode ser calculada a partir do adensamento hidrostático, de maneira semelhante ao procedimento descrito para o ensaio de cisalhamento direto (Cap. 3). Para tanto, é utilizada a curva de variação de volume da amostra pela raiz quadrada do tempo ou logaritmo do tempo. Ensaios com carregamento constante (por exemplo, 2 kPa por hora) também são possíveis, embora pouco usuais.

É necessário, em primeiro lugar, determinar o tempo correspondente ao fim do adensamento primário (t_{100}), em minutos, tema que foi abordado no Cap. 2. Na curva da raiz do tempo, t_{100} é estipulado pela intersecção do prolongamento do trecho retilíneo da curva com a assíntota do trecho final, conforme a Fig. 4.20; e na curva do logaritmo do tempo, t_{100} é estipulado pela intersecção entre a tangente ao ponto de inflexão da curva e assíntota do trecho final.

O próximo passo é o cálculo do tempo necessário à ruptura da amostra (t_r), com as equações da Tab. 4.2.

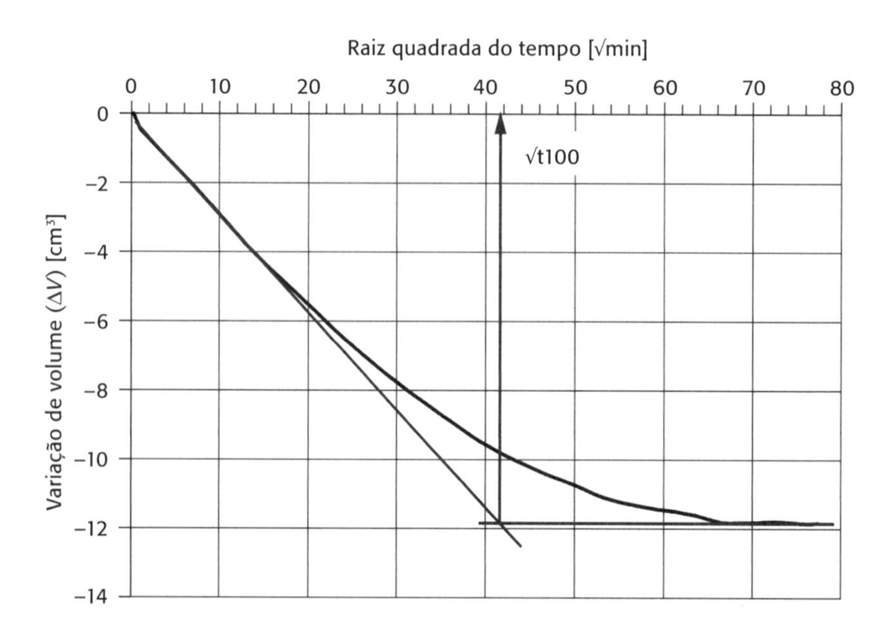

Fig. 4.20 *Determinação de* t_{100} *no gráfico de adensamento: representação de Taylor*

Determinado o tempo de ruptura, a velocidade do ensaio é calculada pela Eq. 4.26, enquanto a altura do corpo de prova após o adensamento, em milímetros, é calculada pela Eq. 4.27.

$$v = \frac{\varepsilon_r H_a}{t_r} \quad \textbf{(4.26)}$$

$$H_a = H_i\left(1 - \frac{1}{3}\varepsilon_v\right) \quad \textbf{(4.27)}$$

Tab. 4.2 Tempo necessário para ruptura da amostra, em minutos

Tipo de ensaio	Uso de drenos laterais	Sem uso de drenos laterais
Não drenado	1,8 t_{100}	0,53 t_{100}
Drenado	14 t_{100}	8,5 t_{100}

Fonte: adaptado de Head (1998).

em que:
v = velocidade de ensaio (mm/min);
ε_r = deformação específica da amostra na ruptura, em número decimal;
t_r = tempo de ruptura (min);
H_a = altura do corpo de prova após o adensamento (mm);
ε_v = deformação volumétrica específica após o adensamento (%), obtida pela razão entre a variação de volume acumulado e o volume inicial do corpo de prova;
H_i = altura inicial do corpo de prova (mm).

A estimativa da deformação específica na ruptura depende da experiência do(a) engenheiro(a) ou técnico(a), mas alguns valores são sugeridos na Tab. 4.3, a depender do tipo de solo. Em caso de dúvida, deve-se escolher sempre a maior deformação.

Tab. 4.3 Valores sugeridos de deformação específica na ruptura

Tipo de solo	Valores típicos de deformação específica na ruptura (ε_r), em %	
	Ensaio não drenado	Ensaio drenado
Argila indeformada	–	–
Argila normalmente adensada	15 a 20	15 a 20
Argila pré-adensada	20	4 a 15
Argila remoldada	20 a 30	20 a 25
Solos frágeis	1 a 5	1 a 5
Areia siltosa compactada	8 a 15	10 a 15
Areia saturada	–	–
Areia densa	25	5 a 7
Areia fofa	12 a 18	15 a 20

Procedimentos gerais

Independentemente da condição de aplicação de carregamento ou drenagem, alguns procedimentos podem ser generalizados para qualquer tipo de cisalhamento. Nesta seção, serão pontuados os passos para a adequada realização do cisalhamento de corpos de prova na câmara triaxial.

Finalizado o adensamento, seja ele hidrostático ou não, as tensões devem ser mantidas até o início da ruptura. Na sequência, deve-se:

- Encostar suavemente o pistão no topo do corpo de prova.
- Posicionar o instrumento leitor de deslocamento vertical e ajustá-lo de modo a garantir curso para efetuar as leituras durante o cisalhamento.
- Registrar as leituras iniciais de força axial, deslocamento vertical, tensão confinante, contrapressão e poropressão.
- Iniciar a aplicação da carga, conforme os processos descritos na próxima seção, por meio da programação da atuação da prensa (movimentos para cima ou para baixo) e dos sistemas controladores de pressão.

- Para ensaios drenados, manter as válvulas da contrapressão abertas, aplicando o mesmo valor de contrapressão da etapa de adensamento; para ensaios não drenados, fechar as válvulas da contrapressão, conforme procedimento descrito na seção "Condições de drenagem".
- Registrar, a cada 0,10% de deformação axial ou intervalo de 1 minuto, a força axial, a pressão de câmara, a contrapressão e a poropressão na amostra. Em ensaios drenados, espera-se que a poropressão mantenha-se constante durante todo o ensaio. Caso isso não se verifique, reduzir a velocidade de ensaio.
- Continuar o ensaio até a deformação específica axial atingir 20% ou outro valor desejado para caracterização da ruptura.
- Desligar a prensa e os sistemas controladores de pressão.
- Realizar ajuste fotográfico do corpo de prova após a ruptura.
- Fechar as linhas de drenagem (caso estejam abertas).
- Retornar a prensa à sua posição inicial.
- Descarregar o pistão, aliviar a pressão de câmara e esvaziá-la.
- Desmontar a câmara triaxial, removendo o corpo de prova da base o mais rápido possível e determinando seu teor de umidade final.

Para alguns materiais arenosos (especialmente rejeitos de mineração) que permitem a saída rápida de água do corpo de prova, alguns processos de congelamento podem ser aplicados para garantir a determinação acurada do teor de umidade final. Para mais detalhes, consultar Jefferies e Been (2016).

A norma internacional ISO 17892-9 recomenda que, nos casos em que a deformação específica na ruptura não seja especificada, o ensaio seja conduzido até a deformação axial de 15%, ou quando exceder a deformação para a tensão de pico em 5%, ou quando a tensão desviadora reduzir 20% do valor de pico, o que ocorrer primeiro.

Na sequência, são apresentados alguns procedimentos específicos para cada modo de aplicação de tensões cisalhantes em ensaios triaxiais. Além disso, são abordadas questões específicas sobre as condições de drenagem durante o cisalhamento. Ressalta-se que esses procedimentos de aplicação de carga são consideravelmente dependentes dos modelos de equipamentos utilizados. De qualquer maneira, os conceitos principais permanecem os mesmos.

Modo de carregamento

A versatilidade do ensaio triaxial o torna um dos mais difundidos no meio geotécnico. Diversos modos de carregamento – em outras palavras, de aplicação de carga – podem ser realizados, a depender da necessidade de projeto. Os ensaios de compressão axial são os mais largamente difundidos, mas outros modos podem ser particularmente interessantes em algumas situações.

a) Compressão axial (CA)

A ruptura por compressão axial é a mais comum em ensaios triaxiais, sendo subentendida na maioria das especificações. Nessa modalidade, após o término da etapa de adensamento, o pistão conectado ao instrumento medidor de força é cuidadosa e lentamente colocado em contato com o topo do corpo de prova, caso ainda não esteja. Realizado o ajuste do pistão, o instrumento leitor de deslocamento axial (interno, colocado durante a montagem do corpo de prova, ou externo) é posicionado e ajustado para uma faixa de leitura compatível com o nível de deformação desejado na ruptura (Tab. 4.3). Na sequência, a velocidade calculada na seção anterior é aplicada à prensa, que se moverá para cima, promovendo um aumento na tensão desviadora vertical (σ_d). A tensão efetiva de ensaio (tensão confinante, no caso de ensaios com adensamento hidrostático, ou tensão horizontal, para ensaios com adensamento não hidrostático) é mantida inalterada.

Durante o cisalhamento, são aferidos valores de poropressão, deslocamento vertical e variação da força vertical, além da tensão confinante total e da contrapressão. A depender da condição de drenagem, podem também ser medidas variações volumétricas no corpo de prova.

b) Extensão axial (EA)

Nessa modalidade, a ruptura ocorre por redução da tensão efetiva vertical, isto é, a tensão desviadora aplicada é negativa, provocando uma extensão no corpo de prova. Esse modo de carregamento pode ser útil, por exemplo, no estudo do arrancamento de estacas.

Após o adensamento, o pistão é ajustado ao cabeçote no topo do corpo de prova de modo a conseguir aplicar tensões no sentido da extensão; essa conexão varia de acordo com a configuração dos equipamentos utilizados. Na sequência, ajusta-se o leitor de deslocamento axial para que leia as deformações de extensão. Por fim, a prensa é programada para descer na velocidade calculada a partir da curva de adensamento hidrostático. Nesse processo, ocorre aplicação de uma tensão desviadora negativa, lida a partir da variação da força no instrumento adequado. A tensão efetiva de ensaio (tensão confinante, no caso de ensaios hidrostáticos, ou tensão horizontal, para os não hidrostáticos) é mantida inalterada.

Nos ensaios de extensão, deve-se atentar para o posicionamento do curso da prensa antes da colocação da câmara no pedestal. A direção de aplicação da deformação é de cima para baixo; desse modo, a prensa deve ser levantada até um nível compatível com a deformação desejada na ruptura (Tab. 4.3). As leituras durante o cisalhamento são as mesmas efetuadas no ensaio de compressão axial.

c) Compressão lateral (CL)

Finalizado o adensamento da amostra nas tensões efetivas desejadas, a tensão horizontal aplicada ao corpo de prova é incrementada na velocidade constante calculada anteriormente, por meio da elevação da pressão de câmara. Já a tensão vertical deve ser mantida constante (no valor final do adensamento) por atuação da prensa, com o pistão em contato com o topo do corpo de prova no sentido da extensão.

Durante a ruptura, é medida a poropressão desenvolvida no cisalhamento, o deslocamento vertical (podem ser utilizados leitores de deformação local), a variação da força vertical e da tensão confinante, além da contrapressão. A depender da condição de drenagem, podem também ser medidas variações volumétricas no corpo de prova.

d) Extensão lateral (EL)

No ensaio de extensão lateral, em oposição ao ensaio de compressão lateral, a tensão confinante é reduzida em uma taxa constante, gerando extensão na direção horizontal. Esse ensaio pode simular, por exemplo, o processo de descarregamento e desconfinamento provocado por uma escavação.

Finalizada a etapa de adensamento, ajusta-se o pistão no topo do corpo de prova e posiciona-se o leitor de deslocamento vertical (podem ser utilizados leitores locais). Na sequência, a tensão confinante horizontal (pressão de câmara) começa a ser reduzida, mantendo-se a tensão vertical constante (no valor final do adensamento) por atuação da prensa e aplicação de uma tensão desviadora no sentido da compressão. As leituras necessárias no cisalhamento são as mesmas do ensaio de compressão lateral.

Condições de drenagem

a) Ensaios drenados

A principal característica desses ensaios é a permissão de fluxo de água do/para o interior da amostra de solo durante a ruptura. A aplicação da tensão cisalhante é feita de forma tão lenta quanto for necessária para que a poropressão consiga se dissipar durante o cisalhamento (os excessos de poropressão são indetectáveis, havendo dissipação praticamente instantânea). Dessa forma, as tensões medidas serão as que efetivamente ocorrem devido ao contato entre os grãos do solo (σ'), visto que o excesso de poropressão será, na prática, nulo.

A velocidade de carregamento deve ser compatível com a capacidade de drenagem do corpo de prova. Por exemplo, caso a velocidade de carregamento seja alta em relação à capacidade de drenagem do corpo de prova, este apresentará um cenário de ruptura não drenada. A velocidade de drenagem da amostra de solo está essencialmente relacionada ao coeficiente de adensamento (c_v) do solo, o qual relaciona o coeficiente de permeabilidade (k) e o coeficiente de compressibilidade do esqueleto (a_v), na definição de Terzaghi apresentada no Cap. 2. Dessa forma, esse tipo de ensaio muitas vezes é bastante lento, podendo demorar vários dias para ser finalizado, devido à baixa velocidade de carregamento necessária em alguns tipos de solos.

O diferencial desse ensaio é a obtenção da variação volumétrica (ε_{vol}) ao longo da etapa de cisalhamento. Essa variação corresponde à saída ou entrada de água do corpo de prova, considerando que ele se apresenta saturado, conforme visto anteriormente. Portanto, também poderá ser calculada a variação do índice de vazios do solo ao longo do cisalhamento.

Os ensaios drenados não são usuais para amostras de solo argilosas, por causa do tempo necessário para a sua realização e das dificuldades na garantia da drenagem em campo. Em contrapartida, é o ensaio convencional que melhor simula o comportamento mecânico do solo submetido ao cisalhamento devido à mobilização das tensões efetivas.

b) Ensaios não drenados

Nessa modalidade de ensaio, todas as válvulas de escape para a água (em geral, a válvula por onde é aplicada a contrapressão) permanecem fechadas durante a aplicação da tensão de ruptura, ou seja, a poropressão gerada no cisalhamento permanece na estrutura do corpo de prova durante toda a etapa, e o volume da amostra não se modifica. Os ensaios não drenados podem ser realizados com ou sem a medida de poropressão, mas, atualmente, é usual que se meça a pressão na água em todos os ensaios executados, devido à difusão dos instrumentos. Nos ensaios adensados, a medida da poropressão é fundamental tanto para atestar o fim do adensamento primário quanto para obter parâmetros em termos de tensões efetivas no cisalhamento. Já nos ensaios não adensados, ela não é teoricamente necessária, mas pode ser uma informação relevante para a interpretação, sobretudo na verificação do parâmetro B com a aplicação da tensão confinante total de ensaio.

Nos ensaios não drenados, a velocidade de carregamento assume papel importante na equalização da poropressão ao longo do corpo de prova. Na grande maioria dos ensaios, a pressão neutra é lida na base e é assumida como o valor médio de todo o corpo de prova. Para que essa hipótese seja válida, o carregamento deve ser lento o suficiente para garantir que a poropressão seja praticamente constante em todo o corpo de prova, critério atendido pelos requisitos especificados nas seções anteriores. Para medidas mais precisas, podem ser utilizados transdutores de poropressão locais situados no trecho médio do corpo de prova (Fig. 4.11), possibilitando melhor controle da distribuição de poropressões ao longo da altura.

4.6 Ensaios triaxiais convencionais

Os tipos mais difundidos de ensaio triaxial são: não adensado e não drenado (UU), adensado hidrostaticamente e não drenado (CIU), e adensado hidrostaticamente e drenado (CID), todos eles com ruptura em compressão axial (CA). Nesta seção, são abordados aspectos específicos acerca da condução desses três ensaios.

4.6.1 Ensaio de compressão triaxial não adensado e não drenado (UU)

O ensaio triaxial não adensado e não drenado, mais conhecido como UU (*unconsolidated undrained*), em geral é utilizado para avaliar a resistência não drenada (S_u) em amostras que se encontram naturalmente na condição saturada. Dessa forma, não existe a fase de saturação da amostra, por ser desnecessária. A aplicação mais comum dessa modalidade de ensaios é quando se deseja conhecer a resistência do solo no estado em que ele se encontra em campo, por exemplo, na estabilidade de um aterro sobre solos moles, no qual uma eventual ruptura ocorreria sem qualquer drenagem. Aspectos relacionados à influência da amostragem na resistência obtida com ensaios UU podem ser encontrados em Lambe e Whitman (1969a), Skempton e Sowa (1963) e Sandroni (1977).

Os solos normalmente ensaiados na condição não consolidada e não drenada possuem baixa consistência e resistência, são em sua maioria solos argilosos, de baixíssima permeabilidade, em que a drenagem é difícil. Por essa razão, o cisalhamento é conduzido de modo não drenado.

Inicialmente, após a preparação da câmara e a montagem do corpo de prova conforme os procedimentos apresentados na seção 4.5.1, é aplicada uma tensão confinante inicial (pressão de câmara), aguardando-se a estabilização da poropressão desenvolvida. A partir dos valores registrados, calcula-se o parâmetro B da amostra, conforme a Eq. 4.4, para ter uma ideia do grau de saturação inicial do corpo de prova.

Na sequência, encosta-se cuidadosamente o pistão no cabeçote localizado no topo do corpo e inicia-se o cisalhamento, com a válvula de drenagem fechada. O carregamento deve ser aplicado de modo a manter uma velocidade específica constante, cujo valor deve estar compreendido entre 0,5 %/min e 2 %/min. São registrados, ao longo do ensaio, os valores de força axial, deslocamento e tempo a cada 0,10% de deformação axial – as leituras podem ser fixadas em intervalos de tempo adequados a cada tipo de solo. Recomenda-se que a velocidade de carregamento seja tal que o tempo de ruptura não exceda 15 minutos. Materiais mais moles, que normalmente apresentam maiores deformações na ruptura, devem ser ensaiados com maior velocidade de deformação. Em contrapartida, materiais mais rijos, cuja ruptura se manifesta em pequenas deformações, devem ser ensaiados com velocidade menor. A deformação de ruptura pode ser especificada para cada análise, sendo o valor de 20% usual para a maioria dos solos. Ao final do ensaio, faz-se o registro fotográfico do corpo de prova e determina-se o seu teor de umidade final. É possível também realizar uma leitura de poropressão ao longo do ensaio.

Como mencionado, na fase de cisalhamento, todas as válvulas de drenagem permanecem fechadas durante a aplicação da tensão de desvio (σ_d), ou seja, o teor de umidade permanece constante na estrutura do corpo de prova durante todo o ensaio. Então, por não ser necessário acompanhar a evolução da poropressão com a aplicação gradual da tensão de desvio, esse ensaio era conhecido como *ensaio rápido*.

É importante ressaltar que, ao utilizar o termo "não adensado", pretende-se esclarecer que o solo não sofreu nenhuma forma de adensamento a mais do que já havia ocorrido previamente ao ensaio, não sendo realizada a fase de adensamento do corpo de prova. Não se deve confundir esse termo com a ausência total de consolidação do solo, pois, se esse fosse o caso, sua resistência seria nula.

Em suma, o ensaio UU é caracterizado pela rapidez na execução e pela constância de umidade e volume no seu interior. Quando essas particularidades são expressas em um gráfico $\sigma \times \tau$, os círculos de Mohr obtidos pela ruptura de diversos ensaios, em tensões confinantes diferentes, possuem o mesmo diâmetro e, como consequência, a envoltória é uma reta horizontal (ângulo de atrito nulo), conforme apresentado na Fig. 4.21. Dessa forma, a resistência não drenada S_u – definida como a tensão cisalhante atuante no corpo de prova no momento da ruptura quando este é comprimido axialmente – pode ser determinada como a ordenada do ponto de máximo do círculo de Mohr, sendo igual à metade do acréscimo de tensão axial na ruptura.

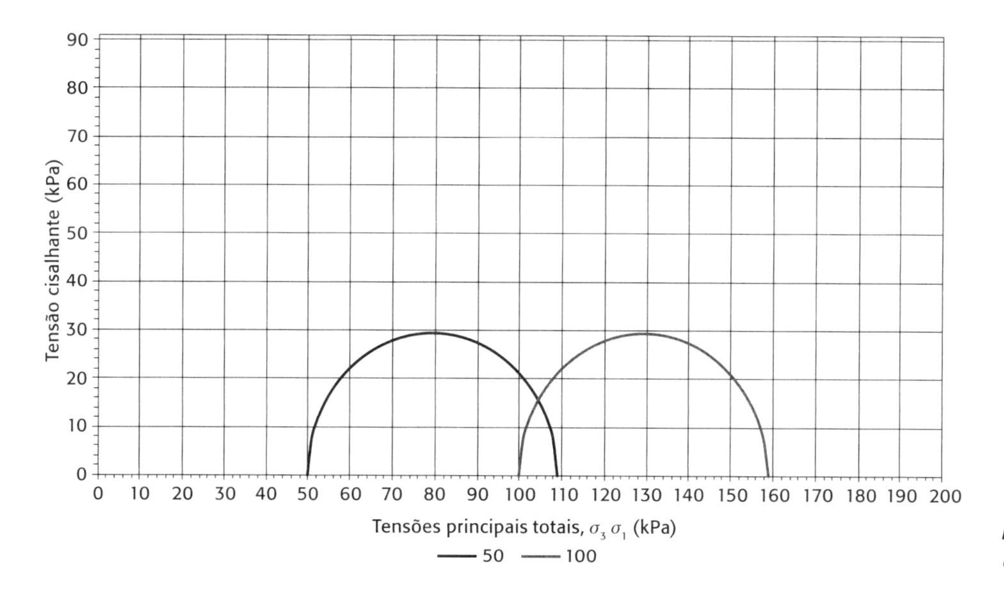

Fig. 4.21 *Círculos de Mohr para ensaios UU realizados em diferentes tensões confinantes*

4.6.2 Ensaio de compressão triaxial adensado hidrostaticamente e não drenado (CIU-CA)

No ensaio de compressão triaxial adensado e não drenado (*consolidated isotropic undrained*, CIU-CA), o corpo de prova é adensado de modo hidrostático, ou seja, após o período de dissipação do excesso de poropressão originado pelo confinamento, a tensão efetiva é a mesma em todas as direções. Na fase de cisalhamento, entretanto, a ruptura é realizada por aumento da tensão vertical sem permissão de drenagem, ou seja, com geração de poropressão, a qual é medida.

Para estimar a resistência e a compressibilidade em um dado ponto no subsolo, deve-se conhecer a tensão efetiva do solo naquela profundidade e, para tanto, deve-se conhecer a poropressão. Desse modo, o ensaio triaxial CIU permite a obtenção da resistência em condições não drenadas em função da tensão de adensamento, conforme normalização da resistência apresentada no trabalho clássico de Henkel (1956). Pela medida da variação de poropressão no cisalhamento, é possível definir a resistência em termos de tensão total e efetiva. Essa é a razão pela qual esse ensaio é largamente empregado: ele permite determinar a envoltória de resistência ao cisalhamento efetiva num prazo muito menor do que o ensaio CID, abordado na sequência.

O processo executivo se inicia com a preparação da amostra, a moldagem do corpo de prova e sua montagem na câmara triaxial, à semelhança dos procedimentos apresentados na seção 4.5.1. Na sequência, inicia-se a saturação da amostra pelos métodos da seção 4.5.4 até que o parâmetro *B* calculado indique a saturação adequada para o corpo de prova (consultar a Tab. 4.1). Depois, ajustam-se as pressões atuantes sobre o corpo de prova (pressão de câmara e contrapressão), com a válvula de drenagem fechada, de modo que sua diferença resulte na tensão efetiva desejada para o ensaio. Após a estabilização do aumento da poropressão lida na base, começa o adensamento isotrópico do corpo de prova, detalhadamente descrito na seção 4.5.5.

Finalizado o processo de adensamento, prepara-se a câmara para o início do cisalhamento. Os procedimentos gerais para ajuste do pistão e preparação dos instrumentos de medição são descritos na seção 4.5.6. Como se trata de um ensaio de compressão axial, a prensa é programada para subir em velocidade constante, aplicando uma força de compressão sobre o corpo de prova (ver seção 4.5.6). Essa força de compressão gera a tensão desviadora que conduz o solo à ruptura. Na fase de cisalhamento, os ensaios podem ser finalizados após uma deformação axial de aproximadamente 15% ou de acordo com outro critério desejado. As leituras de força axial, deslocamento vertical e poropressão em geral são realizadas por um sistema computacional de aquisição de dados (software aliado a um *datalogger*). No final, registra-se a ruptura por foto e determina-se o teor de umidade final do corpo de prova.

Os resultados são interpretados por meio do traçado dos círculos de Mohr na ruptura e das trajetórias de tensão total e efetiva, a partir dos quais são determinadas as envoltórias de ruptura e os parâmetros de resistência ao cisalhamento do solo, como intercepto coesivo (c e c') e ângulo de atrito interno (ϕ e ϕ'), por meio de ajuste matemático. Também são gerados os gráficos das curvas de tensão desvio *versus* deformação axial ($\sigma_d \times \varepsilon_a$) e variação da poropressão *versus* deformação axial ($\Delta u \times \varepsilon_a$) para cada ensaio realizado. Além disso, o parâmetro *A* de Skempton é monitorado ao longo do cisalhamento, sendo de especial interesse o seu valor na ruptura (A_f).

A Fig. 4.22 apresenta as curvas tensão-deformação obtidas no cisalhamento em um ensaio triaxial do tipo CIU-CA realizado em argila orgânica normalmente adensada, e a Fig. 4.23 mostra a variação da poropressão ao longo do cisalhamento. O ensaio foi conduzido em três corpos de prova com diâmetro de 50 mm, ensaiados na tensão efetiva de campo, em três vezes e em seis vezes a tensão efetiva de campo (51 kPa, 152 kPa e 303 kPa, respectivamente). Observa-se que as curvas tensão-deformação não apresentam pico de resistência e a geração de poropressão é sempre positiva, típico de argilas normalmente adensadas.

Na Fig. 4.24 são apresentadas as trajetórias de tensões totais e efetivas para os três ensaios. Já a Fig. 4.25 ilustra os círculos de Mohr traçados considerando a ruptura na tensão desviadora máxima que ocorreu sob as deformações axiais de 3,4%, 6,6% e 8,3% para cada um dos três ensaios. O ajuste da envoltória de resistência pelos círculos de Mohr resultou em um intercepto coesivo de 0 kPa e um ângulo de atrito interno de 32°, em parâmetros efetivos, típico de argilas normalmente adensadas.

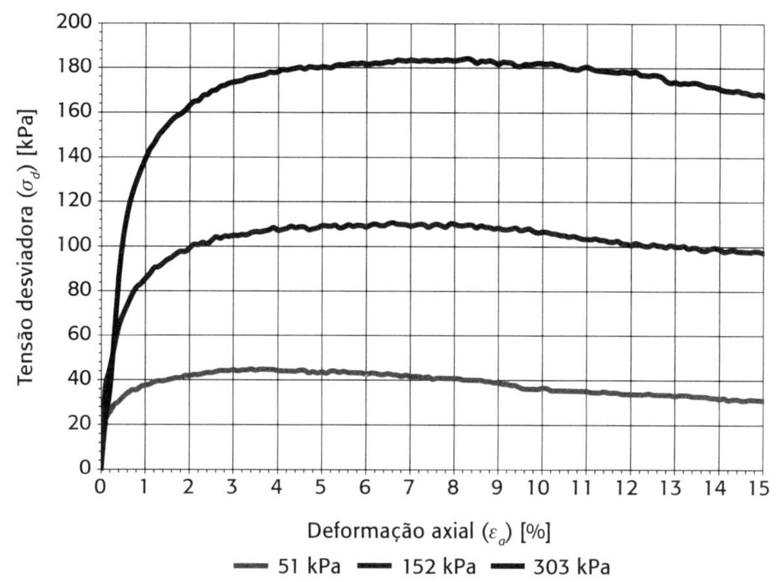

Fig. 4.22 *Curvas tensão--deformação em ensaio CIU-CA executado em argila normalmente adensada*

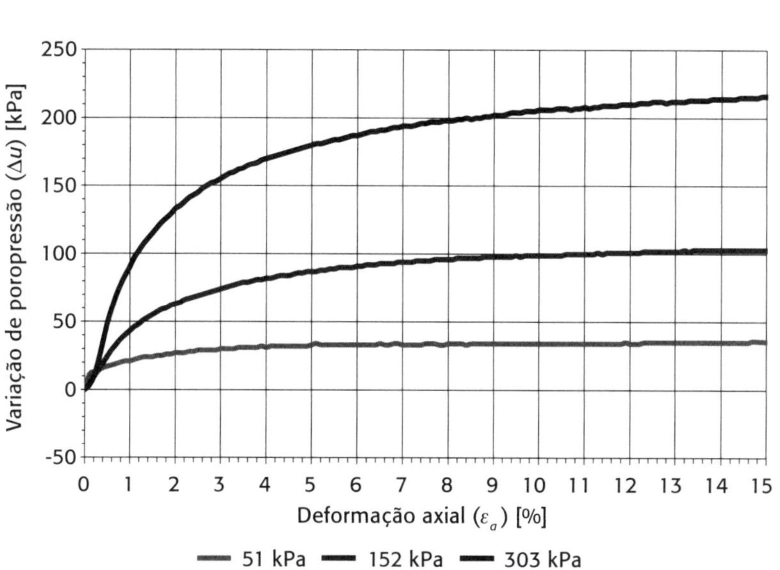

Fig. 4.23 *Curvas de variação de poropressão com a deformação axial em ensaio CIU-CA executado em argila normalmente adensada*

Resultados de ensaios triaxiais do tipo CIU-CA realizados em um solo da Formação Guabirotuba (PR), uma argila bastante sobreadensada (OCR em torno de 60 na profundidade de 3 m), são apresentados nas Figs. 4.26 a 4.29. Foram quatro corpos de prova com diâmetro de 70 mm ensaiados nas tensões efetivas de 60 kPa, 244 kPa, 687 kPa e 992 kPa. A Fig. 4.26 apresenta as curvas tensão-

-deformação, enquanto a Fig. 4.27 mostra a variação de poropressão durante os ensaios. Observa-se que os picos das curvas tensão desviadora *versus* deformação axial mostraram-se relacionados com o nível de tensão efetiva. Além disso, a ausência de pico nas tensões efetivas mais baixas é acompanhada de uma maior geração de poropressão negativa, como observado na Fig. 4.27, por se tratar de um corpo de prova com maior valor de OCR.

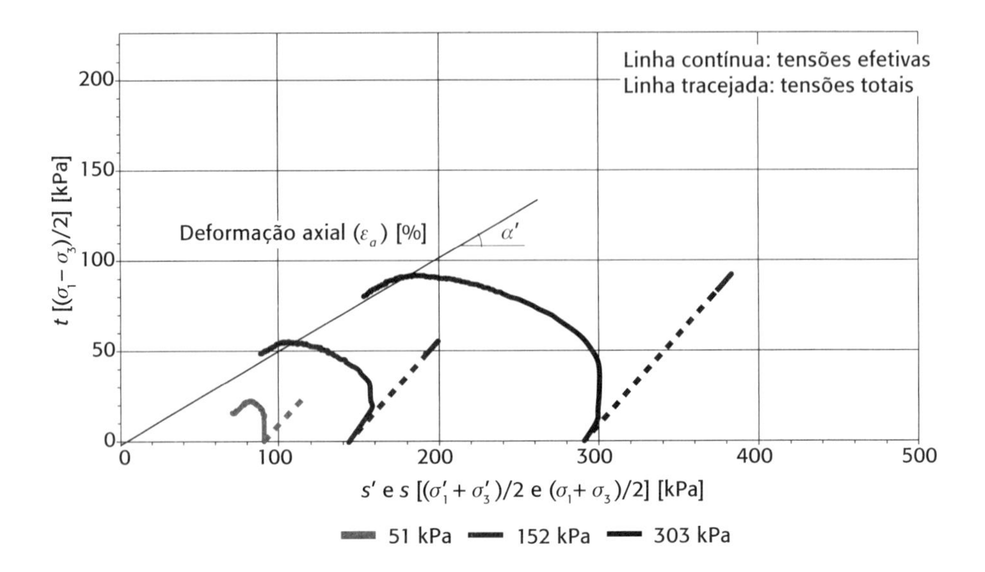

Fig. 4.24 *Trajetórias de tensões totais e efetivas em ensaio CIU-CA executado em argila normalmente adensada*

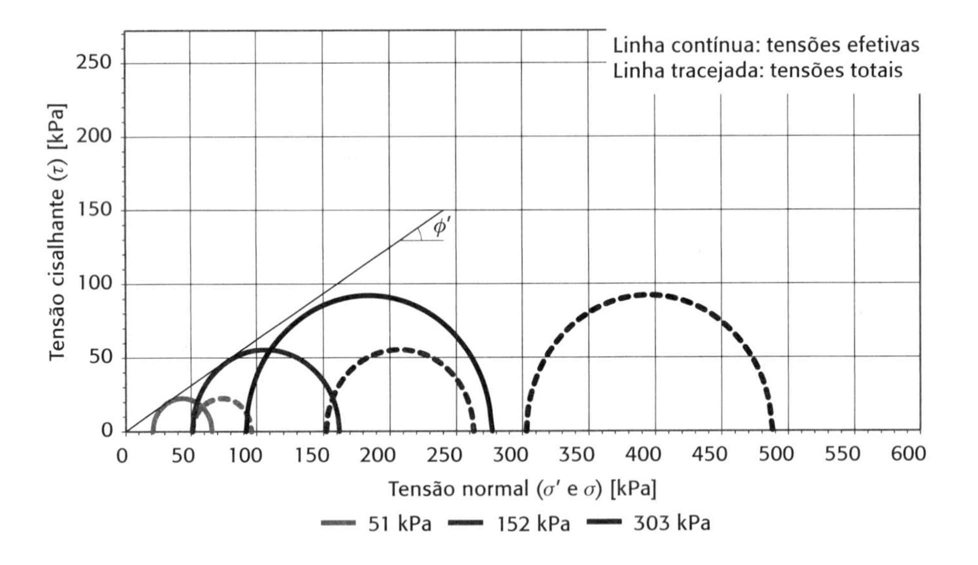

Fig. 4.25 *Círculos de Mohr em termos de tensões totais e efetivas em ensaio CIU-CA executado em argila normalmente adensada*

Na Fig. 4.28 são apresentadas as trajetórias de tensões efetivas para o mesmo ensaio, que mostram um comportamento de solos sobreadensados. Quando a tensão média inicial é menor, o desenvolvimento de poropressões negativas faz com que as trajetórias efetivas caminhem para a direita do diagrama de MIT. Para tensões efetivas maiores, há um desenvolvimento inicial de poropressão positiva, mas, na proximidade da ruptura, a variação de poropressão passa a ser negativa, fazendo com que as curvas apontem para a direita. O intercepto coesivo obtido com os ajustes da envoltória de resistência no espaço s' × t (e transformações de coordenadas, conforme apresentado adiante nas Eqs. 4.53 e 4.54) é elevado, em torno de 120 kPa. O ângulo de atrito resultou em aproximadamente 21°. A Fig. 4.29 ilustra os círculos de Mohr, que correspondem à ruptura, a qual foi definida com base na tensão desviadora máxima.

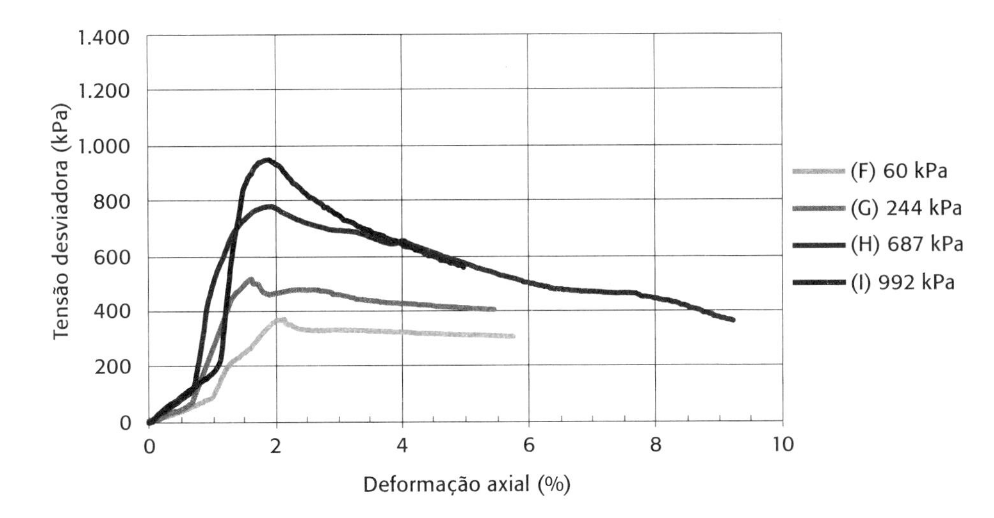

Fig. 4.26 *Curvas tensão--deformação em ensaio CIU-CA executado em argila sobreadensada da Formação Guabirotuba (PR)*
Fonte: adaptado de Kormann (2002).

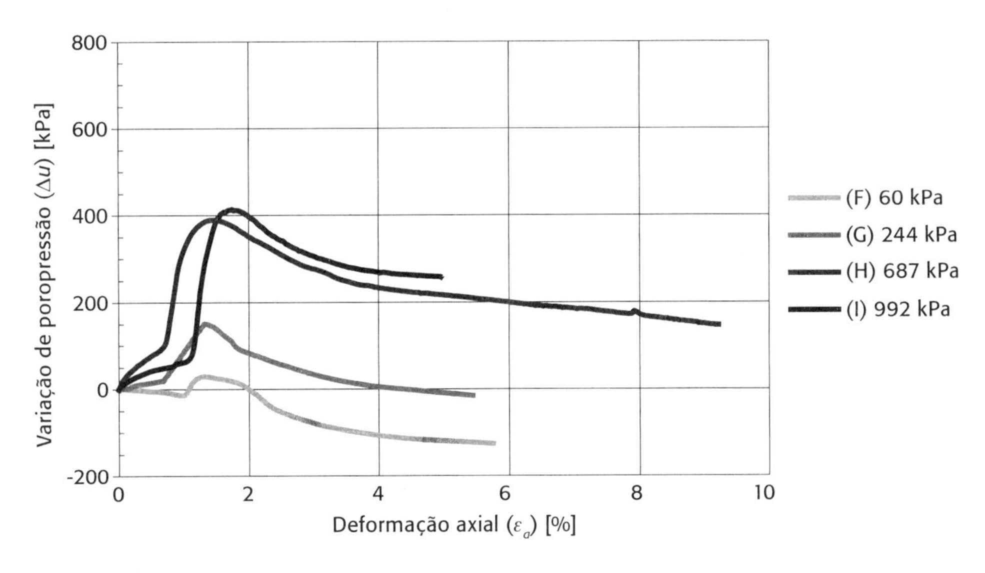

Fig. 4.27 *Curvas de variação da poropressão com a deformação em ensaio CIU-CA executado em argila sobreadensada da Formação Guabirotuba (PR)*
Fonte: adaptado de Kormann (2002).

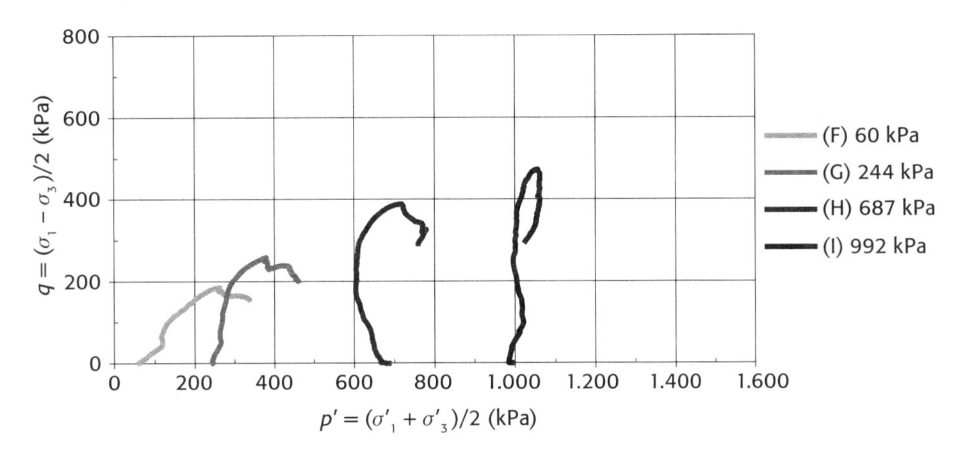

Fig. 4.28 *Trajetória de tensões efetivas em ensaio CIU-CA executado em argila sobreadensada da Formação Guabirotuba (PR)*
Fonte: adaptado de Kormann (2002).

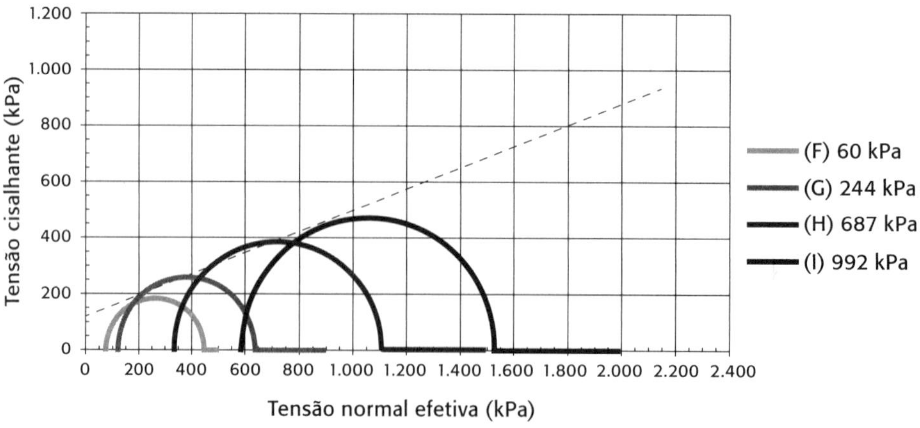

Fig. 4.29 *Círculos de Mohr em termos de tensões efetivas em ensaio CIU-CA executado em argila sobreadensada da Formação Guabirotuba (PR)*
Fonte: adaptado de Kormann (2002).

4.6.3 Ensaio de compressão triaxial adensado hidrostaticamente e drenado (CID-CA)

O ensaio de compressão triaxial consolidado e drenado (*consolidated isotropic drained*, CID-CA) consiste no adensamento hidrostático do corpo de prova seguido de uma fase de cisalhamento em que a drenagem é permitida até a ruptura. Em virtude da mobilização de tensões cisalhantes, ocorrem variações volumétricas no corpo de prova que são medidas por um instrumento adequado – em geral, pelo dispositivo controlador da contrapressão.

O procedimento executivo de um ensaio CID-CA é idêntico ao de um CIU-CA, apresentado na seção 4.6.2, com a exceção de que as válvulas de drenagem são mantidas abertas na etapa de cisalhamento. Ademais, a velocidade de ensaio é consideravelmente mais lenta, tendo em vista que durante o cisalhamento não podem ser observados excessos de poropressão. Assim, como já visto, a velocidade de subida da prensa deve se adequar à capacidade de drenagem do material ensaiado.

O modo de carregamento e drenagem desenvolvidos em um ensaio CID-CA pode se assemelhar a uma situação real de campo, como no caso de uma construção sobre um solo arenoso e saturado, ou quando a realidade do método construtivo possibilite a drenagem do solo durante o carregamento. Porém, devido ao ensaio geralmente ser feito na condição hidrostática (*isotropic*, em inglês), é provável que haja diferenças entre o resultado de laboratório e a condição real (não hidrostática, frequentemente na condição K_0). Ou seja, é válido sempre verificar qual a influência e a relevância dessas diferenças de resultados para o que se pretende analisar.

Como não se gera excesso de poropressão no cisalhamento, todos os parâmetros de resistência são obtidos em termos efetivos, ou seja, considerando o contato grão-grão do solo. Os resultados são coletados ensaiando-se ao menos três corpos de prova em níveis de tensão diferentes, sendo representados na forma da curva tensão desviadora *versus* deformação axial, das curvas de variação volumétrica ao longo do cisalhamento, dos círculos de Mohr efetivos e da trajetória de tensões efetivas até a ruptura. Finalmente, a partir dos círculos de Mohr ou da trajetória de tensões, pode-se realizar o ajuste matemático necessário para a determinação dos parâmetros de resistência.

A Fig. 4.30 mostra as curvas tensão-deformação resultadas de um ensaio CID-CA em solo não coesivo. Os ensaios foram realizados em corpos de prova de 38 mm. Percebe-se que os ensaios feitos em diferentes tensões tiveram boa correspondência entre si, tendo a tensão cisalhante aumentado proporcionalmente à tensão confinante efetiva. Verifica-se ainda que o material sofreu ruptura dúctil, sem a presença de pico, característica das areias fofas. Na Fig. 4.31 é apresentada a variação volumétrica do corpo de prova com a deformação axial, na qual se constata que, até a ruptura, houve compressão do solo, característica também esperada para as areias fofas.

As trajetórias de tensões efetivas (TTEs) são expostas na Fig. 4.32. Vale ressaltar que essa trajetória é paralela à trajetória de tensões totais (TTTs) no ensaio drenado, estando estas afastadas horizontalmente do valor da poropressão inicial de cada ensaio, uma vez que não é gerado excesso de poropressão durante o cisalhamento. As TTEs e TTTs são inclinadas em 45° com a horizontal para a direita (trajetória de compressão axial). Já os círculos de Mohr efetivos são ilustrados na Fig. 4.33, e também são afastados horizontalmente dos círculos de Mohr totais no valor igual ao da poropressão no início do cisalhamento. O ajuste da envoltória de resistência pelos círculos de Mohr resultou em um intercepto coesivo de 0 kPa e um ângulo de atrito interno de 30°, em termos efetivos, valores típicos de areias fofas.

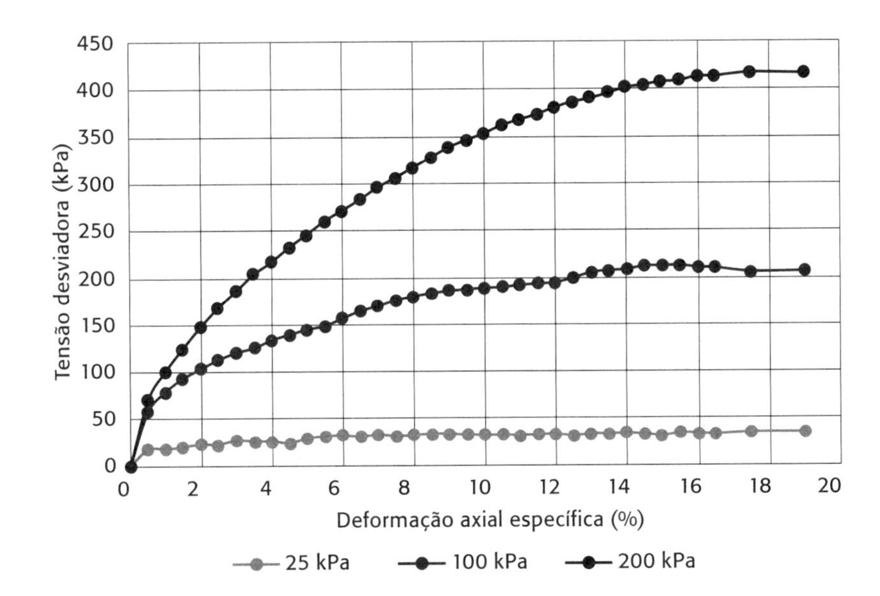

Fig. 4.30 *Curvas tensão--deformação em ensaio CID-CA executado em amostra de solo não coesivo*

4.7 Ensaio para determinação do K_0

O conceito de coeficiente de empuxo no repouso (K_0) foi definido pela primeira vez por Donath (1891) como a razão entre a tensão efetiva horizontal (σ'_h) e a tensão efetiva vertical (σ'_v) atuantes em uma massa de solo em condição de deformação horizontal nula (Eq. 4.28). Por essa definição, o coeficiente de empuxo no

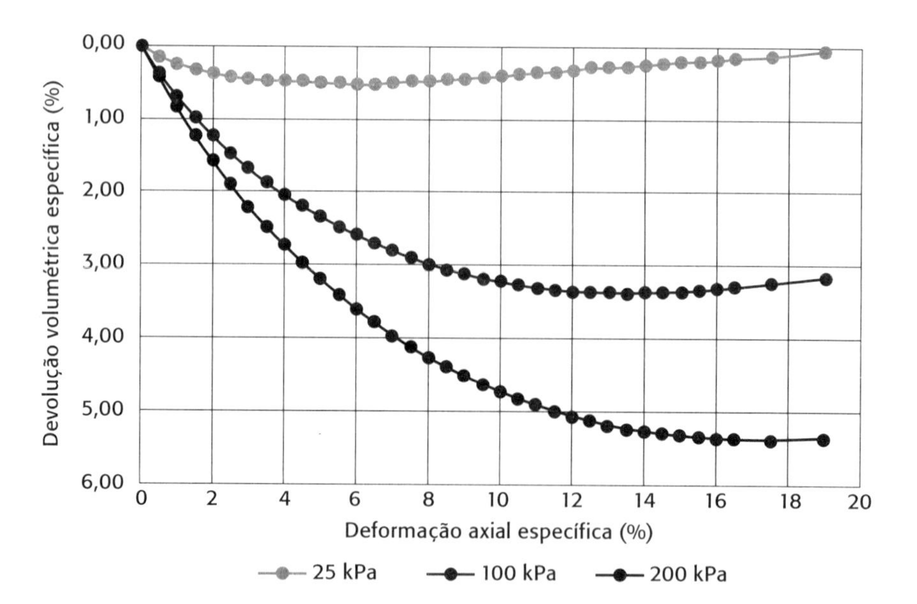

Fig. 4.31 *Curvas de variação volumétrica com a deformação axial em ensaio CID-CA executado em amostra de solo não coesivo*

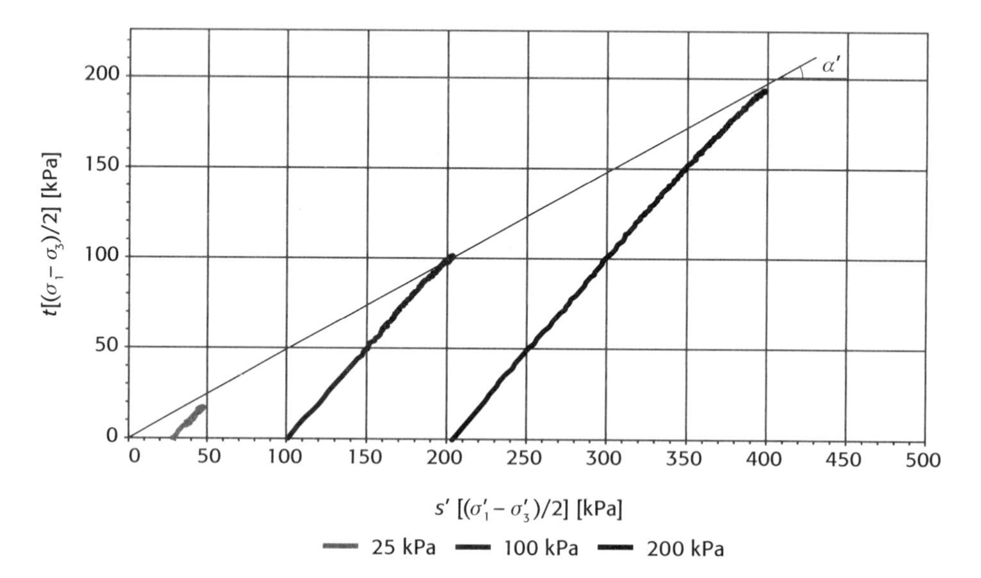

Fig. 4.32 *Trajetórias de tensões efetivas em ensaio CID-CA executado em amostra de solo não coesivo*

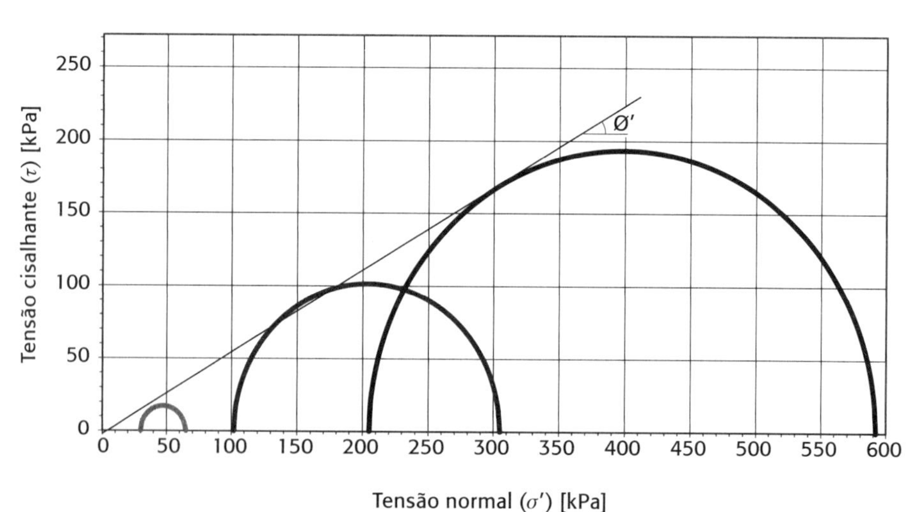

Fig. 4.33 *Círculos de Mohr em termos de tensões efetivas em ensaio CID-CA executado em amostra de solo não coesivo*

repouso assume que a tensão horizontal *in situ* é igual em todas as direções, o que é verdadeiro apenas para terrenos horizontais e solos que não sofreram deformações horizontais ou tensões tectônicas na sua história geológica.

$$K_0 = \left.\frac{\sigma'_h}{\sigma'_v}\right|_{\varepsilon_h=0} \quad \textbf{(4.28)}$$

Considere a história de tensões simplificada apresentada na Fig. 4.34. A trajetória OA representa o carregamento virgem de um depósito de solo homogêneo associado à sedimentação e em condições normais de adensamento. O coeficiente de empuxo no repouso permanece constante durante a compressão virgem ($K_{0,nc}$). Uma redução no carregamento efetivo resulta em uma sobreconsolidação do solo, representada pela curva ABC. Se um carregamento é reaplicado depois do descarregamento, a relação de descarga irá seguir uma trajetória similar à CD. O sobreadensamento devido ao recarregamento conduz a valores de K_0 maiores do que os obtidos durante a compressão virgem, ou seja, os de solos normalmente adensados.

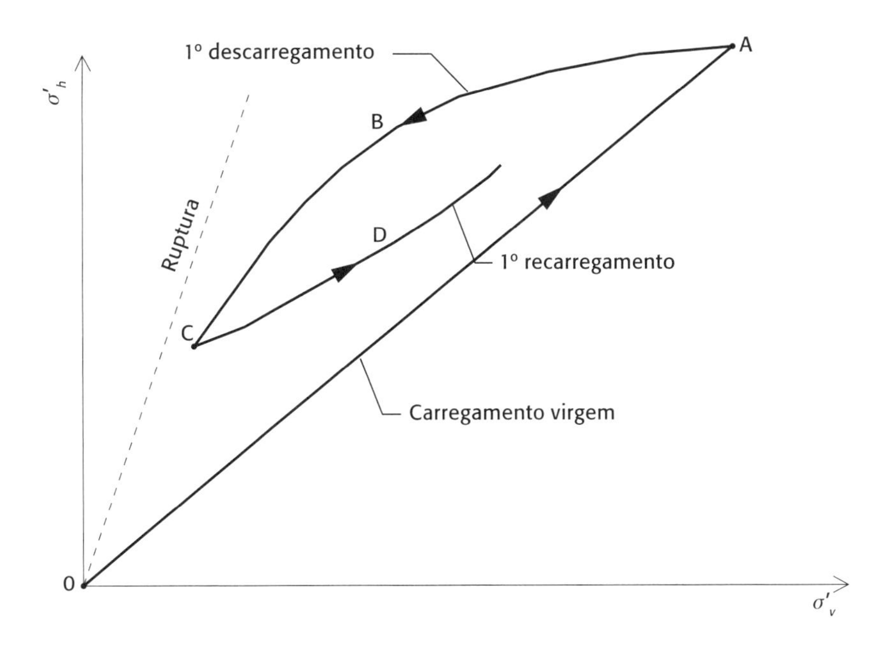

Fig. 4.34 *História de tensões de um solo na condição K_0*

A relação entre tensão horizontal efetiva e tensão vertical efetiva depende fortemente da deformação lateral que acompanha qualquer mudança na tensão vertical. Durante a deposição de solos, normalmente não há deformação lateral do maciço, pois as dimensões horizontais são consideradas infinitas com relação à dimensão vertical, então, diz-se que o solo se encontra sob um estado de tensões no repouso, e o coeficiente de empuxo no repouso é definido para deformação lateral nula. Para argilas normalmente adensadas, o coeficiente de empuxo no repouso varia entre 0,30 e 0,75 (Mitchell, 1993). A relação entre tensão horizontal efetiva e tensão vertical efetiva é constante para solos normalmente adensados e dependente da trajetória e do nível de tensões para solos sobreadensados, como ilustrado na Fig. 4.35.

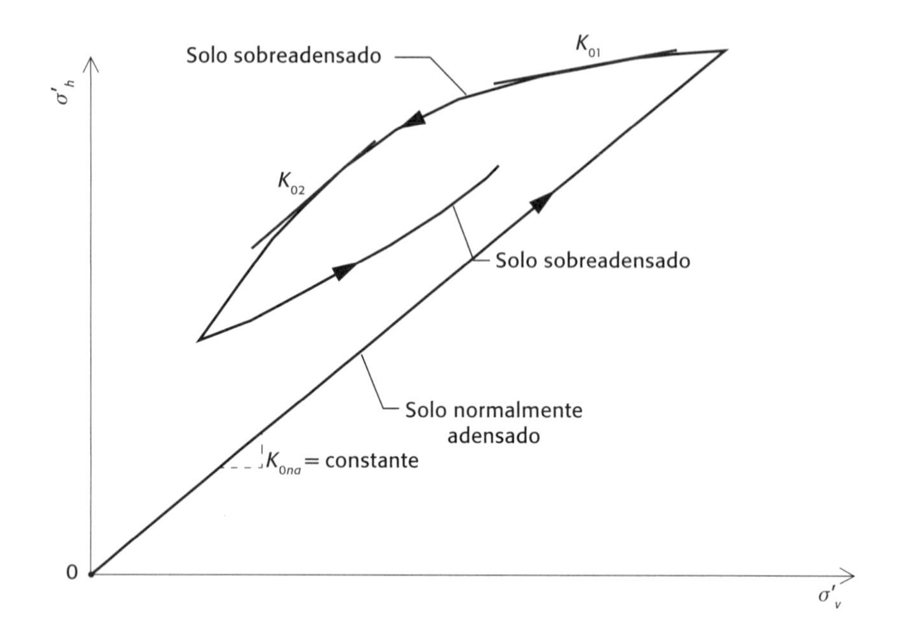

Fig. 4.35 *Variação do coeficiente de empuxo no repouso*

Em 1962, Bishop e Henkel definiram K_0 como a razão da variação de tensão efetiva no nível de tensões corrente (Eq. 4.29).

$$K_0 = \left.\frac{\Delta\sigma'_h}{\Delta\sigma'_v}\right|_{\varepsilon_h=0} = \left.\frac{d\sigma'_h}{d\sigma'_v}\right|_{\varepsilon_h=0} \tag{4.29}$$

Para a determinação de K_0 em laboratório, Bishop e Henkel (1962) desenvolveram um teste triaxial chamado de método da relação volumétrica. Esse método se baseia no fato de que a quantidade de água que migra para o interior da célula triaxial devido à variação de volume do corpo de prova deve ser igual, em volume, ao produto da deformação axial pela área inicial da amostra, quando não há deformação lateral. Nesse teste, o comportamento do solo medido em laboratório é uma resposta incremental, ou seja, a definição de K_0 baseada em ensaios de laboratório expressa a razão de tensões para a condição de deformação radial nula durante um acréscimo de tensões. Essa condição corresponde ao conceito geológico de adensamento normal durante a deposição de sedimentos.

Do exposto, a determinação de K_0 através de testes triaxiais em amostras indeformadas assume que o coeficiente de empuxo no repouso é igual à razão entre tensões efetivas atuantes em campo no presente. Essa hipótese é razoável para argilas que tenham em sua história geológica apenas deposição (carregamento) e descarregamento, mas não leva em conta a possibilidade de compressão lateral devida, por exemplo, a movimentos tectônicos (Poulos; Davis, 1972) e não se aplica a argilas sobreadensadas, para as quais a razão entre tensão horizontal e vertical não é constante (Boszczowski, 2001).

4.8 Cálculos e resultados

Como os ensaios triaxiais são mais elaborados do ponto de vista executivo, o tratamento dos dados também tem um grau de sofisticação superior aos outros ensaios de resistência. Isso permite obter dados mais detalhados sobre o comportamento dos solos analisados. A fim de exibir didaticamente o processo de cálculo e os dados a serem apresentados, para englobar a totalidade das possibilidades de ensaio, na sequência são expostas as equações, por etapas, para o tratamento de dados com referência às normas técnicas BS 1377-7, BS 1377-8 e ISO 17892-9.

4.8.1 Características iniciais do corpo de prova

Inicialmente, devem ser calculadas as seguintes propriedades iniciais dos corpos de prova ensaiados:

- Propriedades geométricas iniciais, a partir do diâmetro e da altura do corpo de prova, como a área (A_i, em cm^2) e o volume (V_i, em cm^3) – Eqs. 4.30 e 4.31.
- Teor de umidade inicial (w_i, em %) – Cap. 2.
- Massa específica aparente natural (ρ_i, em g/cm^3) – Eq. 4.32.
- Massa específica aparente seca (ρ_s, em g/cm^3) – Eq. 4.33.
- Índice de vazios inicial (e_i) – Eq. 4.34.
- Grau de saturação inicial (S_i, em %) – Eq. 4.35.

$$A_i = \frac{\pi D_i^2}{4} \tag{4.30}$$

$$V_i = A_i H_i \tag{4.31}$$

$$\rho_i = \frac{M_{cp}}{V_i} \tag{4.32}$$

$$\rho_s = \frac{\rho_i}{1 + w_i} \tag{4.33}$$

$$e_i = \frac{\rho_g}{\rho_s} - 1 \tag{4.34}$$

$$S_i = \frac{w_i \rho_g}{e_i \rho_w} \tag{4.35}$$

em que:
A_i = área inicial do corpo de prova (cm^2);
D_i = diâmetro inicial do corpo de prova (cm);
V_i = volume inicial do corpo de prova (cm^3);
H_i = altura inicial do corpo de prova (cm);
ρ_i = massa específica aparente natural inicial (g/cm^3);
M_{cp} = massa do corpo de prova (g);
ρ_s = massa específica aparente seca inicial (g/cm^3);
w_i = teor de umidade inicial, em decimais;
e_i = índice de vazios inicial;

ρ_g = massa específica dos grãos de solo (g/cm³);
S_i = grau de saturação inicial (%);
ρ_w = massa específica da água (g/cm³).

4.8.2 Variações volumétricas no adensamento

Com o processo de adensamento, o corpo de prova passa por uma redução de diâmetro e de altura. A deformação volumétrica específica no adensamento, seja ele hidrostático ou não hidrostático, e no cisalhamento (no caso de ensaios drenados) pode ser calculada pela Eq. 4.36.

$$\varepsilon_v = \frac{\Delta V}{V} \tag{4.36}$$

Observar que tanto o numerador quanto o denominador na Eq. 4.36 podem ser definidos, a depender da etapa do ensaio em que é utilizada. Basicamente, o numerador indica a variação volumétrica na etapa em análise, e o denominador o volume do corpo de prova ao final do estágio anterior.

4.8.3 Correções geométricas no adensamento hidrostático

A altura e a área do corpo de prova ao final do adensamento isotrópico são calculadas pelas Eqs. 4.37 e 4.38, respectivamente.

$$H_{a,i} = H_i\left(1 - \frac{1}{3}\varepsilon_{v,i}\right) \tag{4.37}$$

$$A_{a,i} = A_i\left(1 - \frac{2}{3}\varepsilon_{v,i}\right) \tag{4.38}$$

em que:
$H_{a,i}$ = altura do corpo de prova ao final do adensamento hidrostático (cm);
$\varepsilon_{v,i}$ = deformação volumétrica específica no adensamento hidrostático, calculada pela Eq. 4.36;
$A_{a,i}$ = área do corpo de prova ao final do adensamento hidrostático (cm²).

4.8.4 Correções geométricas no adensamento não hidrostático

Durante o adensamento não hidrostático (condições "anisotrópicas"), o corpo de prova é submetido a deformações tanto volumétricas quanto axiais, ambas medidas durante o ensaio. Para o cálculo da altura do corpo de prova ao final do adensamento anisotrópico, aplica-se a Eq. 4.39.

$$H_{a,a} = H_{a,i} - \Delta H_{a,a} \tag{4.39}$$

em que:
$H_{a,a}$ = altura do corpo de prova ao final do adensamento não hidrostático (cm);
$\Delta H_{a,a}$ = variação da altura do corpo de prova durante o adensamento não hidrostático, medida com o instrumento adequado (cm).

A área corrigida, considerando as deformações ocorridas durante o adensamento e a existência de uma etapa isotrópica, é calculada pela Eq. 4.40.

$$A_{a,a} = A_{a,i}\left(\frac{1-\varepsilon_{v,a}}{1-\dfrac{\Delta H_{a,a}}{H_{a,a}}}\right) \tag{4.40}$$

em que:

$A_{a,a}$ = área do corpo de prova ao final do adensamento não hidrostático (cm²);

$\varepsilon_{v,a}$ = deformação volumétrica específica no adensamento não hidrostático, calculada pela Eq. 4.36.

4.8.5 Cisalhamento

Cálculos gerais

Para cada leitura efetuada ao longo do cisalhamento, os seguintes parâmetros devem ser calculados:

a. Deformação axial específica:

$$\varepsilon_a = \frac{\Delta H_c}{H_a} \tag{4.41}$$

em que:

ε_a = deformação axial específica, em decimais;

ΔH_c = deslocamento vertical medido no cisalhamento (mm);

H_a = altura do corpo de prova após o adensamento, seja ele isotrópico ou anisotrópico (mm).

b. Área corrigida:

A área corrigida durante o cisalhamento pode ser calculada de duas maneiras, a depender da condição de drenagem. Em ensaios não drenados, nos quais não há variação de volume, a correção é feita conforme a Eq. 4.42; já em ensaios drenados, proceder como descrito na Eq. 4.43.

$$A_{cu} = \frac{A_a}{1-\varepsilon_a} \tag{4.42}$$

$$A_{cd} = A_a\left(\frac{1-\varepsilon_{vc}}{1-\varepsilon_a}\right) \tag{4.43}$$

em que:

A_{cu} = área corrigida do corpo de prova ao longo do cisalhamento para ensaios não drenados (cm²);

A_a = área do corpo de prova após o adensamento, seja ele isotrópico ou anisotrópico (cm²);

A_{cd} = área corrigida do corpo de prova ao longo do cisalhamento para ensaios drenados (cm²);
ε_{vc} = deformação volumétrica específica no cisalhamento, calculada conforme a Eq. 4.36.

c. Tensão principal menor efetiva:

$$\sigma'_3 = \sigma_3 - u \tag{4.44}$$

em que:
σ'_3 = tensão principal menor efetiva (kPa);
σ_3 = tensão principal menor total, igual à pressão de câmara no ensaio de compressão axial (kPa);
u = poropressão na amostra (kPa).

Deve-se observar que, para ensaios drenados, a poropressão medida durante o cisalhamento é nula, resultando na igualdade entre a tensão total e a tensão efetiva.

d. Tensão desviadora:

$$\sigma_d = \frac{F_a}{A_c} \tag{4.45}$$

em que:
σ_d = tensão desviadora (kPa);
F_a = força axial aplicada no corpo de prova (kN);
A_c = área do corpo de prova no cisalhamento (m²).

e. Tensão principal maior total ou efetiva:

$$\sigma_1 = \sigma_3 + \sigma_d \quad \text{ou} \quad \sigma'_1 = \sigma'_3 + \sigma_d \tag{4.46}$$

em que:
σ'_1 = tensão principal maior efetiva (kPa).

f. Razão de tensões principais:

$$\bar{\sigma} = \frac{\sigma'_1}{\sigma'_3} \tag{4.47}$$

em que:
$\bar{\sigma}$ = tensão principal maior normalizada ou razão de tensões principais.

g. Parâmetro A, calculado conforme a Eq. 4.5, no caso de ensaios CA, e a Eq. 4.2, no caso geral. Usualmente, o parâmetro A é referenciado ao instante da ruptura (tensão desviadora máxima).

Correções aplicáveis à tensão desviadora

O uso de membranas de borracha para garantir o confinamento dos corpos de prova e de drenos laterais para acelerar o processo de adensamento demanda a realização de correções na tensão desviadora medida durante ensaios de compressão axial. Esse processo é realizado na forma da Eq. 4.48, quando as correções são aplicáveis:

$$\sigma_{d,corrigido} = \sigma_d - \sigma_{mb,b} - \sigma_{mb,s} - \sigma_{dr,b} - \sigma_{dr,s} \quad \textbf{(4.48)}$$

em que:

$\sigma_{d,corrigido}$ = tensão desviadora corrigida (kPa);

σ_d = tensão desviadora medida, calculada conforme a Eq. 4.45 (kPa);

$\sigma_{mb,b}$ = correção de membrana devida aos efeitos do embarrigamento (kPa);

$\sigma_{mb,s}$ = correção de membrana devida aos efeitos da formação de superfície de ruptura (kPa);

$\sigma_{dr,b}$ = correção de drenos laterais devida aos efeitos do embarrigamento (kPa);

$\sigma_{dr,s}$ = correção de drenos laterais devida aos efeitos da formação de superfície de ruptura (kPa).

A seguir, é demonstrado o método para obtenção de cada uma das possíveis correções de tensão desviadora.

a) Correções devidas à membrana

A depender do nível de tensões e do comportamento mecânico do solo ensaiado, são possíveis diferentes formas de ruptura na compressão triaxial (Fig. 4.36). Alguns solos apresentam a formação de uma superfície de ruptura bem definida (Fig. 4.36A), identificável visualmente; em outros casos, a ruptura acontece apenas por embarrigamento (Fig. 4.36B) do corpo de prova. Na maioria dos ensaios, observa-se que a ruptura ocorre em um estado intermediário entre esses casos (Fig. 4.36C). Devido ao modo de ruptura e aos efeitos da membrana de borracha na medida da tensão desviadora, algumas correções são necessárias a fim de obter valores mais realistas da resistência do solo.

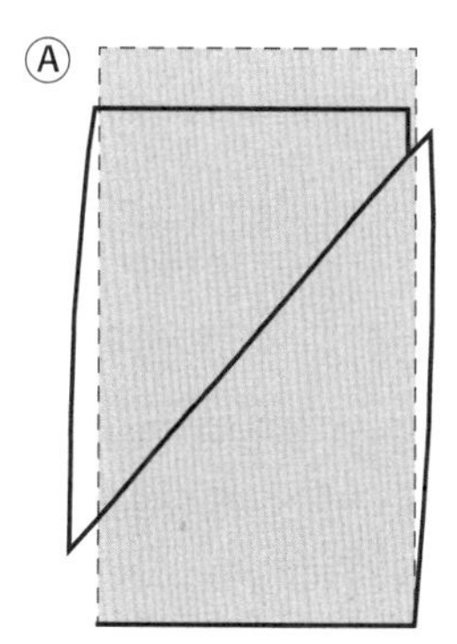

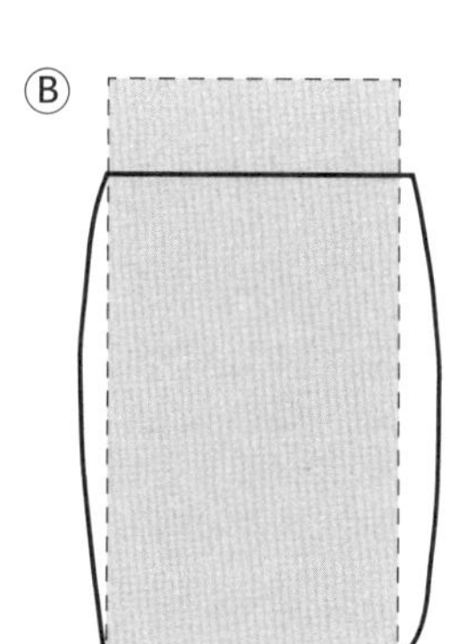

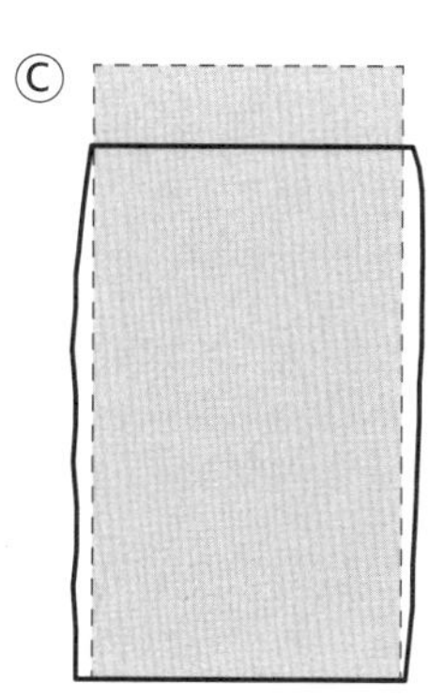

Fig. 4.36 *Tipos de ruptura em ensaios de compressão triaxial: (A) ruptura frágil, com formação de superfície de ruptura; (B) ruptura dúctil, com embarrigamento; (C) ruptura intermediária*

▸ Efeito do embarrigamento

O uso de membranas de borracha em ensaios triaxiais torna necessária a realização de algumas correções nos dados adquiridos, por causa de efeitos de embarrigamento da amostra e da penetração da membrana no solo. Essencialmente, realiza-se a correção para a tensão desviadora medida durante o cisalhamento. A correção da membrana ($\sigma_{mb,b}$) proposta pela norma BS 1377-8 pode ser obtida a partir da curva da Fig. 4.37, desenvolvida por Head (1998) a partir de dados de diversos autores para cada nível de deformação axial.

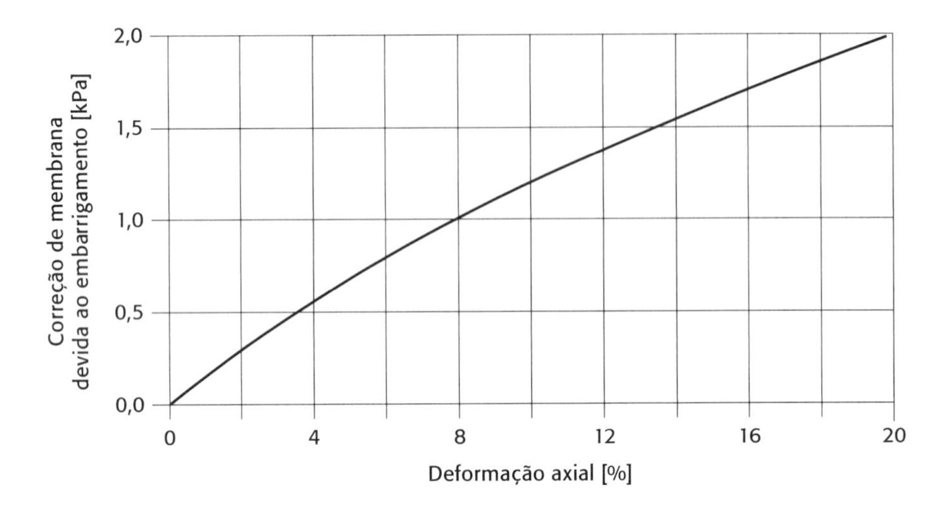

Fig. 4.37 *Curva de correção para corpo de prova de 38 mm de diâmetro revestido com membrana de 0,2 mm de espessura*
Fonte: adaptado de BS (1990c).

A correção proposta pela norma britânica é válida para corpos de prova com diâmetro de 38 mm e calibradas para uma membrana com espessura de 0,2 mm. Para quaisquer outras combinações dessas variáveis, a correção deve ser multiplicada pelo fator apresentado na Eq. 4.49.

$$f_{mb,b} = \frac{38}{D_i}\frac{e_m}{0{,}2} \tag{4.49}$$

em que:

$f_{mb,b}$ = fator de ajuste da correção de membrana devida ao embarrigamento da amostra (kPa);

e_m = espessura da membrana de borracha utilizada no ensaio (mm).

▸ Efeito da formação de superfície de ruptura

Nos ensaios triaxiais em que a ruptura ocorre com a formação de um plano de ruptura, uma correção mais elaborada é necessária. Diversos autores investigaram o efeito da membrana na medida da tensão desviadora, mostrando que a resistência desenvolvida por ela é função da pressão de câmara.

A equação mais difundida para a correção devida à formação da superfície de ruptura ($\sigma_{mb,s}$) foi desenvolvida por La Rochelle (1967) e está apresentada na Fig. 4.38, aplicável a uma ruptura ocorrida em um plano com inclinação de 35° com a vertical, para corpos de prova com 38 mm de diâmetro e 76 mm de altura confinados por uma membrana de 0,20 mm. Para quaisquer outros valores de propriedades geométricas, a correção deve ser multiplicada pelo fator da Eq. 4.50.

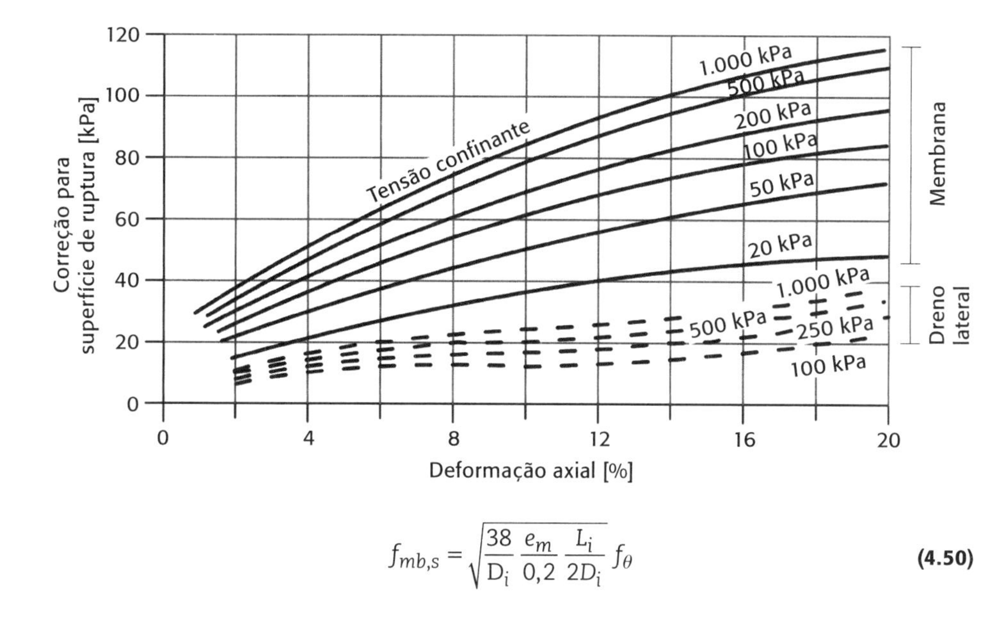

Fig. 4.38 *Correções de membrana devidas à formação da superfície de ruptura*
Fonte: La Rochelle (1967 apud Head, 1998).

$$f_{mb,s} = \sqrt{\frac{38}{D_i}\frac{e_m}{0,2}\frac{L_i}{2D_i}}\, f_\theta \quad \textbf{(4.50)}$$

em que:

$f_{mb,s}$ = fator de ajuste da correção de membrana devida à formação da superfície de ruptura da amostra (kPa);

$f\theta$ = fator de correção da inclinação da superfície de ruptura com o eixo vertical, obtido a partir da Fig. 4.39.

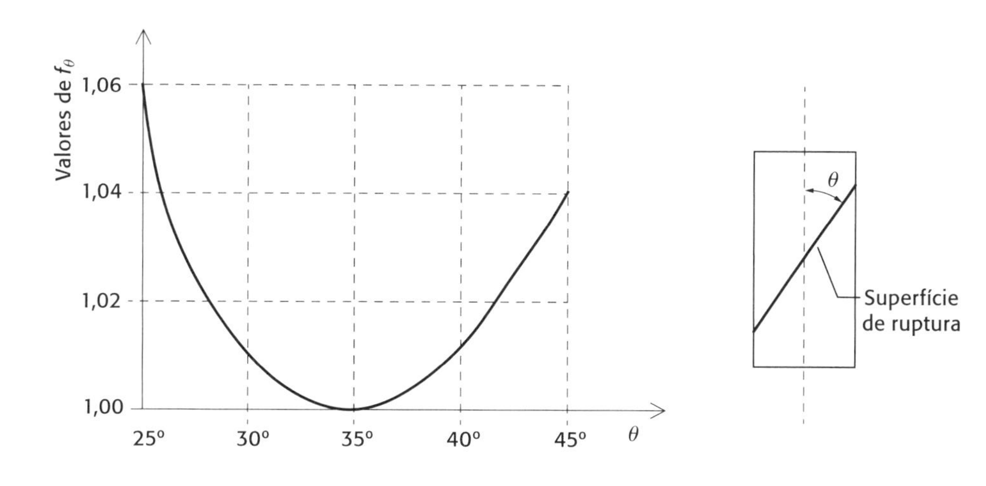

Fig. 4.39 *Fator de correção devido à inclinação da superfície de ruptura*
Fonte: La Rochelle (1967 apud Head, 1998).

As correções da tensão desviadora devidas à formação da superfície de ruptura não são previstas pela BS 1377-8.

b) Correções devidas ao uso de dreno lateral

Quando são utilizados drenos laterais, é preciso realizar a correção da tensão desviadora em função da possível resistência dos filtros nas medidas realizadas.

Tab. 4.4 Correção da tensão desviadora devida ao uso de drenos laterais

Diâmetro do corpo de prova (mm)	Correção de dreno $\sigma_{dr,b}$ (kPa)
38	10
50	7
70	5
100	3,5
150	2,5

Fonte: BS (1990c).

Essa correção aumenta rapidamente até cerca de 2% de deformação axial, mantendo-se praticamente constante a partir desse valor. De modo a facilitar o processo, a BS 1377-8 recomenda que os valores da correção de tensão desviadora ($\sigma_{dr,b}$) devida ao uso de drenos laterais em corpos de prova com ruptura por embarrigamento sejam obtidos conforme a Tab. 4.4.

No caso de corpos de prova que formam superfície de ruptura, pode ser aplicada a correção ($\sigma_{dr,s}$) apresentada por La Rochelle (1967) na Fig. 4.38, multiplicando-se a correção pela razão $38/D_i$ caso o diâmetro do corpo de prova seja diferente de 38 mm.

4.8.6 Determinação da resistência do solo: ensaios não adensados

A resistência não drenada dos solos independe da tensão confinante (ou seja, da tensão total) a que eles estão submetidos. Assim, para solos saturados e de baixa permeabilidade, em geral argilas moles, a resistência do solo pode ser dada em termos da resistência não drenada (S_u). O conceito de resistência não drenada relaciona-se à não variação da resistência com o aumento da tensão normal, também conhecido como conceito $\phi = 0$ (Lambe; Whitman, 1969a).

A resistência não drenada é normalmente determinada a partir de ensaios de compressão triaxial não adensados e não drenados (seção 4.6.1). Basicamente, no espaço σ (tensão normal) × τ (tensão cisalhante), marcam-se as tensões principais σ_1 e σ_3 e traça-se o círculo de Mohr para esse estado de tensões (cujo diâmetro é igual a σ_d) na ruptura. A resistência não drenada é a ordenada do ponto de máximo do círculo de Mohr, e pode ser escrita na forma da Eq. 4.51.

$$S_u = \frac{(\sigma_1 - \sigma_3)}{2} = \frac{\sigma_d}{2} \quad \textbf{(4.51)}$$

em que:

S_u = resistência não drenada (kPa);

σ_1 = tensão principal total maior, definida como a soma entre a pressão de câmara (σ_3) e a tensão desviadora (σ_d) (kPa);

σ_3 = tensão principal total menor (pressão de câmara) (kPa);

σ_d = tensão desviadora (Eq. 4.45) (kPa).

4.8.7 Determinação da resistência do solo: ensaios adensados

O critério de ruptura para o solo mais difundido na prática da Engenharia Geotécnica é o de Mohr-Coulomb. Sua ideia é que uma combinação de tensões normais e cisalhantes criam uma situação mais crítica do que a consideração de máximas tensões individualmente. A ruptura do solo ocorrerá em qualquer ponto em que essa relação seja identificada. As propriedades que parametrizam a combinação crítica, denominada envoltória de resistência, são o intercepto coesivo efetivo (c') e o ângulo de atrito interno efetivo (ϕ').

Embora a relação entre as tensões normais efetivas e as tensões de cisalhamento não seja linear, para a maioria das situações práticas essa simplificação é aceitável (Lambe; Whitman, 1969a). Dessa forma, a resistência do cisalhamento do solo expressa pelo critério de Mohr-Coloumb é definida pela Eq. 4.52.

$$\tau = c' + \sigma' \tan\phi' \qquad \textbf{(4.52)}$$

em que:
τ = resistência ao cisalhamento do solo (kPa);
σ' = tensão normal efetiva no plano de ruptura (kPa).

Em ensaios triaxiais, a resistência ao cisalhamento (τ) é mobilizada a partir da aplicação da diferença de tensões principais, ou seja, está em consonância com a tensão desviadora (σ_d). Assim, para determinar os parâmetros c' e ϕ', pode-se utilizar duas metodologias:

- *Traçado dos círculos de Mohr*: em um plano $\sigma \times \tau$, para cada um dos corpos de prova ensaiados (ao menos três), marcam-se as tensões principais maior e menor atuantes sobre o corpo de prova na ruptura, que pode ser definida por nível de deformação ou pela máxima tensão desviadora, por exemplo. A partir desses pontos, para cada corpo de prova, traça-se um círculo com diâmetro igual a σ_d na ruptura. A reta que tangencia todos os círculos para diferentes níveis de tensão é denominada envoltória de resistência, podendo ser em termos de tensão total ou efetiva. Os parâmetros c' e ϕ' são a ordenada da interseção da reta com o eixo vertical e a inclinação da reta, respectivamente.
- *Traçado das trajetórias de tensões*: a partir das trajetórias de tensão apresentadas na seção 4.1.4, obtidas por ao menos três ensaios realizados em três corpos de prova distintos de uma mesma amostra de solo (ver seção 4.5.1), é possível definir a envoltória de resistência do solo em análise, em termos de tensão total e efetiva. As trajetórias de tensão podem ser traçadas no espaço s' × t ou $p' \times q$ (seção 4.1.4). Os parâmetros de resistência são definidos ajustando-se uma reta entre os pares s' × t ou $p' \times q$ na ruptura para cada corpo de prova. Em seguida, determina-se o valor da ordenada da interseção dessa reta com o eixo vertical (intercepto a') e a inclinação da reta ajustada (α'). Para os parâmetros c' e ϕ', são aplicadas as relações das Eqs. 4.53 e 4.54, referentes à trajetória do MIT, facilmente deduzidas a partir dos círculos de Mohr.

$$\text{sen}\phi' = \tan\alpha' \qquad \textbf{(4.53)}$$

$$c' = \frac{a'}{\cos\phi'} \qquad \textbf{(4.54)}$$

em que:
α = inclinação da reta ajustada entre os pares de invariantes de tensão na ruptura no espaço s × t (em graus);
a = ordenada da interseção entre a reta ajustada e o eixo vertical no espaço s × t (kPa);
ϕ' = ângulo de atrito efetivo do solo (em graus);
c' = intercepto coesivo efetivo do solo (kPa).

4.8.8 Apresentação dos resultados

Os resultados obtidos em ensaios triaxiais são apresentados, em sua maioria, na forma gráfica. As seguintes plotagens devem ser geradas:

- curva tensão-deformação, com a deformação axial no eixo das abscissas e a tensão desviadora no eixo das ordenadas;
- curva de variação da poropressão com a deformação axial;
- curva de variação da razão das tensões principais com a deformação axial;
- círculos de Mohr, em tensões totais ou efetivas (a depender do ensaio realizado) traçados para a condição de ruptura;
- trajetória de tensões, para tensões totais ou efetivas (a depender do ensaio realizado).

O relatório técnico necessário para interpretação e tratamento dos dados provenientes de ensaios triaxiais deve englobar, ao menos:

- profundidade de coleta dos corpos de prova, suas dimensões iniciais, propriedades geométricas e índices físicos (grau de saturação, teor de umidade, peso específico aparente natural e seco e índice de vazios);
- localização dos pontos de drenagem (drenagem dupla ou simples, utilização ou não de drenos laterais);
- método utilizado para saturação do corpo de prova;
- parâmetro B calculado ao final da saturação;
- pressão de câmara, contrapressão e tensão efetiva utilizadas no adensamento da amostra;
- poropressão e porcentagem de dissipação de poropressão ao final do processo de adensamento;
- plotagem da curva de adensamento (variação de volume *versus* raiz do tempo) para cada corpo de prova;
- velocidade de aplicação do carregamento e seu método de obtenção (em mm/min);
- poropressão e tensão efetiva no início do cisalhamento;
- critério de ruptura adotado (máxima tensão desviadora, nível de deformação etc.);
- deformação axial, tensão desviadora, poropressão e tensões efetivas principais maior e menor na ruptura;
- razão de tensões principais na ruptura;
- registro fotográfico do corpo de prova na ruptura;

- correções aplicadas à tensão desviadora;
- índices físicos finais do corpo de prova (teor de umidade, grau de saturação, índice de vazios e peso específico).

Não é usual, por se tratar de um processo interpretativo, a emissão de parâmetros de resistência do solo a partir dos ensaios realizados.

Boxe 4.1 Ensaio UU

A fim de determinar a resistência não drenada de uma amostra de argila marinha com baixa consistência, um ensaio de compressão triaxial não consolidado e não drenado foi conduzido em laboratório com um corpo de prova de 36 mm de diâmetro, 78 mm de altura, 152,37 g de massa e 40,7% de teor de umidade. A pressão de câmara utilizada foi de 1.000 kPa. Após a estabilização da poropressão, o parâmetro B resultou em 0,97, indicando a saturação completa do corpo de prova. A velocidade de ruptura foi de 1 mm/min, determinada conforme os critérios apresentados na seção 4.6.1. Os dados adquiridos no cisalhamento estão dispostos na Tab. 4.5, não tendo sido solicitada medida de poropressão na ruptura.

Determinar as características iniciais e finais do corpo de prova, bem como a curva tensão-deformação e a resistência não drenada da argila. Considerar a massa específica real dos grãos igual a 2,67 g/cm³.

Tab. 4.5 Dados adquiridos em ensaio UU em argila marinha

Número	Deslocamento axial (mm)	Força (N)	Pressão de câmara (kPa)	Número	Deslocamento axial (mm)	Força (N)	Pressão de câmara (kPa)
1	0,807	223	1.000	12	8,866	286	1.000
2	1,177	238	1.000	13	9,267	287	1.000
3	1,575	243	1.000	14	10,462	290	1.000
4	2,388	254	1.000	15	10,856	290	1.000
5	2,797	259	1.000	16	12,038	290	1.000
6	3,622	266	1.000	17	12,436	290	1.000
7	4,442	272	1.000	18	13,633	292	1.000
8	5,660	278	1.000	19	14,033	293	1.000
9	6,060	280	1.000	20	15,232	296	1.000
10	7,258	283	1.000	21	15,629	295	1.000
11	7,660	283	1.000	22	16,008	297	1.000

Inicialmente, determinam-se as características iniciais do corpo de prova, conforme procedimento apresentado na seção 4.8.1. Os cálculos para esse corpo de prova são semelhantes a qualquer tipo de ensaio triaxial:

- Área do corpo de prova (Eq. 4.30):

$$A_i = \frac{\pi D_i^2}{4} = \frac{\pi \cdot 3{,}8^2}{4} = 11{,}34\ \text{cm}^2$$

- Volume do corpo de prova (Eq. 4.31):

$$V_i = A_i H_i = 11{,}34 \times 7{,}6 = 86{,}19\ \text{cm}^3$$

- Massa específica aparente natural inicial (Eq. 4.32):

$$\rho_i = \frac{M_{cp}}{V_i} = \frac{152{,}37}{86{,}19} = 1{,}77\ \text{g/cm}^3$$

- Massa específica aparente seca (Eq. 4.33):

$$\rho_s = \frac{\rho_i}{1 + w_i} = \frac{1{,}77}{1 + 0{,}407} = 1{,}26\ \text{g/cm}^3$$

- Índice de vazios inicial (Eq. 4.34)

$$e_i = \frac{\rho_g}{\rho_s} - 1 = \frac{2{,}67}{1{,}26} - 1 = 1{,}119$$

- Grau de saturação inicial (Eq. 4.35):

$$S_i = \frac{w_i \rho_g}{e_i \rho_w} = \frac{40{,}7 \times 2{,}67}{1{,}119 \times 1{,}00} = 97{,}11\%$$

Calculadas as propriedades e índices físicos do corpo de prova, pode-se realizar os cálculos do cisalhamento. Inicialmente, determina-se a variação de altura (ΔH) entre cada leitura de deslocamento vertical, para cada leitura efetuada. Em seguida, calcula-se a deformação axial pela Eq. 4.41:

$$\Delta H_{1-2} = 1{,}177 - 0{,}807 = 0{,}370\ \text{mm}$$

$$\Delta H_{1-3} = 1{,}575 - 0{,}807 = 0{,}768\ \text{mm}$$

$$\varepsilon_{a,1-2} = \frac{\Delta H_{1-2}}{H_0} = \frac{0{,}370}{76} = 0{,}49\%$$

$$\varepsilon_{a,1-3} = \frac{\Delta H_{1-3}}{H_0} = \frac{0{,}768}{76} = 1{,}01\%$$

O cálculo da tensão desviadora (σ_d) é feito pela Eq. 4.45. Para tanto, é necessário determinar a variação da força (ΔF) e a área corrigida (Eq. 4.42) entre uma leitura e outra:

$$A_{cu,1-2} = \frac{A_0}{1-\varepsilon_a} = \frac{11{,}34}{1-{}^{0{,}49}\!/_{100}} = 11{,}40\ \text{cm}^2$$

$$A_{cu,1-3} = \frac{A_0}{1-\varepsilon_a} = \frac{11{,}34}{1-{}^{1{,}01}\!/_{100}} = 11{,}46\ \text{cm}^2$$

$$\Delta F_{1-2} = 238 - 223 = 15\text{N}$$

$$\Delta F_{1-3} = 243 - 223 = 20\text{N}$$

Assim:

$$\sigma_{d,1-2} = \frac{F_a}{A_0} = \frac{0{,}015}{0{,}001140} = 13{,}16\ \text{kPa}$$

$$\sigma_{d,1-3} = \frac{F_a}{A_0} = \frac{0{,}020}{0{,}001146} = 17{,}45\ \text{kPa}$$

O cálculo deve ser repetido para todas as leituras efetuadas, sempre relativizadas à primeira leitura, definida como o ponto de partida do ensaio. De posse de todos os pares de deformação axial e tensão desviadora, pode-se realizar as correções para uso de membrana de borracha, explanadas na seção 4.8.5. Para este exemplo, considerou-se apenas o efeito do embarrigamento. O processo de obtenção da tensão desviadora é gráfico e respeita o especificado pela BS 1377-8, não sendo abordado aqui. Finalmente, com os valores corrigidos de tensão desviadora, plota-se o gráfico tensão-deformação (Fig. 4.40). Todos os dados calculados para o presente exemplo são apresentados na Tab. 4.6.

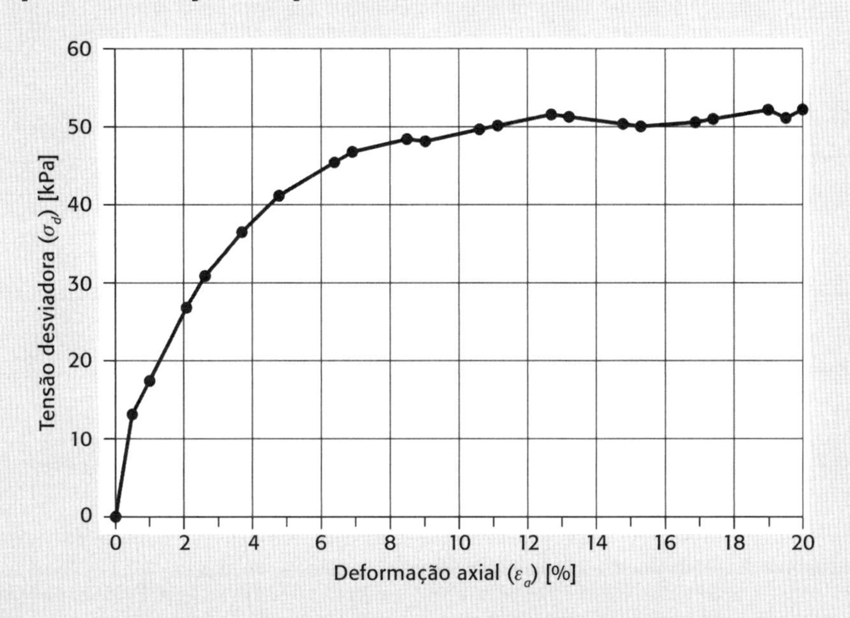

Fig. 4.40 *Curva tensão-deformação para ensaio UU realizado em argila marinha*

Tab. 4.6 Resultados calculados para ensaio UU realizado em argila marinha

Número	Variação de altura (mm)	Variação de força (N)	Deformação axial (%)	Área corrigida (mm²)	Tensão desviadora (kPa)	Correção de membrana (kPa)	Tensão desviadora corrigida (kPa)
1	0,000	0	0,00	1.134,11	0,00	0,00	0,00
2	0,370	15	0,49	1.139,66	13,16	0,01	13,15
3	0,768	20	1,01	1.145,69	17,45	0,02	17,43
4	1,581	31	2,08	1.158,21	26,77	0,05	26,72
5	1,990	36	2,62	1.164,61	30,91	0,06	30,86
6	2,815	43	3,70	1.177,74	36,51	0,08	36,43
7	3,635	49	4,78	1.191,08	41,14	0,10	41,04
8	4,853	55	6,39	1.211,47	45,40	0,12	45,28
9	5,253	57	6,91	1.218,32	46,79	0,13	46,65
10	6,451	60	8,49	1.239,31	48,41	0,16	48,26
11	6,853	60	9,02	1.246,51	48,13	0,17	47,97
12	8,059	63	10,60	1.268,64	49,66	0,19	49,47
13	8,460	64	11,13	1.276,17	50,15	0,20	49,95
14	9,655	67	12,70	1.299,16	51,57	0,22	51,35
15	10,049	67	13,22	1.306,92	51,27	0,23	51,04
16	11,231	67	14,78	1.330,77	50,35	0,25	50,10
17	11,629	67	15,30	1.339,00	50,04	0,25	49,79
18	12,826	69	16,88	1.364,37	50,57	0,27	50,30
19	13,226	70	17,40	1.373,06	50,98	0,28	50,71
20	14,425	73	18,98	1.399,80	52,15	0,29	51,86
21	14,822	72	19,50	1.408,88	51,10	0,30	50,81
22	15,201	74	20,00	1.417,67	52,20	0,30	51,90

O último passo antes da determinação da resistência não drenada é o traçado do círculo de Mohr para o corpo de prova ensaiado. Na ruptura, a tensão principal total menor (σ_3) é igual à pressão de câmara, ou seja, 1.000 kPa. A tensão principal total maior é definida, para este caso, como a tensão principal menor somada com a tensão desviadora máxima (na ruptura). O cálculo é feito segundo a Eq. 4.46 em termos de tensão total:

$$\sigma_1 = \sigma_3 + \sigma_d = 1.000 + 51{,}90 = 1.051{,}90$$

Assim, são traçados o círculo de Mohr referente a esse estado de tensões e a envoltória de resistência não drenada (Fig. 4.41).

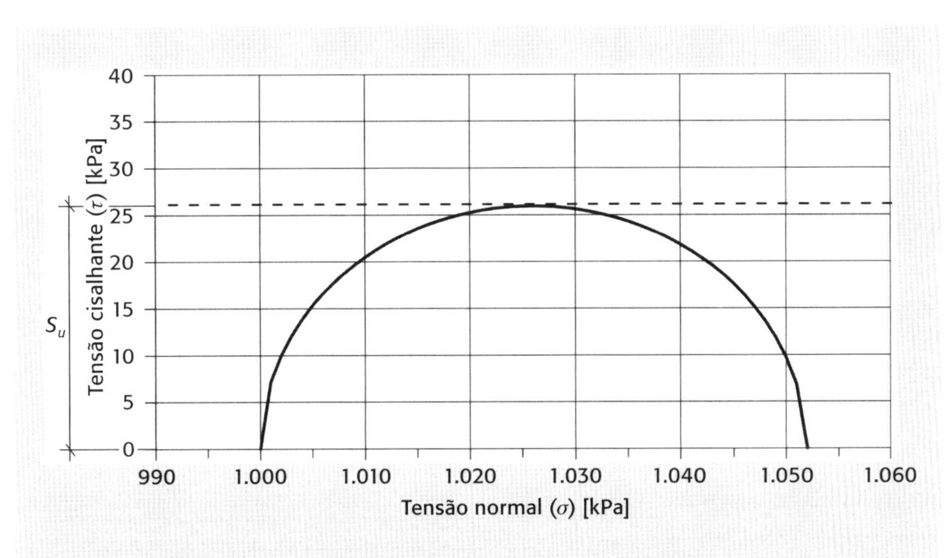

Fig. 4.41 *Círculo de Mohr e envoltória de resistência não drenada para ensaio de compressão triaxial UU realizado em argila marinha*

A resistência não drenada da argila pode ser determinada graficamente ou pela aplicação da Eq. (5.50):

$$S_u = \frac{(\sigma_1 - \sigma_3)}{2} = \frac{\sigma_d}{2} = \frac{51{,}90}{2} = 25{,}95 \text{ kPa}$$

Boxe 4.2 Etapa de saturação

Em um ensaio triaxial com corpo de prova de solo residual maduro obtido de amostra indeformada da Formação Guabirotuba (Região Metropolitana de Curitiba, PR), realizou-se a etapa de saturação por ciclos de contrapressão com o objetivo de elevar o grau de saturação para valores próximos a 100%. O corpo de prova utilizado tinha diâmetro de 38 mm, altura de 76 mm, seu grau de saturação inicial calculado era de 57% e a porosidade de 60%.

Com base nos dados da Tab. 4.7, calcular o parâmetro B ao longo das etapas de saturação e verificar se o critério especificado na literatura para a saturação foi atingido.

Tab. 4.7 Dados obtidos na etapa de saturação de ensaio triaxial em solo da Formação Guabirotuba

Estágio	Tensão confinante (kPa)	Contrapressão (kPa)	Poropressão medida (kPa)	Volume (cm³)
1	50	0	22	–
2	50	40	40	6,742
3	100	40	55	–

Tab. 4.7 (continuação)

Estágio	Tensão confinante (kPa)	Contrapressão (kPa)	Poropressão medida (kPa)	Volume (cm³)
4	100	90	89	5,015
5	150	90	96	–
6	150	140	138	3,012
7	200	140	135	–
8	200	190	189	2,589
9	250	190	175	–
10	250	240	238	2,023
11	300	240	220	–
12	300	290	290	1,589
13	350	290	269	–
14	350	340	340	0,552
15	400	340	318	–

Para a verificação da saturação em amostras ensaiadas em equipamento triaxial, usa-se o parâmetro B de Skempton (1954), definido pela Eq. 4.4. Esse parâmetro pode ser calculado para cada uma das etapas de carregamento não drenado, ou seja, quando a válvula da contrapressão se encontra fechada. No ensaio realizado, o carregamento não drenado foi feito nas etapas ímpares. Calculando o parâmetro B para a etapa inicial:

$$B = \frac{\Delta u_i}{\Delta \sigma_3} = \frac{22 - 0}{50 - 0} = 0{,}44$$

Analogamente, para a segunda e terceira etapa de carregamento não drenado:

$$B = \frac{\Delta u_i}{\Delta \sigma_3} = \frac{55 - 22}{100 - 50} = 0{,}66$$

$$B = \frac{\Delta u_i}{\Delta \sigma_3} = \frac{96 - 55}{150 - 100} = 0{,}82$$

Os cálculos podem facilmente ser repetidos para as outras etapas. Com base nos valores de B nas duas últimas etapas (B = 0,98), pôde-se atestar saturação satisfatória do corpo de prova, prosseguindo à etapa de adensamento. Na Fig. 4.42 é apresentada a variação do parâmetro B com o aumento da tensão confinante.

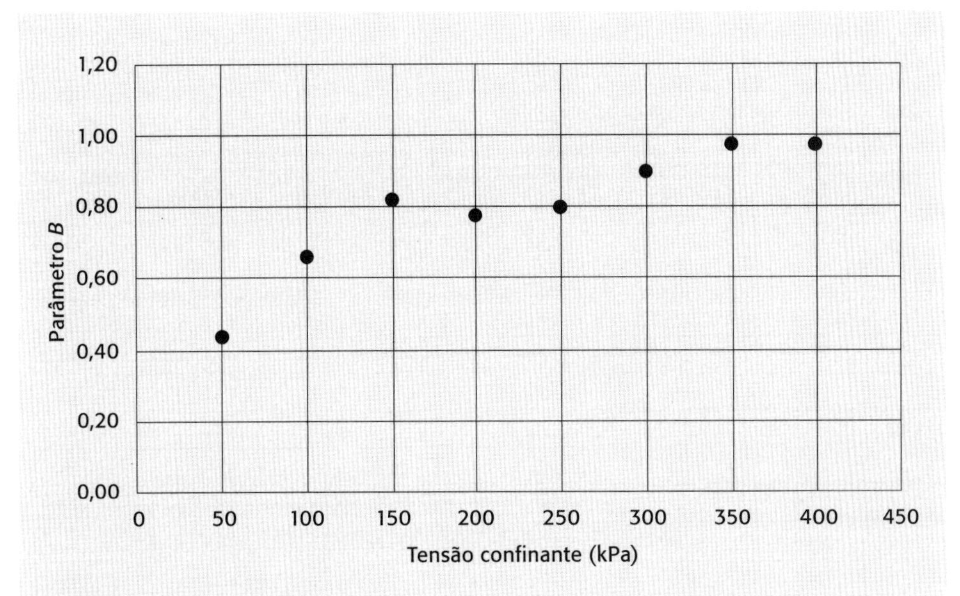

Fig. 4.42 *Evolução do parâmetro* B *com a tensão confinante no processo de saturação em solo da Formação Guabirotuba*

Com base nos índices físicos desse corpo de prova, também é possível verificar a elevação do grau de saturação por cálculos de volume: o volume injetado de água (da Tab. 4.7) deverá substituir o volume de ar presente nos vazios de solo, calculado a partir da porosidade e do grau de saturação iniciais. Esse é um método alternativo para a verificação da saturação no equipamento triaxial e pode ser útil em casos de dúvida quanto à saturação da amostra de solo.

Boxe 4.3 Etapa de adensamento hidrostático

Em uma amostra de argila marinha, deseja-se realizar um ensaio triaxial do tipo não drenado, de compressão axial e adensado hidrostaticamente (ensaio CIU-CA). Na etapa de adensamento hidrostático, foram obtidas medidas de poropressão na base do corpo de prova e variação de volume do solo saturado, dados apresentados na Tab. 4.8. O corpo de prova foi adensado para uma tensão efetiva de 152 kPa, através de uma pressão confinante aplicada de 577 kPa e contrapressão de 425 kPa, fixada ao final da etapa de saturação. O corpo de prova utilizado tem diâmetro de 38 mm e altura de 76 mm, resultando em um volume inicial de 86,19 cm^3.

Com esses dados, calcular: (i) a curva de variação de volume (representação de Taylor); (ii) a curva de dissipação dos excessos de poropressão (representação de Casagrande); (iii) a deformação volumétrica específica ao final do adensamento hidrostático; e (iv) a geometria do corpo de prova no instante final.

Tab. 4.8 Leituras realizadas na etapa de adensamento hidrostático de ensaio CIU-CA em argila marinha

Leitura	Tempo (min)	Poropressão (kPa)	Variação de volume (cm³)	Leitura	Tempo (min)	Poropressão (kPa)	Variação de volume (cm³)
1	0,0	535	0,000	17	1.260,0	494	20,066
2	0,0	527	0,201	18	2.040,0	478	24,957
3	0,1	525	0,267	19	2.070,0	477	25,136
4	0,2	526	0,329	20	2.100,0	476	25,304
5	0,5	529	0,486	21	2.280,0	473	26,076
6	1,0	532	0,631	22	2.310,0	472	26,188
7	2,0	534	0,850	23	2.400,0	471	26,509
8	180,0	531	7,740	24	2.430,0	470	26,572
9	210,0	529	8,377	25	2.700,0	465	27,427
10	240,0	528	8,934	26	2.790,0	464	27,738
11	780,0	508	16,076	27	3.210,0	456	28,949
12	840,0	506	16,652	28	3.300,0	454	29,152
13	870,0	505	16,923	29	3.570,0	450	29,917
14	900,0	504	17,212	30	4.770,0	435	32,304
15	930,0	503	17,447	31	5.160,0	431	33,029
16	1.230,0	495	19,841	32	5.880,0	425	33,841

Para determinar a curva de adensamento hidrostático, plotar a variação de volume no eixo das ordenadas e a raiz do tempo (em minutos) no eixo das abscissas. Essa representação, apresentada na Fig. 4.43, é feita diretamente a partir dos dados da Tab. 4.48.

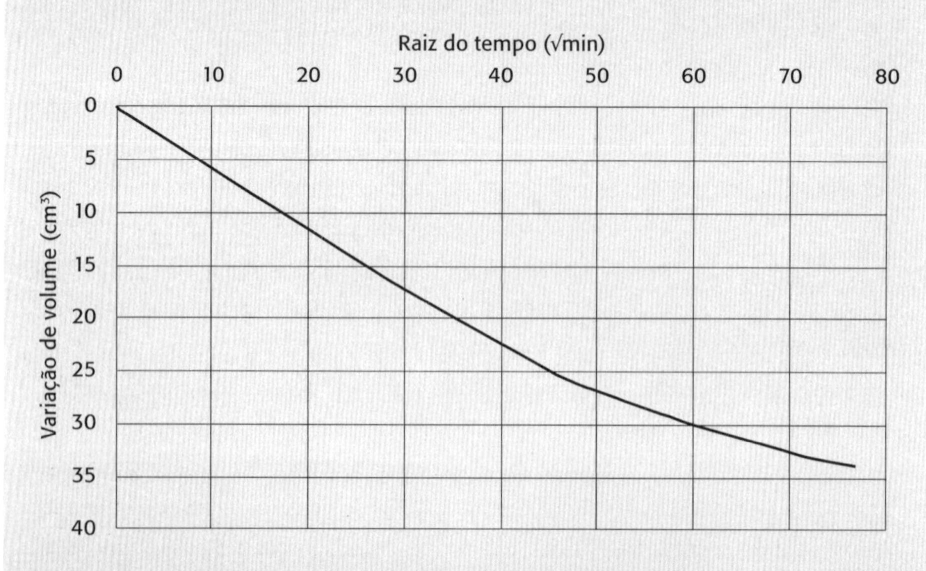

Fig. 4.43 *Curva de adensamento hidrostático para a tensão de 152 kPa em argila marinha*

A dissipação do excesso de poropressão (valor de poropressão acima da contrapressão aplicada) é calculada para cada leitura utilizando a Eq. 4.23, que relaciona a poropressão inicial e a contrapressão com a poropressão em cada instante de tempo t. A seguir, calculam-se os valores para as leituras 11, 24 e 32:

$$U_{11} = \frac{535-508}{535-425} \times 100 = 24{,}55\%$$

$$U_{24} = \frac{535-470}{535-425} \times 100 = 59{,}09\%$$

$$U_{32} = \frac{535-425}{535-425} \times 100 = 100{,}00\%$$

O cálculo para leituras intermediárias é análogo. Com base nos valores obtidos, é possível traçar a curva de dissipação de poropressão com o logaritmo do tempo de ensaio, como ilustrado na Fig. 4.44.

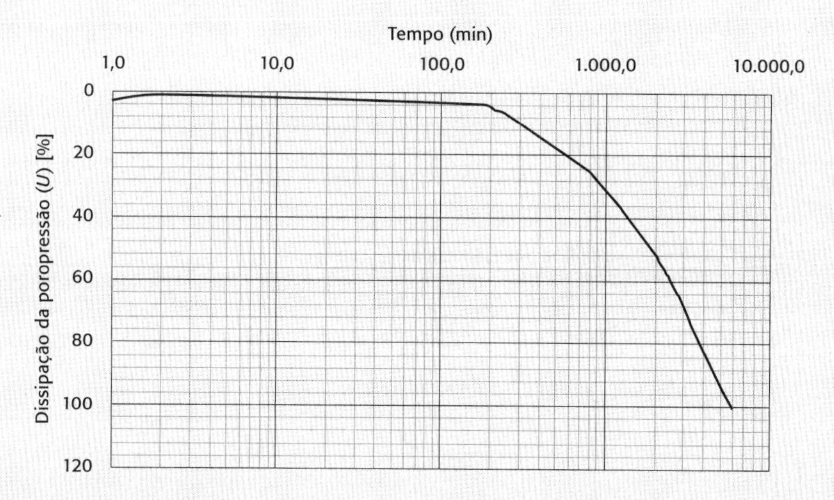

Fig. 4.44 *Curva de dissipação dos excessos de poropressão na etapa de adensamento hidrostático em argila marinha*

A deformação volumétrica específica ocorrida no adensamento hidrostático é calculada pela Eq. 4.36:

$$\varepsilon_{v,i} = \frac{\Delta V/V_i}{V_0} = \frac{33{,}841}{86{,}19} = 0{,}3926 = 39{,}26\%$$

Pelas Eqs. 4.37 e 4.38 é possível determinar a altura e a área do corpo de prova no final do adensamento hidrostático, supondo que ele seja isotrópico e se comporte de modo elástico linear, o que é razoável para a acurácia necessária nessa etapa de ensaio.

$$H_{a,i} = 76\left(1 - \frac{1}{3} \times 0{,}3926\right) = 66{,}05 \text{ mm}$$

$$A_{a,i} = 11{,}34\left(1 - \frac{2}{3} \times 0{,}3926\right) = 8{,}37 \text{ cm}^2$$

Boxe 4.4 Etapa de adensamento não hidrostático

Após o adensamento hidrostático apresentado no Boxe 4.3, no qual o corpo de prova ficou submetido a uma tensão confinante efetiva de 152 kPa em todas as direções, foi realizada uma etapa de adensamento não hidrostático para que, no início do cisalhamento, o coeficiente de empuxo do corpo de prova fosse próximo ao coeficiente de empuxo no repouso estimado para o depósito de argila marinha ensaiado, que vale $K_0 = 0,49$.

Com os dados da Tab. 4.9, calcular: (i) o valor da tensão vertical efetiva desejada ao final do adensamento; (ii) as características geométricas do corpo de prova ao final do adensamento; (iii) o coeficiente de empuxo; e (iv) as tensões efetivas horizontais e verticais que realmente atuam sobre o corpo de prova ao final do adensamento.

Tab. 4.9 Dados adquiridos durante a etapa de adensamento não hidrostático em argila marinha

Número	Tempo (min)	Poropressão (kPa)	ΔV (cm³)	Força axial (N)	ΔH (mm)	Número	Tempo (min)	Poropressão (kPa)	ΔV (cm³)	Força axial (N)	ΔH (mm)
1	0,0	425	0,000	0	0,000	25	4.832,0	436	3,117	165	2,192
2	0,4	426	0,001	0	0,003	26	4.922,0	437	3,225	168	2,265
3	0,5	426	0,001	1	0,003	27	5.372,0	440	3,692	183	2,655
4	1,0	427	0,001	4	0,007	28	5.462,0	440	3,761	186	2,735
5	1.149,7	420	0,279	34	0,177	29	5.552,0	441	3,825	190	2,821
6	1.157,7	420	0,280	35	0,177	30	6.362,0	442	4,687	214	3,631
7	1.164,7	420	0,284	35	0,180	31	6.452,0	443	4,795	217	3,725
8	1.179,7	420	0,290	35	0,184	32	6.542,0	442	4,894	219	3,815
9	1.209,7	419	0,314	36	0,191	33	6.632,0	442	4,991	222	3,906
10	1.239,7	419	0,319	38	0,198	34	6.722,0	444	5,082	225	4,000
11	1.329,7	420	0,350	42	0,219	35	6.902,0	444	5,299	230	4,184
12	1.419,7	420	0,394	45	0,243	36	6.992,0	444	5,416	231	4,271
13	2.229,7	424	0,810	79	0,587	37	7.082,0	444	5,534	232	4,364
14	2.319,7	426	0,870	83	0,625	38	7.172,0	444	5,648	234	4,455
15	2.409,7	427	0,932	87	0,674	39	8.604,5	429	6,410	190	4,865
16	2.852,0	429	1,313	103	0,914	40	9.265,6	425	6,635	210	5,007
17	2.860,0	429	1,323	102	0,921	41	9.895,6	431	6,926	229	5,185
18	2.867,0	428	1,331	102	0,924	42	9.985,6	431	6,978	232	5,219
19	2.882,0	428	1,349	103	0,931	43	10.075,6	431	7,031	234	5,254
20	3.842,0	431	2,122	133	1,484	44	11.548,3	438	7,878	280	6,144
21	4.472,0	434	2,757	153	1,911	45	11.638,3	437	7,948	281	6,224
22	4.562,0	434	2,834	157	1,977	46	12.628,3	431	8,450	282	6,741
23	4.652,0	434	2,926	159	2,046	47	12.988,3	429	8,664	282	6,860
24	4.742,0	435	3,026	162	2,119	48	12.993,0	429	8,666	282	6,860

Inicialmente, considerando o valor de K_0 igual a 0,49, calcula-se a tensão efetiva vertical a que o corpo de prova estará submetido no final do adensamento, pela Eq. 4.28:

$$K_0 = \left.\frac{\sigma'_h}{\sigma'_v}\right|_{\varepsilon_h=0} \rightarrow 0{,}49 = \frac{152}{\sigma'_v}$$

$$\sigma'_v = 310\,\text{kPa}$$

Ou seja, a tensão vertical efetiva deve ser aumentada por meio da aplicação de tensão desviadora axial de modo drenado, no valor de 158 kPa (= 310 – 152).

Para calcular as dimensões do corpo de prova ao final do adensamento não hidrostático, são utilizadas as Eqs. 4.36, 4.39 e 4.40, tendo como base as características finais do adensamento hidrostático (Boxe 4.3):

$$H_{a,a} = H_{a,i} - \Delta H_{a,a} = 66{,}05 - 6{,}860 = 59{,}19\ \text{mm}$$

$$\varepsilon_{v,a} = \frac{\Delta V_a}{V_i} = \frac{8{,}666}{(86{,}19 - 33{,}841)} = \frac{8{,}666}{52{,}349} = 0{,}1655 = 16{,}55\%$$

$$A_{a,a} = A_{a,i}\left(\frac{1-\varepsilon_{v,a}}{1-\dfrac{\Delta H_{a,a}}{H_{a,a}}}\right) = 8{,}37\left(\frac{1-0{,}1655}{1-\dfrac{0{,}686}{5{,}919}}\right) = 7{,}90\ \text{cm}^2$$

De modo análogo, as características geométricas podem ser calculadas para cada leitura realizada ao longo do ensaio. Para obter a tensão desviadora no instante final do ensaio, aplica-se a Eq. 4.45, considerando o último valor de força axial lida e a área correspondente:

$$\sigma_d = \frac{F_a}{A_c} = \frac{124}{7{,}90} = 15{,}70\frac{\text{N}}{\text{cm}^2} \cong 157\,\text{kPa}$$

A tensão horizontal ao final do adensamento não hidrostático é obtida com a Eq. 4.44, com o valor de 577 kPa para a tensão confinante, dada no Boxe 4.3. A tensão vertical efetiva, por sua vez, é obtida pela Eq. 4.46, aplicando a tensão desviadora anteriormente calculada.

$$\sigma'_3 = \sigma_3 - u = 577 - 429 = 148\ \text{kPa}$$

$$\sigma'_1 = \sigma'_3 + \sigma_d = 148 + 157 = 305\ \text{kPa}$$

Assim, observa-se que ao final da etapa de adensamento as tensões atingidas foram satisfatoriamente próximas das desejadas. Calculando o coeficiente de empuxo com a Eq. 4.6:

$$K = \frac{\sigma'_3}{\sigma'_1} = \frac{148}{305} = 0,49$$

Dessa forma, como tanto as tensões efetivas vertical e horizontal quanto o coeficiente de empuxo se aproximam satisfatoriamente dos valores desejados para o início do cisalhamento, sendo respeitada a condição de 95% de dissipação dos excessos de poropressão (para u = 429 kPa, U = 96,36%), a etapa de adensamento pode ser considerada encerrada.

Boxe 4.5 Etapa de cisalhamento não drenado

Um corpo de prova submetido a adensamento hidrostático foi ensaiado em compressão axial não drenada (ensaio CIU-CA). A tensão confinante efetiva no início do cisalhamento vale 152 kPa, a pressão de câmara é de 577 kPa e a poropressão inicial vale 425 kPa.

Pede-se, com base nos dados obtidos ao longo do ensaio e apresentados na Tab. 4.10, para: (i) traçar a curva tensão desviadora *versus* deformação para o ensaio; (ii) traçar as trajetórias de tensões totais e efetivas (MIT); (iii) calcular o parâmetro A de Skempton (1954) na ruptura; (iv) calcular a resistência não drenada na ruptura; (v) calcular os parâmetros de resistência efetivos de Mohr-Coulomb.

Considerar que a área do corpo de prova ao final do adensamento vale 8,37 cm² e a sua altura é de 66,05 mm, como calculado no Boxe 4.3.

Tab. 4.10 Dados obtidos em cisalhamento não drenado no ensaio CIU-CA

Leitura	Poropressão (kPa)	ΔH (mm)	Força axial (N)	Leitura	Poropressão (kPa)	ΔH (mm)	Força axial (N)
1	425	0	0	23	486	3,201	191
2	426	0,090	63	24	487	3,295	192
3	426	0,184	78	25	487	3,389	192
4	426	0,280	95	26	488	3,484	193
5	427	0,373	111	27	491	3,955	196
6	432	0,467	121	28	492	4,049	198
7	437	0,561	129	29	492	4,144	197
8	441	0,657	137	30	492	4,237	198
9	445	0,750	143	31	497	5,181	200
10	448	0,844	146	32	498	5,274	202
11	451	0,938	150	33	500	6,028	203
12	454	1,034	154	34	501	6,124	205
13	456	1,127	159	35	503	7,159	207

Tab. 4.10 (continuação)

Leitura	Poropressão (kPa)	ΔH (mm)	Força axial (N)	Leitura	Poropressão (kPa)	ΔH (mm)	Força axial (N)
14	463	1,410	166	36	507	8,951	206
15	468	1,692	173	37	507	9,328	205
16	470	1,787	173	38	507	9,422	206
17	471	1,881	176	39	508	10,27	202
18	472	1,975	179	40	508	10,365	202
19	474	2,070	179	41	508	10,742	202
20	475	2,164	181	42	509	11,119	200
21	484	3,012	189	43	510	12,345	200
22	485	3,107	189	44	511	14,323	201

Para o traçado da curva tensão desviadora *versus* deformação axial específica, na qual é definida a ruptura do corpo de prova pelo critério de tensão desviadora máxima, por exemplo, utiliza-se a Eq. 4.41 para o cálculo da deformação axial específica, a Eq. 4.42 para a correção da área ao longo do cisalhamento e a Eq. 4.45 para determinar a tensão desviadora a cada instante de leitura. A tensão principal menor total, igual a 577 kPa, é constante ao longo de todo o ensaio, e a tensão principal maior total é obtida pela Eq. 4.46; para as tensões principais efetivas, basta subtrair o valor da poropressão, como mostrado nas Eqs. 4.44 e 4.46.

Como esses cálculos já foram apresentados no Boxe 4.1, na Tab. 4.11 as grandezas calculadas são sumarizadas, e na Fig. 4.45 são apresentadas na forma da curva tensão-deformação. Dos dados, pode-se observar que a ruptura ocorreu sob uma deformação de 6,13%, com tensão desviadora equivalente de 222 kPa (leitura 28).

Tab. 4.11 Grandezas calculadas para a construção da curva tensão-deformação e as tensões principais ao longo do cisalhamento não drenado

Número	Deformação axial específica (%)	Área corrigida (cm²)	Tensão desviadora (kPa)	Tensão principal menor total (kPa)	Tensão principal maior total (kPa)	Tensão principal menor efetiva (kPa)	Tensão principal maior efetiva (kPa)
1	0,00	8,37	0	577	577	152	152
2	0,14	8,38	75	577	652	151	226
3	0,28	8,39	93	577	670	151	244
4	0,42	8,41	113	577	690	151	264
5	0,56	8,42	132	577	709	150	282
6	0,71	8,43	144	577	721	145	289
7	0,85	8,44	153	577	730	140	293

Tab. 4.11 (continuação)

Número	Deformação axial específica (%)	Área corrigida (cm²)	Tensão desviadora (kPa)	Tensão principal menor total (kPa)	Tensão principal maior total (kPa)	Tensão principal menor efetiva (kPa)	Tensão principal maior efetiva (kPa)
8	0,99	8,45	162	577	739	136	298
9	1,14	8,47	169	577	746	132	301
10	1,28	8,48	172	577	749	129	301
11	1,42	8,49	177	577	754	126	303
12	1,57	8,50	181	577	758	123	304
13	1,71	8,52	187	577	764	121	308
14	2,13	8,55	194	577	771	114	308
15	2,56	8,59	201	577	778	109	310
16	2,71	8,60	201	577	778	107	308
17	2,85	8,62	204	577	781	106	310
18	2,99	8,63	207	577	784	105	312
19	3,13	8,64	207	577	784	103	310
20	3,28	8,65	209	577	786	102	311
21	4,56	8,77	216	577	793	93	309
22	4,70	8,78	215	577	792	92	307
23	4,85	8,80	217	577	794	91	308
24	4,99	8,81	218	577	795	90	308
25	5,13	8,82	218	577	795	90	308
26	5,27	8,84	218	577	795	89	307
27	5,99	8,90	220	577	797	86	306
28	6,13	8,92	222	577	799	85	307
29	6,27	8,93	221	577	798	85	306
30	6,41	8,94	221	577	798	85	306
31	7,84	9,08	220	577	797	80	300
32	7,98	9,10	222	577	799	79	301
33	9,13	9,21	220	577	797	77	297
34	9,27	9,23	222	577	799	76	298
35	10,84	9,39	221	577	798	74	295
36	13,55	9,68	213	577	790	70	283
37	14,12	9,75	210	577	787	70	280
38	14,26	9,76	211	577	788	70	281
39	15,55	9,91	204	577	781	69	273
40	15,69	9,93	203	577	780	69	272
41	16,26	10,00	202	577	779	69	271
42	16,83	10,06	199	577	776	68	267
43	18,69	10,29	194	577	771	67	261
44	21,69	10,69	188	577	765	66	254

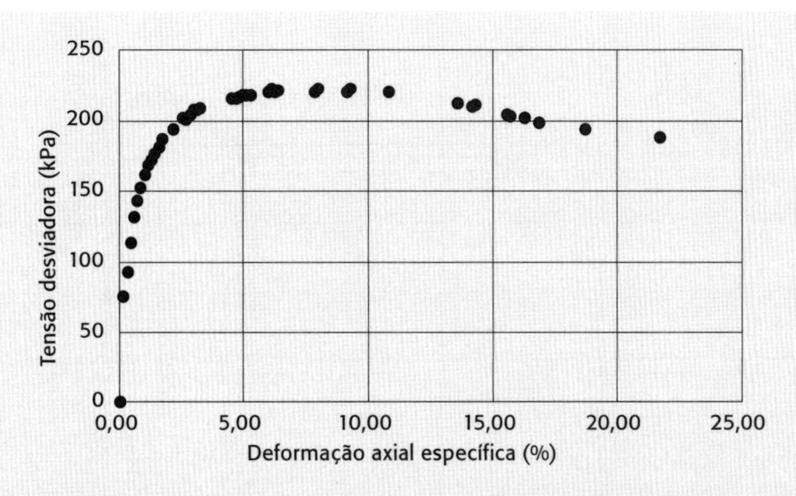

Fig. 4.45 *Curva tensão desviadora* versus *deformação axial específica em ensaio CIU-CA*

As trajetórias de tensões totais e efetivas com a representação do MIT podem ser traçadas calculando os invariantes de tensão s, s' e t, conforme as Eqs. 4.7, 4.9 e 4.10. Os invariantes para as leituras 6, 25 e 44 valem:

$$s_6 = \frac{\sigma_1 + \sigma_3}{2} = \frac{721 + 577}{2} = 649\,\text{kPa}$$

$$s'_6 = \frac{\sigma'_1 + \sigma'_3}{2} = \frac{289 + 145}{2} = 217\,\text{kPa}$$

$$t_6 = \frac{\sigma'_1 - \sigma'_3}{2} = \frac{289 - 145}{2} = 72\,\text{kPa}$$

$$s_{25} = \frac{\sigma_1 + \sigma_3}{2} = \frac{795 + 577}{2} = 686\,\text{kPa}$$

$$s'_{25} = \frac{308 + 90}{2} = 199\,\text{kPa}$$

$$t_{25} = \frac{308 - 90}{2} = 109\,\text{kPa}$$

$$s_{44} = \frac{\sigma_1 + \sigma_3}{2} = \frac{765 + 577}{2} = 671\,\text{kPa}$$

$$s'_{44} = \frac{254 + 66}{2} = 160\,\text{kPa}$$

$$t_{44} = \frac{254 - 66}{2} = 94\,\text{kPa}$$

Repetindo os cálculos para todos os pontos de leitura, é possível traçar o gráfico da Fig. 4.46, que ilustra as trajetórias de tensões efetivas e totais para esse ensaio triaxial. Observa-se que a trajetória efetiva se curva para a esquerda nos instantes próximos à ruptura; portanto, pode-se inferir que se trata de uma argila normalmente adensada.

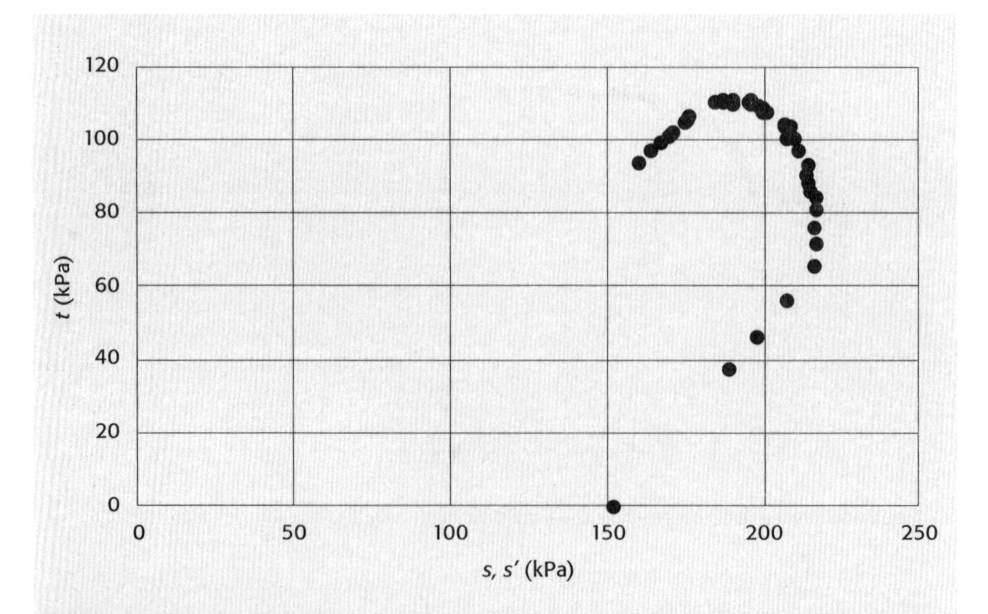

Fig. 4.46 *Trajetória de tensões efetivas e totais e envoltória de resistência do solo para ensaio CIU-CA*

O parâmetro A de Skempton na ruptura pode ser calculado pela Eq. 4.5; neste exemplo, usa-se a leitura n° 28, instante no qual ocorreu a tensão desviadora máxima e foi caracterizada a ruptura do corpo de prova:

$$A_f = \frac{\Delta u_d}{\sigma_d} = \frac{492 - 425}{222} = 0{,}30$$

A resistência não drenada, por definição, é igual ao raio do círculo de Mohr representativo do estado de tensões (total ou efetivo) no instante da ruptura. Como a tensão desviadora na ruptura representa o diâmetro do mesmo círculo de Mohr, tem-se que:

$$S_u = \frac{\sigma_d}{2} = \frac{222}{2} = 111 \text{ kPa}$$

Para esse ensaio, também é possível obter os parâmetros de resistência efetivos para a amostra. Como se trata de um solo normalmente adensado, assume-se que c' = 0 e a envoltória de resistência passa pela origem, conforme apresentado na Fig. 4.46. Inicialmente, calculando os invariantes de tensão na ruptura:

$$s'_{28} = \frac{307 + 85}{2} = 196 \text{ kPa}$$

$$t_{28} = \frac{307 - 85}{2} = 111 \text{ kPa}$$

Calculando o ângulo α' no espaço s' × t:

$$\alpha' = \tan^{-1}\frac{t_f}{s'_f} = \tan^{-1}\frac{111}{196} = 29{,}52°$$

Para o ângulo de atrito, aplica-se a relação da Eq. 4.53:

$$\text{sen}\phi' = \tan\alpha \rightarrow \phi' = \text{sen}^{-1}(\tan\alpha')$$

$$\phi' = \text{sen}^{-1}(\tan 29{,}52)$$

$$\phi' = 34{,}49°$$

Boxe 4.6 Etapa de cisalhamento drenado

Um ensaio triaxial de compressão axial, adensado hidrostaticamente e com cisalhamento drenado foi conduzido com o objetivo de determinar o comportamento tensão-deformação-resistência de um solo residual. Foram ensaiados corpos de prova com diâmetro de 38 mm e altura de 76 mm nas tensões confinantes efetivas de 25 kPa, 100 kPa e 200 kPa. Os dados obtidos na etapa de cisalhamento foram: força axial, deslocamento vertical e variação de volume (a variação positiva indica redução de volume).

Com base nos dados da Tab. 4.12, determinar: (i) a deformação volumétrica específica na ruptura para os três corpos de prova, caracterizando o comportamento contrátil ou dilatante; (ii) as trajetórias de tensões efetivas para os três ensaios; e (iii) os parâmetros de resistência efetivos para esse solo.

Tab. 4.12 Dados adquiridos em ensaio CID-CA na etapa de cisalhamento

Leitura	**Tensão confinante efetiva**								
	25 kPa			100 kPa			200 kPa		
	$\Delta V_{a,i}$ (cm³)		0,249	**$\Delta V_{a,i}$ (cm³)**		1,189	**$\Delta V_{a,i}$ (cm³)**		3,235
	Pressão de câmara (kPa)		974	**Pressão de câmara (kPa)**		1.202	**Pressão de câmara (kPa)**		1.096
	Poropressão inicial (kPa)		949	**Poropressão inicial (kPa)**		1.102	**Poropressão inicial (kPa)**		896
	Força axial (N)	**ΔV (cm³)**	**ΔH (cm³)**	**Força axial (N)**	**ΔV (cm³)**	**ΔH (cm³)**	**Força axial (N)**	**ΔV (cm³)**	**ΔH (cm³)**
1	0	0,000	0,000	0	0,000	0,000	0	0,000	0,000
2	20	0,126	0,378	65	0,318	0,375	78	0,360	0,374
3	20	0,213	0,757	89	0,588	0,754	111	0,706	0,747
4	23	0,274	1,137	105	0,831	1,132	138	1,024	1,122

Tab. 4.12 (continuação)

Leitura	Tensão confinante efetiva								
	25 kPa			100 kPa			200 kPa		
	$\Delta V_{a,i}$ (cm³)		0,249	$\Delta V_{a,i}$ (cm³)		1,189	$\Delta V_{a,i}$ (cm³)		3,235
	Pressão de câmara (kPa)		974	Pressão de câmara (kPa)		1.202	Pressão de câmara (kPa)		1.096
	Poropressão inicial (kPa)		949	Poropressão inicial (kPa)		1.102	Poropressão inicial (kPa)		896
	Força axial (N)	ΔV (cm³)	ΔH (cm³)	Força axial (N)	ΔV (cm³)	ΔH (cm³)	Força axial (N)	ΔV (cm³)	ΔH (cm³)
5	26	0,325	1,518	117	1,054	1,512	164	1,311	1,498
6	26	0,362	1,896	128	1,252	1,890	187	1,577	1,873
7	31	0,391	2,277	137	1,428	2,269	207	1,826	2,249
8	30	0,402	2,655	143	1,593	2,647	228	2,050	2,625
9	30	0,411	3,035	153	1,737	3,025	243	2,261	3,000
10	28	0,418	3,416	160	1,866	3,403	261	2,459	3,376
11	34	0,431	3,797	167	1,985	3,781	277	2,648	3,749
12	37	0,439	4,175	172	2,097	4,162	294	2,819	4,124
13	38	0,452	4,555	182	2,198	4,540	308	2,984	4,500
14	37	0,448	4,934	192	2,294	4,918	322	3,139	4,876
15	39	0,425	5,314	199	2,384	5,296	338	3,282	5,251
16	38	0,416	5,695	207	2,462	5,674	351	3,416	5,627
17	39	0,411	6,075	213	2,534	6,052	365	3,535	6,002
18	41	0,397	6,454	218	2,598	6,433	379	3,642	6,376
19	41	0,377	6,834	222	2,651	6,809	393	3,742	6,751
20	40	0,361	7,215	225	2,702	7,189	404	3,833	7,127
21	40	0,354	7,593	228	2,739	7,567	414	3,917	7,502
22	40	0,324	7,974	230	2,778	7,945	426	3,998	7,878
23	40	0,312	8,354	234	2,806	8,324	435	4,069	8,254
24	41	0,295	8,732	237	2,830	8,702	444	4,133	8,627
25	42	0,277	9,113	240	2,848	9,080	455	4,194	9,005
26	40	0,249	9,494	247	2,856	9,458	464	4,246	9,378
27	43	0,249	9,872	256	2,861	9,839	471	4,295	9,753
28	43	0,232	10,252	260	2,864	10,217	480	4,335	10,129
29	44	0,217	10,631	263	2,862	10,595	490	4,365	10,505
30	43	0,199	11,011	269	2,856	10,973	496	4,393	10,880
31	41	0,179	11,392	271	2,848	11,351	503	4,413	11,256
32	45	0,175	11,772	273	2,838	11,729	507	4,431	11,629
33	45	0,166	12,151	272	2,822	12,110	516	4,443	12,007
34	44	0,139	12,531	273	2,800	12,488	519	4,453	12,380
35	47	0,119	13,290	271	2,756	13,244	530	4,458	13,131
36	48	0,048	14,429	277	2,684	14,379	539	4,436	14,256

Inicialmente, para estipular os dados desejados, é necessário calcular as dimensões do corpo de prova ao final do adensamento hidrostático. Esse cálculo será omitido no presente exemplo por ter sido feito nos boxes anteriores, sendo obtidos os valores apresentados na Tab. 4.13.

Tab. 4.13 Características geométricas dos corpos de prova ensaiados no início do cisalhamento

25 kPa				100 kPa				200 kPa			
$\varepsilon_{v,i}$	$A_{a,i}$ (cm²)	$H_{a,i}$ (mm)	$V_{a,i}$ (cm³)	$\varepsilon_{v,i}$	$A_{a,i}$ (cm²)	$H_{a,i}$ (mm)	$V_{a,i}$ (cm³)	$\varepsilon_{v,i}$	$A_{a,i}$ (cm²)	$H_{a,i}$ (mm)	$V_{a,i}$ (cm³)
0,29%	11,32	75,93	85,94	1,38%	11,24	75,65	85,00	3,75%	11,06	75,05	82,96

De posse do volume e da altura de cada corpo de prova no início do cisalhamento, é possível calcular a deformação volumétrica específica e a deformação axial específica, respectivamente, para cada uma das leituras efetuadas. Aplicando as Eqs. 4.36 e 4.41 para a leitura nº 22 do ensaio com tensão de 25 kPa, têm-se:

$$\varepsilon_{v,c} = \frac{\Delta V}{V} = \frac{0,324}{85,94} = 0,377\%$$

$$\varepsilon_a = \frac{\Delta H_c}{H_a} = \frac{7,974}{75,93} = 10,50\%$$

Com as deformações específicas calculadas, encontra-se a correção de área no ensaio drenado pela Eq. 4.43:

$$A_{cd} = A_a\left(\frac{1-\varepsilon_{vc}}{1-\varepsilon_a}\right) = 11,32\left(\frac{1-\left(\frac{0,377}{100}\right)}{1-\left(\frac{10,50}{100}\right)}\right) = 12,60\,\text{cm}^2$$

Finalmente, com a área corrigida, determina-se a tensão desviadora (Eq. 4.45). Não foi aplicada a correção de membrana nos cálculos realizados.

A tensão principal menor efetiva é obtida a partir da pressão de câmara, constante durante o cisalhamento no ensaio CID-CA, e da poropressão, que se mantém inalterada, por meio da Eq. 4.44; já a tensão principal maior efetiva é calculada pela Eq. 4.46 para cada uma das leituras no cisalhamento.

Com o objetivo de caracterizar a ruptura, a curva tensão-deformação de cada um dos ensaios foi plotada na Fig. 4.48. As deformações volumétricas específicas ao longo do cisalhamento, por sua vez, são mostradas na Fig. 4.49.

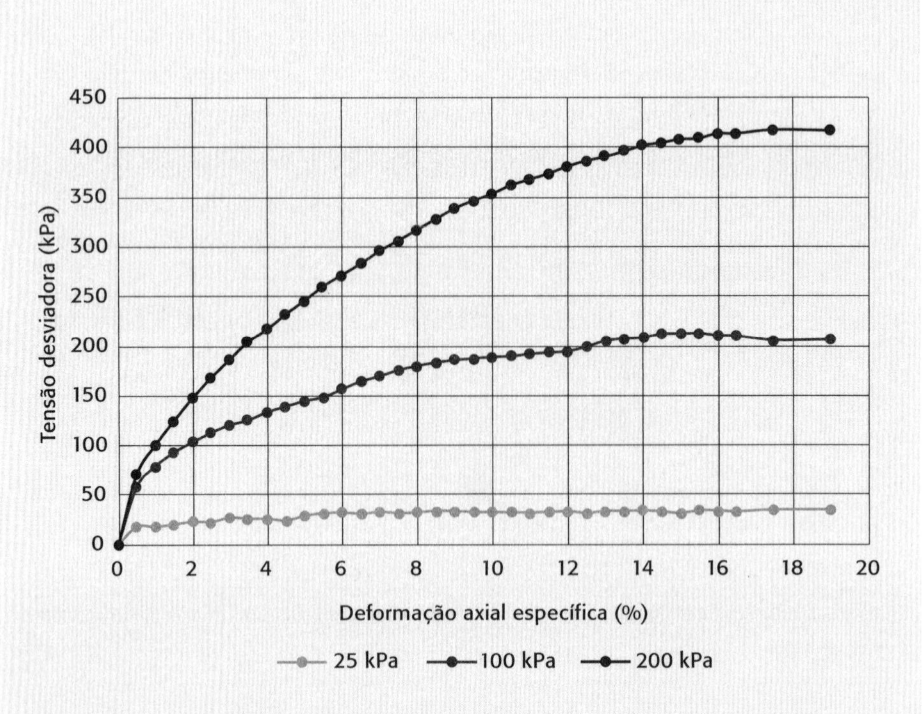

Fig. 4.47 *Curva tensão-deformação para os três ensaios CID-CA realizados*

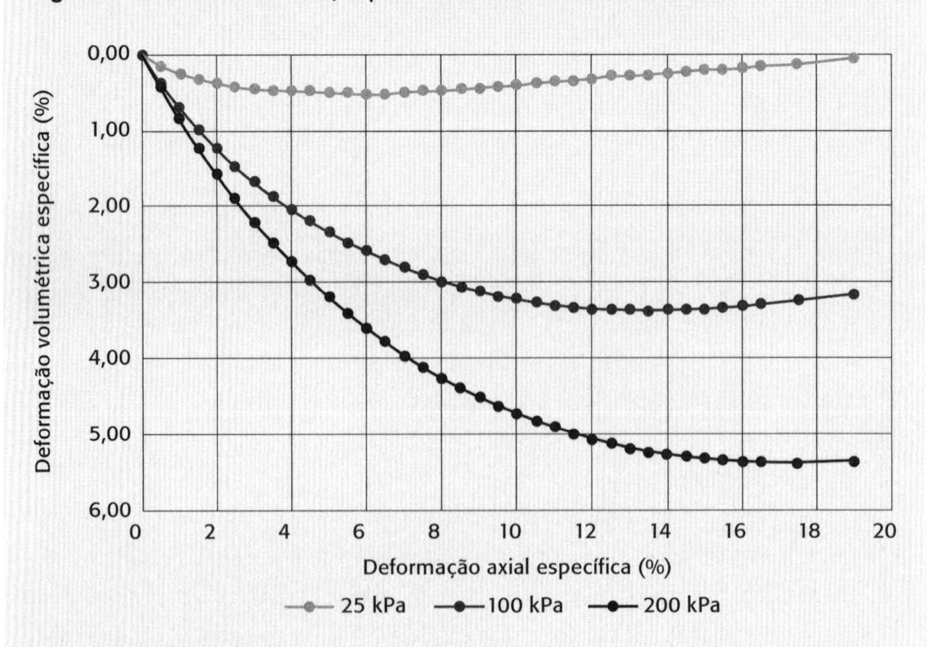

Fig. 4.48 *Curva de deformação volumétrica específica para os três ensaios CID-CA realizados*

Para o ensaio na tensão confinante efetiva de 25 kPa, a deformação volumétrica específica na ruptura foi de 0,25%; para tensão efetiva de 100 kPa, de 3,36%; e para o último ensaio, de 5,37%. Todos os corpos de prova apresentaram comportamento contrátil no cisalhamento.

A fim de traçar as trajetórias de tensões efetivas e totais (espaço paramétrico do MIT), são utilizadas as Eqs. 4.7, 4.9 e 4.10 para cálculo dos invariantes de tensão s, s' e t. Esse cálculo é idêntico ao realizado no Boxe 4.5 para o ensaio CIU-CA, com a diferença de que no ensaio CID-CA não há geração de excesso de poropressão durante o cisalhamento. Dessa forma, a trajetória de tensões efetivas é paralela à trajetória de tensões totais, estando estas afastadas horizontalmente do valor da poropressão inicial (apresentada na Tab. 4.12) de cada ensaio. Na Fig. 4.49 são apresentadas as trajetórias de tensões efetivas obtidas, inclinadas em 45° com a horizontal para a direita (trajetória de compressão axial). Ajustando uma envoltória de resistência linear, observa-se que ela passa pela origem, como é típico de um solo arenoso, resultando em um intercepto coesivo efetivo c' igual a 0 kPa e um ângulo de atrito efetivo de ϕ' = 33,66°. O ângulo de atrito foi obtido a partir da relação geométrica com a inclinação α' (29°) da envoltória de resistência no espaço s' × t, conforme apresentado na Eq. 4.52:

$$\text{sen}\phi' = \tan\alpha \rightarrow \phi' = \text{sen}^{-1}(\tan\alpha')$$

$$\phi' = \text{sen}^{-1}(\tan 29°)$$

$$\phi' = 33{,}66°$$

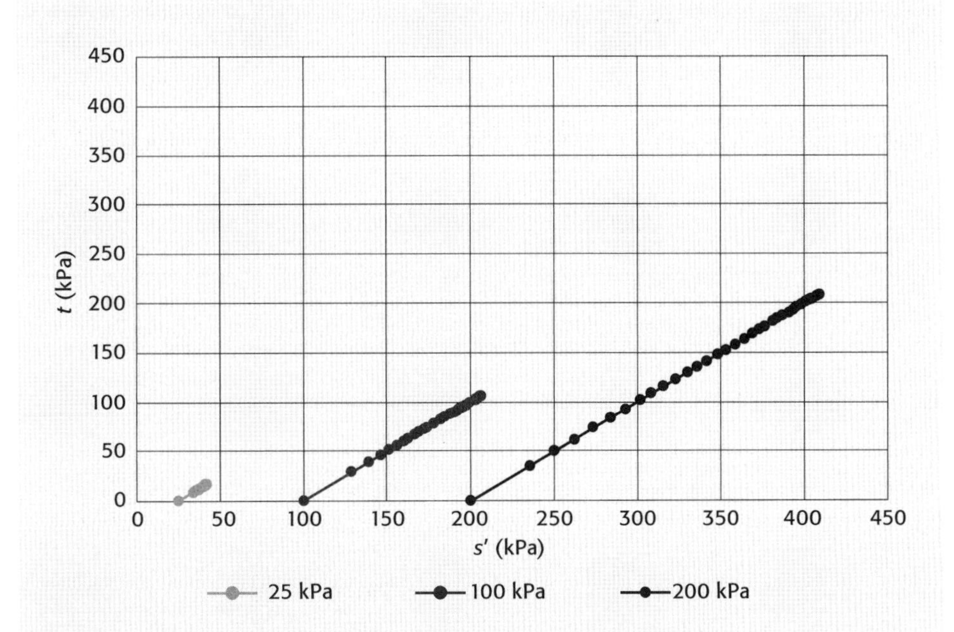

Fig. 4.49 *Trajetórias de tensões efetivas e envoltória de resistência para os três ensaios CID-CA realizados*

Boxe 4.7 Ensaio para determinação do K_0

Visando estimar o coeficiente de empuxo no repouso de uma amostra de argila mole, foi conduzido um ensaio especial na prensa tipo Bishop-Wesley com controle de deformação radial. O corpo de prova utilizado possuía 50 mm de diâmetro, 100 mm de altura e 315,25 g de massa. A massa específica dos grãos encontrada nos ensaios de caracterização foi de 2,79 g/cm³, sendo o teor de umidade inicial de 76,5%. Foi realizado, inicialmente, um adensamento isotrópico na tensão efetiva de 30 kPa, cuja variação volumétrica total, após estabilização da curva e dissipação da poropressão, foi de 7,210 cm³.

De posse dos dados expostos na Tab. 4.14, estimar o valor de K_0, considerando que a tensão desviadora foi automaticamente ajustada para manter o diâmetro da amostra constante com o aumento da tensão confinante.

Tab. 4.14 Dados registrados em ensaio para determinação de K_0 em argila marinha

Número	Poropressão (kPa)	Pressão de câmara (kPa)	Deslocamento vertical (mm)	Força (N)	Volume (cm³)	Contrapressão (kPa)	Deslocamento radial (mm)
1	702	730	12,628	8	156,786	700	1,903
2	700	731	12,644	7	156,905	700	1,896
3	705	735	12,829	17	157,256	700	1,903
4	708	740	13,103	27	157,661	700	1,904
5	710	744	13,444	35	158,197	700	1,902
6	712	748	13,786	46	158,794	700	1,902
7	715	751	14,154	62	159,437	700	1,903
8	715	755	14,457	61	160,108	700	1,903
9	717	760	14,801	70	160,790	700	1,901
10	720	764	15,187	79	161,472	700	1,902
11	723	768	15,646	92	162,243	699	1,903
12	726	772	16,120	94	163,088	699	1,901
13	727	776	16,573	97	163,987	700	1,902
14	730	780	17,033	106	164,893	700	1,902
15	731	784	17,385	101	165,720	701	1,903
16	734	788	17,783	109	166,521	700	1,902
17	736	791	18,277	112	167,399	700	1,902
18	740	796	18,852	125	168,385	700	1,904
19	742	800	19,397	125	169,400	700	1,902
20	744	804	19,869	130	170,318	700	1,904
21	745	808	20,197	120	171,127	700	1,903
22	750	812	20,524	132	171,852	700	1,901
23	750	816	20,874	128	172,609	700	1,903
24	755	820	21,320	140	173,404	700	1,905

Tab. 4.14 (continuação)

Número	Poropressão (kPa)	Pressão de câmara (kPa)	Deslocamento vertical (mm)	Força (N)	Volume (cm³)	Contrapressão (kPa)	Deslocamento radial (mm)
25	755	824	21,748	132	174,256	700	1,903
26	758	828	22,160	140	175,100	700	1,900
27	758	832	22,426	132	175,874	700	1,904
28	765	836	22,722	142	176,572	700	1,901
29	765	840	23,079	141	177,271	700	1,902
30	769	844	23,505	150	178,011	700	1,901
31	770	848	23,903	153	178,750	700	1,902

O cálculo de um ensaio para determinação de K_0 em muito se assemelha ao realizado para ensaios CIU-CA (seção 4.6.2). Inicia-se pela correção da área e da altura após o adensamento hidrostático a partir da variação de volume nessa etapa (Eqs. 4.37 e 4.38):

$$H_{a,i} = H_i\left(1-\frac{1}{3}\varepsilon_{v,i}\right) = 10\left(1-\frac{1}{3}\frac{7{,}210}{\frac{\pi\cdot 5^2}{4}\cdot 10}\right) = 9{,}88\ \text{cm}$$

$$A_{a,i} = A_i\left(1-\frac{2}{3}\varepsilon_{v,i}\right) = \frac{\pi\cdot 5^2}{4}\left(1-\frac{2}{3}\frac{7{,}210}{\frac{\pi\cdot 5^2}{4}\cdot 10}\right) = 19{,}15\ \text{cm}^2$$

$$D_{a,i} = \sqrt{\frac{4A_{a,i}}{\pi}} = 49{,}38\ \text{mm}$$

Ressalta-se que para este ensaio há monitoramento da deformação radial, e a área durante o adensamento não hidrostático pode ser calculada segundo essa medida, utilizando o diâmetro ao final do adensamento isotrópico (49,38 mm). Percebe-se que não há variações de área significativas, pois o diâmetro da amostra permanece constante (Fig. 4.50).

Na sequência, deve-se calcular a tensão efetiva horizontal (σ'_h), a tensão desviadora (σ_d), a tensão efetiva vertical (σ'_v) e a relação entre as tensões principais que define o coeficiente K_0. Esses cálculos são realizados para as três primeiras leituras, repetindo-se para as restantes.

- Tensão efetiva horizontal (σ'_h) (Eq. 4.44):

Leitura 1: $\sigma'_{3,1} = 730 - 702 = 28\,\text{kPa}$

Leitura 2: $\sigma'_{3,2} = 731 - 700 = 31\,\text{kPa}$

Leitura 3: $\sigma'_{3,3} = 735 - 705 = 30\,\text{kPa}$

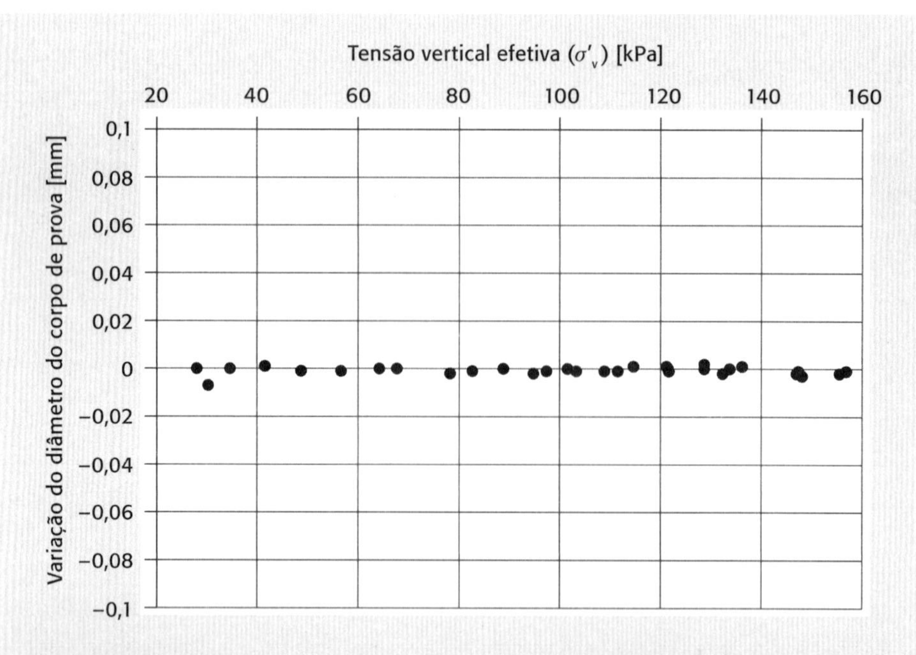

Fig. 4.50 *Monitoramento do diâmetro do corpo de prova em ensaios para determinação laboratorial de K_0*

- Tensão desviadora (σ_d) (Eq. 4.45):

Leitura 1: $\sigma_{d,1} = \dfrac{8-8}{19{,}15} \times 10 = 0 \text{ kPa}$

Leitura 2: $\sigma_{d,2} = \dfrac{7-8}{19{,}15} \times 10 = -0{,}52 \text{ kPa}$

Leitura 3: $\sigma_{d,3} = \dfrac{17-8}{19{,}15} \times 10 = 4{,}70 \text{ kPa}$

- Coeficiente de empuxo no repouso (K_0) (Eq. 4.29):

Leitura 1: $K_{0,1} = \dfrac{28}{28+0} = 1{,}00$

Leitura 2: $K_{0,2} = \dfrac{31}{31+(-0{,}52)} = 1{,}02$

Leitura 3: $K_{0,3} = \dfrac{30}{30+4{,}70} = 0{,}86$

Prosseguindo com os cálculos, será possível determinar 31 valores de K_0, que podem ser plotados em um gráfico em função da tensão efetiva horizontal, vertical ou média (p'). A curva resultante é apresentada na Fig. 4.51. O valor do K_0 estimado em laboratório é aquele que caracteriza a estabilização da curva; neste exemplo, esse valor foi 0,49.

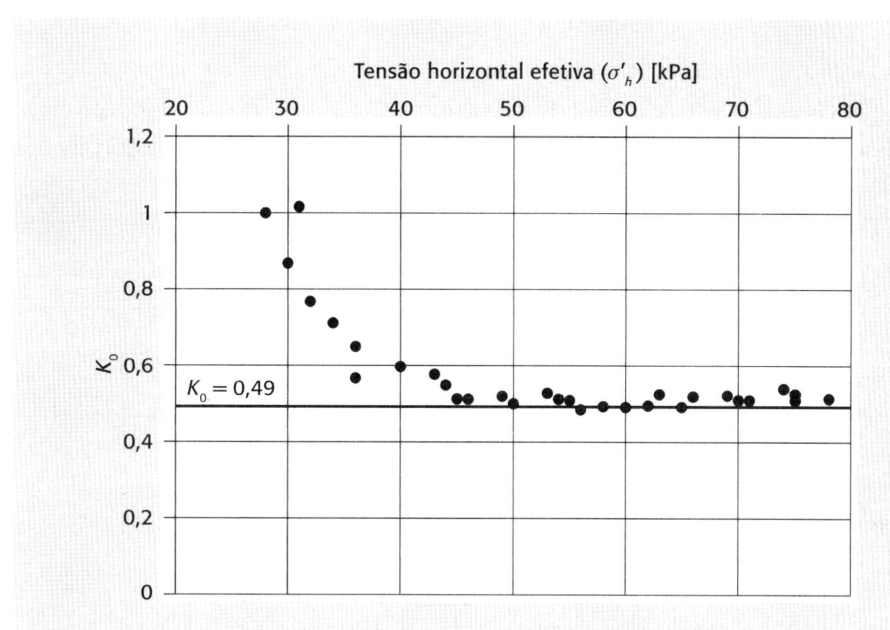

Fig. 4.51 *Curva para determinação do coeficiente de empuxo no repouso em argila marinha*

4.9 O que aprendemos neste capítulo?

Os ensaios triaxiais são os mais versáteis e difundidos ensaios de laboratório para a determinação dos parâmetros de resistência ao cisalhamento e de deformabilidade dos solos. Um ensaio completo é formado pelas etapas de saturação, adensamento e cisalhamento. Além de garantir a completa saturação do corpo de prova, eles permitem a condução de ensaios de resistência em diversas condições de carregamento. As suas vantagens e atribuições podem ser assim resumidas:

- A saturação do solo pode ser realizada com a percolação de CO^2 e/ou água através do corpo de prova, seguida de um aumento da tensão confinante e pressão interna (contrapressão). O nível de saturação é determinado pela medida do parâmetro B de Skempton.
- Na etapa de adensamento, pode-se proceder à consolidação hidrostática ou anisotrópica do corpo de prova. A consolidação anisotrópica representa de maneira mais fidedigna as tensões atuantes em campo.
- A ruptura do solo pode ser conduzida de forma drenada ou não drenada. Ainda pode-se optar por carregamento ou descarregamento axial, carregamento ou descarregamento lateral, simulando as condições de obra (fundações, escavações, túneis etc.).
- Os resultados obtidos dos ensaios triaxiais são: curva tensão-deformação drenada/não drenada, comportamento contrátil ou expansivo do solo (determinação do parâmetro A de Skempton), resistência não drenada (S_u), trajetória de tensão, envoltória e parâmetros de resistência.

- A utilização de medidores de deformação locais aumenta expressivamente a qualidade das deformações sofridas pelo corpo de prova, provendo, por exemplo, a determinação do coeficiente de empuxo no repouso (condição em que não há deformação lateral) ou o entendimento das deformações elásticas do material (pequenas deformações).
- Os procedimentos triaxiais mais empregados, todos eles de carregamento axial, são: ensaio não consolidado e não adensado (UU), ensaio consolidado não drenado (CIU-CA) e ensaio consolidado drenado (CID-CA).

Aspectos da calibração de instrumentos de laboratório

5

Na Geotecnia, assim como em outras áreas do conhecimento cuja teoria está intrinsecamente ligada a experimentos – tais como Hidráulica, Tecnologia de Materiais, entre outras –, as incertezas com relação às medidas efetuadas durante os ensaios devem ser minimizadas ao máximo. Para isso, procedimentos de calibração e manutenção de instrumentos são regularmente conduzidos pelo laboratório de solos, permitindo assegurar a confiabilidade das medidas realizadas e dos resultados obtidos.

5.1 Princípios da calibração

A calibração basicamente consiste em estabelecer uma relação entre uma grandeza física que se deseja aferir e uma medida obtida por meio de um equipamento. A partir desse procedimento, pode-se assegurar a confiabilidade das medidas efetuadas em traduzir a grandeza física desejada. Em uma interpretação menos literal, procedimentos de manutenção periódica de equipamentos mecânicos e peças essenciais aos ensaios também asseguram a credibilidade das medidas, devendo ser conduzidos com rigor semelhante aos processos de calibração.

Pode-se dividir a calibração em laboratórios de solos em três categorias:

- *Calibração de referência*: é realizada por agente externo e independente, certificado pelo Instituto Nacional de Metrologia, Qualidade e Tecnologia (Inmetro), o qual fornecerá os certificados de calibração e acreditação dos instrumentos. Todos os instrumentos do laboratório, especialmente os de referência, devem ser submetidos a esse procedimento de calibração rigoroso.
- *Calibração de rotina*: realizada pela equipe especializada do laboratório, trata-se da verificação das leituras utilizando instrumentos de referência. É frequentemente empregada em instrumentos eletrônicos.
- *Manutenção preventiva*: consiste em um conjunto de boas práticas associadas a instrumentos mecânicos e peças necessárias para realização de ensaios de laboratório que contribuem para a confiabilidade dos dados obtidos.

Dada a importância da calibração de referência, é essencial que ela seja realizada com a frequência adequada. Com base na experiência dos autores e indicações da bibliografia especializada, o Quadro 5.1 apresenta a frequência recomendada para a execução dos procedimentos de calibração em laboratórios. Ressalta-se que esses valores são orientativos: sempre que existirem dúvidas sobre a confiabilidade das medidas ou se houver afetação dos resultados dos ensaios, a verificação dos instrumentos deverá ser conduzida.

Quadro 5.1 Frequência de calibração recomendada para instrumentos de laboratório

Instrumento	Frequência de calibração de referência	Frequência de calibração de rotina	Verificações de rotina
Relógio comparador	1 ano	Quando necessário	Movimento livre da agulha em todo o intervalo de operação; instrumento devidamente fixo
Anel dinamométrico	1 ano	Quando necessário	Leitura nula sem contato com outro equipamento; instrumento seguramente fixo
Manômetro	1 ano	6 meses	Leitura zero na pressão atmosférica; deve ser deixado em baixos níveis de pressão quando não utilizado
Transdutor de pressão	6 meses	3 meses	Leitura zero na pressão atmosférica
Célula de carga	1 ano	6 meses	Leitura nula sem contato com outro equipamento; instrumento seguramente fixo
Transdutor de deslocamento	1 ano	6 meses	Movimento livre da agulha em todo o intervalo de operação; instrumento devidamente fixo
Transdutor de volume	1 ano	1 ano	Livre de vazamentos
Bureta	2 anos	Quando necessário	Íntegra e com graduação bem definida e legível
Célula triaxial	1 ano	Quando necessário	Livre de vazamentos; livre de deformações geométricas; livre de trincas na composição; selada com facilidade

Toda e qualquer calibração deve ser documentada por meio de relatórios e fichas, que serão colocados à disposição para consulta. O controle de dados e rastreabilidade dos certificados por meio da identificação dos instrumentos é um ponto crucial no estabelecimento de um padrão de qualidade adequado para o laboratório e para oficializar a acreditação junto aos órgãos reguladores. Os seguintes dados mínimos devem constar nos certificados de calibração:

- número do instrumento;
- data de calibração;
- responsável pela calibração;
- data da próxima calibração;
- observações relevantes detectadas durante o procedimento.

Todos os instrumentos de referência utilizados nas verificações devem ser rastreáveis até os certificados de calibração originais, referidos às normativas e padrões estabelecidos pelo Inmetro.

5.2 Calibração de instrumentos mecânicos

Instrumentos que permitem obtenção de leituras de modo predominantemente mecânico (anéis dinamométricos, relógios comparadores, manômetros, entre outros) são equipamentos cujo funcionamento inadequado é de fácil detecção na rotina de um laboratório. Dessa forma, a frequência de verificações necessárias é significativamente menor em comparação à dos instrumentos eletrônicos.

5.2.1 Anéis dinamométricos

Anéis dinamométricos podem ser calibrados pela comparação com células de carga padrão ou por sistema de pesos para verificação das leituras. Os procedimentos gerais para a verificação de anéis dinamométricos, utilizados para quantificar força a partir do deslocamento lido em relógios comparadores, são:

a. Posicionar o anel na prensa de carregamento. Um elemento esférico para transferência de carga deve ser utilizado para facilitar o carregamento.
b. Registrar a temperatura ambiente e garantir que tanto o anel a calibrar quanto o instrumento de referência estejam na mesma temperatura.
c. Carregar e descarregar os dois instrumentos três vezes até a máxima capacidade e de volta ao zero, sem registro de leituras.
d. Se necessário, estabelecer o "zero" do instrumento.
e. Aplicar uma força inicial e registrar a leitura para o anel e para o instrumento de referência assim que a indicação estabilizar. A força inicial deve ser igual a 20% da capacidade nominal do anel.
f. Aumentar a força aplicada em quatro intervalos, com acréscimos aproximadamente iguais, até a máxima capacidade do instrumento. Efetuar leituras em ambos os equipamentos a cada estágio de carga.
g. Descarregar o equipamento em estágios, registrando os valores de carga em ambos os instrumentos nos mesmos valores de força do carregamento.
h. Repetir o procedimento para obter três ciclos de carga-descarga.
i. Calcular as medidas médias para o anel e estabelecer a equação que relaciona as medidas do anel com as medidas de força do instrumento de referência.

5.2.2 Manômetros

Para a verificação dos manômetros, instrumentos utilizados para aferir a pressão, é necessário comparar as leituras obtidas com um manômetro padrão, certificado por empresa acreditada e independente. Os procedimentos são:

a. Conectar o manômetro a calibrar com o manômetro de referência por meio de um sistema hidráulico dotado de válvulas.
b. Na pressão atmosférica, estabelecer o "zero" do instrumento.

c. Encher o sistema com água desaerada e circular a água por todos os canais para garantir completa saturação.
d. Registrar a temperatura de calibração.
e. Pressurizar o sistema ao máximo valor e reduzir a pressão gradativamente sem realizar ajustes.
f. Elevar a pressão aplicada em intervalos convenientes e determinar o valor da leitura no instrumento a calibrar, partindo-se do zero até o limite do equipamento.
g. Reduzir a pressão (descarregar) nos mesmos intervalos da pressurização, fazendo registro em ambos os instrumentos.
h. Repetir o procedimento para obter dois ciclos de calibração.
i. Calcular a média das leituras e estabelecer a relação com a pressão real, definindo uma curva (ajuste linear ou não linear) para verificação do instrumento. O erro entre o instrumento a calibrar e o instrumento padrão deve ser registrado.

5.2.3 Relógios comparadores

Relógios comparadores são utilizados para medida de deslocamento (forma direta) ou como dispositivos auxiliares na obtenção de outra grandeza (forma indireta), como em associação a anéis dinamométricos. Para a verificação desses instrumentos, é necessário empregar um micrômetro devidamente calibrado junto ao Inmetro, seguindo os procedimentos:

a. Fixar o relógio comparador em contato com o micrômetro, de modo que ambos os instrumentos estejam firmemente presos.
b. Estabelecer o valor do "zero" do instrumento e a leitura inicial do micrômetro.
c. Levar o relógio comparador até o limite de leituras e retornar ao zero, sem efetuar registros.
d. Aplicar deslocamentos sucessivos ao relógio comparador, registrando as leituras de ambos os instrumentos em intervalos adequados, até o limite e de volta ao zero por três ciclos consecutivos.
e. Estabelecer a relação entre a medida do relógio comparador e a do micrômetro, verificando-se a tolerância com relação a não linearidade e necessidade de implementar curvas de correção no tratamento dos dados.

5.3 Calibração de instrumentos eletrônicos

Sensores eletrônicos são sensíveis a diversos efeitos ambientais, tais como variações na corrente elétrica, temperatura, movimentação de instrumentos, entre outros. Apesar disso, pode ser relativamente difícil detectar quando um equipamento eletrônico não se comporta bem, uma vez que as leituras continuam a ser registradas normalmente. Assim, torna-se necessário estabelecer uma rotina de verificação rigorosa, de modo a minimizar erros e imprecisões nas leituras.

Embora mais suscetíveis a variações por efeitos externos, os instrumentos eletrônicos são reconhecidamente confiáveis e altamente eficientes, permitindo automatização na aquisição de dados. Alguns procedimentos simples, como instalação de estabilizadores de voltagem na linha de abastecimento elétrico, podem contribuir para reduzir de forma significante eventuais ruídos em instrumentos desse tipo.

5.3.1 Transdutores

Transdutores são dispositivos que transformam uma determinada grandeza física (pressão, deslocamento, força) em um sinal elétrico que pode ser registrado e posteriormente interpretado. Os procedimentos gerais para a verificação de transdutores, independente da grandeza a ser lida, usando equipamentos de referência (certificados pelo Inmetro) são:

a. Utilizar equipamento de referência devidamente calibrado, certificado e rastreável aos padrões nacionais.
b. Posicionar o instrumento a verificar e conectá-lo com o instrumento de referência. Garantir que as conexões sejam adequadas para assegurar leituras estáveis.
c. Com o transdutor a verificar descarregado, estabelecer o ponto de referência ("zero" do instrumento).
d. Efetuar três ciclos rápidos de carga e descarga da leitura zero até o limite do instrumento.
e. Estabelecer novamente o "zero" do instrumento, se necessário.
f. Efetuar três ciclos de leituras cobrindo toda a capacidade de medição do instrumento. Registrar ao menos dez leituras comparativas para cada ciclo.
g. Registrar a temperatura no momento da calibração do instrumento.
h. Registrar as leituras médias obtidas dos três ciclos, plotando-as contra os valores reais do instrumento de referência. Proceder à interpretação dos resultados da calibração.

Após registrados os dados dos ciclos de calibração, eles são utilizados para a construção de uma curva de calibração, necessária para que as correções aplicáveis sejam empregadas – ou pelo profissional que interpretará os dados, ou pelo computador responsável pela aquisição dos dados. Usualmente, estabelece-se uma calibração do tipo linear, ajustando-se uma reta aos dados adquiridos no processo. Se for preciso, uma relação não linear pode ser estabelecida caso a função que define a relação entre as grandezas medidas seja mais complexa.

5.3.2 Natureza dos erros em leituras de instrumentos eletrônicos

No geral, os erros de leituras em ensaios de laboratório são agrupados em:

- *Erros aleatórios*: são devidos a fatores externos, como ruído elétrico ou variações na voltagem. Esses erros podem ser reduzidos efetuando-se, durante a calibração, um número maior de leituras, de modo que seja possível descartar da equação final valores discrepantes. Esse tratamento estatístico retorna uma relação mais confiável para definir a curva de calibração.

- *Erros sistemáticos*: são erros intrínsecos ao instrumento, por exemplo, o desvio em relação à curva de calibração estabelecida por regressão. Em geral, determina-se um limite aceitável para o desvio em relação às leituras reais (do instrumento de referência), como os listados na Tab. 5.1. Esses erros podem ser minimizados utilizando-se curvas não lineares ou aumentando-se o número de pontos registrados durante a verificação.

Tab. 5.1 Limites de variação para ajuste linear de transdutores eletrônicos

Instrumento	Limite de variação em relação à grandeza de referência
Transdutores de pressão	1,0%
Transdutores de deslocamento	0,1%

- *Efeitos ambientais*: alguns efeitos ambientais podem provocar problemas em instrumentos eletrônicos, sobretudo relacionados à variação de temperatura ambiente, superaquecimento dos transdutores, exposição à umidade, interferência de campos eletromagnéticos ou instabilidade na voltagem da rede. Esses erros podem ser reduzidos com medidas de controle de temperatura e umidade, além de proteção dos sistemas elétricos empregados no laboratório.

5.4 Calibração de medidores de volume

Transdutores utilizados para medição de volume devem ser calibrados individualmente. O equipamento deve ser conectado a uma bureta graduada, com indicação de volume em escala adequada, e a um cilindro controlador com abastecimento por água desaerada. Para a calibração, deve-se garantir que o sistema esteja livre de bolhas de ar e sem vazamentos nas conexões.

Inicialmente, deve-se encher o transdutor até sua capacidade máxima, e operá-lo nesse extremo algumas vezes para garantir que diafragmas e selos estejam intactos. Na sequência, o cilindro controlador é operado para promover o movimento da água no interior do transdutor. As leituras de volume no equipamento devem ser registradas em conjunto com as medidas da bureta em todo o intervalo de operação do equipamento, tanto no enchimento como no esvaziamento.

Caso ocorra perda de volume de água na operação de calibração, é possível que o diafragma do equipamento esteja danificado. Se necessário, inspeções mais apuradas devem ser executadas para investigar causas na variação das leituras.

Referências bibliográficas

ABELEV, Y. M. The essentials of designing and building on microporous soils. *Stroital Naya Promyshlemast*, v. 10, 1948.

ABRAMSON, L. W.; LEE, T. S.; SHARMA, S.; BOYCE, G. M. *Slope Stability Concepts*. Slope Stabilisation and Stabilisation Methods. New York: John Wiley & Sons Inc., 2002. 2 ed., p. 329-461.

ABNT – ASSOCIAÇÃO BRASILEIRA DE NORMAS TÉCNICAS. *NBR 12007*: Solo – Ensaio de adensamento unidimensional. Rio de Janeiro: ABNT, 1990.

ABNT – ASSOCIAÇÃO BRASILEIRA DE NORMAS TÉCNICAS. *NBR 13292*: Solo – Determinação do coeficiente de permeabilidade de solos granulares à carga constante – Método de ensaio. Rio de Janeiro: ABNT, 2021a. 8 p.

ABNT – ASSOCIAÇÃO BRASILEIRA DE NORMAS TÉCNICAS. *NBR 14545*: Solo – Determinação do coeficiente de permeabilidade de solos argilosos a carga variável – Método de ensaio. Rio de Janeiro: ABNT, 2021b. 12 p.

ASTM – AMERICAN SOCIETY FOR TESTING AND MATERIALS. *ASTM D 2434-22*: Standard Test Method for Permeability of Granular Soils (Constant Head). Philadelphia: ASTM, 2022.

ASTM – AMERICAN SOCIETY FOR TESTING AND MATERIALS. *ASTM D 2435*: Standard Test Methods for One-Dimensional Consolidation Properties of Soils Using Incremental Loading. Philadelphia: ASTM, 2011a.

ASTM – AMERICAN SOCIETY FOR TESTING AND MATERIALS. *ASTM D 2850-15*: Standard Test Method for Unconsolidated-Undrained Triaxial Compression Test on Cohesive Soils. West Conshohocken, PA: ASTM, 2015a.

ASTM – AMERICAN SOCIETY FOR TESTING AND MATERIALS. *ASTM D 3080*: Standard Test Method for Direct Shear Test of Soils Under Consolidated Drained Conditions. Philadelphia: ASTM, 2011b.

ASTM – AMERICAN SOCIETY FOR TESTING AND MATERIALS. *ASTM D 4186*: Standard Test Method for One-Dimensional Consolidation Properties of Soils. Using Controlled Strain Loading. Philadelphia: ASTM, 2012.

ASTM – AMERICAN SOCIETY FOR TESTING AND MATERIALS. *ASTM D 4767-11*: Standard Test Method for Consolidated Undrained Triaxial Compression Test for Cohesive Soils. West Conshohocken, PA: ASTM, 2020.

ASTM – AMERICAN SOCIETY FOR TESTING AND MATERIALS. *ASTM D 5084*: Standard Test Methods for Measurement of Hydraulic Conductivity of

Saturated Porous Materials Using a Flexible Wall Permeameter. Philadelphia: ASTM, 2016a.

ASTM – AMERICAN SOCIETY FOR TESTING AND MATERIALS. *ASTM D 5298*: Standard Test Method for Measurement of Soil Potential (Suction) Using Filter Paper. Philadelphia: ASTM, 2016b.

ASTM – AMERICAN SOCIETY FOR TESTING AND MATERIALS. *ASTM D 5856*: Standard Test Method for Measurement of Hydraulic Conductivity of Porous Material Using a Rigid-Wall, Compaction-Mold Permeameter. Philadelphia: ASTM, 2015b.

ASTM – AMERICAN SOCIETY FOR TESTING AND MATERIALS. *ASTM D 6528-17*: Standard Test Method for Consolidated Undrained Direct Simple Shear Testing of Fine Grain Soils. Philadelphia: ASTM, 2017.

ASTM – AMERICAN SOCIETY FOR TESTING AND MATERIALS. *ASTM D 8296-19*: Standard Test Method for Consolidated Undrained Cyclic Direct Simple Shear Test under Constant Volume with Load Control or Displacement Control. West Conshohocken, PA: ASTM, 2019.

ATKINSON, J. H.; BRANSBY, P. L. *The mechanics of soils*: an introduction to critical state soil mechanics. New Zealand: McGraw-Hill Book Company, 1978.

BICALHO, K. V. *et al.* Effect of the filter paper calibration on the soil-water retention curve of an unsaturated compacted silt sand. *In*: CORREIA, A. G.; LEMOS, L. L. (ed. lit.). *A geotecnia portuguesa e os desafios da globalização*: actas do Congresso Nacional de Geotecnia. Coimbra: S.P.G., 2008. p. 181-188. ISBN 978-989-95740-2-1.

BIOT, M. A. General Theory of Three-Dimensional Consolidation. *Journal of Applied Physics*, v. 12, p. 155-164, 1941.

BISHOP, A. W. *The principle of effective stress*. Oslo, Norway: Norwegian Geotech. Inst., 1960.

BISHOP, A. W.; HENKEL, D. J. *The measurement of soil properties in the triaxial test*. 2 ed. London: Edward Arnold, 1962.

BISHOP, A. W.; WESLEY, L. D. A hydraulic triaxial apparatus for controlled stress path testing. *Géotechnique*, v. 25, n. 4, p. 657-670, 1975.

BJERRUM, L.; LANDVA, A. Direct Simple-Shear Tests on a Norwegian Quick Clay. *Géotechnique*, v. 16, n. 1, p. 1-20, 1966.

BOSZCZOWSKI, R. B. *Avaliação da tensão lateral de campo de argilas sobreadensadas*: ensaios de laboratório com um solo da Formação Guabirotuba. 2001. Dissertação (Mestrado) – Pontifícia Universidade Católica do Rio de Janeiro, Rio de Janeiro, Brasil, 2001.

BOSZCZOWSKI, R. B. *Avaliação de propriedades mecânicas e hidráulicas de um perfil de alteração de granito-gnaisse de Curitiba, PR*. 2008. Tese (Doutorado) – Pontifícia Universidade Católica do Rio de Janeiro, Rio de Janeiro, 2008.

BS – BRITISH STANDARD. *BS 1377-6*: Methods of Test for Soils for Civil Engineering Purposes. Part 6: Consolidation and Permeability Tests in Hydraulic Cells and with Pore Pressure Measurement. UK: BS, 1990a.

BS – BRITISH STANDARD. *BS 1377-7*: Methods of Test for Soils for Civil Engineering Purposes. Part 7: Shear Strength Tests (Total Stress). London: UK: British Standard Institute, 1990b.

BS – BRITISH STANDARD. *BS 1377-8*: Methods of Test for Soils for Civil Engineering Purposes. Part 8: Shear Strength Tests (Effective Stress). London, UK: British Standard Institute, 1990c.

CALLE, J. A. C. *Análise de ruptura de talude em solo não saturado*. 2000. 156 p. Dissertação (Mestrado) – Escola de Engenharia de São Carlos, Universidade de São Paulo, São Carlos, 2000.

CARVALHO, J. C. C. *et al. Solos não saturados no contexto geotécnico*. São Paulo: Associação Brasileira de Mecânica dos Solos e Engenharia Geotécnica, 2015.

CEDERGREN, H. R. *Seepage, drainage, and flow nets*. New York: Wiley, 1967.

CHANDLER, R. J.; GUTIERREZ, C. I. The filter-paper method of suction measurement. *Géotechnique*, v. 36, n. 2, p. 265-268, June 1986. Disponível em: https://www.icevirtuallibrary.com/doi/abs/10.1680/geot.1986.36.2.265.

CHANDLER, R. J.; CRILLEY, M. S.; MONTGOMERY-SMITH, G. A low-cost method of assessing clay desiccation for lowrise buildings. *Proc. Inst. Civ. Eng. Civ. Eng.*, v. 92, May 1992, p. 82-89.

CUPERTINO, K. F. *Análise de curvas de calibração utilizadas no método do papel-filtro para estimar a sucção matricial em solos não saturados*. 2013. Dissertação (Mestrado) – Universidade Federal do Espírito Santo, Vitória, 2013.

DANIEL, D. E. State-of-the-Art: Laboratory Hydraulic Conductivity Tests for Saturated Soils. In: DANIEL, D. E.; TRAUTWEIN, S. J. (Ed.). *Hydraulic Conductivity and Waste Contaminant Transport in Soil*. ASTM STP 1142. Philadelphia: American Society for Testing and Materials, 1994.

DENISOV, N. Y. *The engineering properties of loess and loess loams*. Moscow: Gosstroiizdat, 1951.

DONATH, A. D. *Untersuchungen veber den Erddruck auf Stuetzwaende*. Berlin, Germany: Zeitschrift fuer Bauwesen, 1891.

DNER – DEPARTAMENTO NACIONAL DE ESTRADAS DE RODAGEM. *DNER-IE 005*: Solo – Adensamento. DNER, 1994.

FERNANDES, M. M. *Mecânica dos solos*: conceitos e princípios fundamentais. São Paulo: Oficina de Textos, 2016.

FEUERHARMEL, C. *Aspectos do comportamento não saturado de dois solos coluvionares – Gasoduto Bolívia-Brasil*. 2003. 148 f. Dissertação (Mestrado) – Universidade Federal do Rio Grande do Sul, Porto Alegre, 2003.

FEUERHARMEL, C. *Estudo da resistência ao cisalhamento e da condutividade hidráulica de solos coluvionares não saturados da formação Serra Geral*. 2007. 332 f. Tese (Doutorado) – Universidade Federal do Rio Grande do Sul, Porto Alegre, 2007.

FREDLUND, D. G.; RAHARDJO, H. *Soil Mechanics for unsaturated soils*. New York, John Wiley & Sons Inc., 1993.

FREDLUND, D. G.; XING, A. Equations for the soil-water characteristic curve. *Canadian Geotechnical Journal*, v. 31, p. 521-532, 1994.

FREDLUND, D. G.; XING, A.; HUANG, S. Predicting the Permeability Function for Unsaturated Soils Using the Soil-Water Characteristic Curve. *Canadian Geotechnical Journal*, v. 31, n. 4, p. 533-546, 1994.

FURMAN, J. *Avaliação da resistência ao cisalhamento de solos tropicais brasileiros não saturados da Serra do Mar-trecho PR-SP*. 2019. Dissertação (Mestrado) – Programa de Pós-Graduação em Engenharia de Construção Civil, Setor de Tecnologia, Universidade Federal do Paraná, Curitiba, 2019.

GERSCOVICH, D. M. S. *Estabilidade de Taludes*. São Paulo: Oficina de Textos, 2012. 1 ed.

GIBSON, R. E.; HENKEL, D. J. Influence of Duration of Tests at Constant Rate of Strain on Measure Drained Strength. *Géotechnique*, v. 4, n. 1, 1954.

GIBSON, R. E.; ENGLAND, G. L.; HUSSEY, M. J. L. The Theory of one-dimensional consolidation of saturated clays: 1. finite non-Linear consolidation of thin homogeneous layers. *Geotechnique*, v. 17, n. 3, p. 261-273, 1967.

HEAD, K. H. *Manual of laboratory soil testing*. England: John Willey & Sons Ltd., 1998.

HENKEL, D. J. The effect of overconsolidation on the behavior of clays during shear. *Geotechnique*, v. 6, p. 139-150, 1956.

ISO – INTERNATIONAL ORGANIZATION FOR STANDARDIZATION. *EN ISO 17892-5*: Geotechnical investigation and testing – Laboratory testing of soil. Part 5: Incremental loading oedometer test. ISO, 2017.

ISO – INTERNATIONAL ORGANIZATION FOR STANDARDIZATION. *ISO 17892-8*: Geotechnical Investigation and Testing — Laboratory Testing of Soil. Part 8: Unconsolidated Undrained Triaxial Test. Technical Committee: ISO/TC 182, 2018a.

ISO – INTERNATIONAL ORGANIZATION FOR STANDARDIZATION. *ISO 17892-9*: Geotechnical Investigation and Testing — Laboratory Testing of Soil. Part 9: Consolidated Triaxial Compression Tests on Water Saturated Soils. Technical Committee: ISO/TC 182, 2018b.

JEFFERIES, M.; BEEN, K. *Soil Liquefaction*: A Critical State Approach. Taylor & Francis, 2006.

JENNINGS, J. K.; KNIGHT, K. The additional settlement of foundation due to collapse of sandy subsoils on wetting. *In*: 4TH INTERNATIONAL CONFERENCE ON SOIL MECHANICS AND FOUNDATION ENGINEERING, 1975. *Proceedings...*, 1975.

JUSTO, J. L.; DELGADO, A.; RUIZ, J. The Influence of Stress-path in the Collapse-swelling of Soils at the Laboratory [online]. *In*: INTERNATIONAL CONFERENCE ON EXPANSIVE SOILS, 5., 1984, Adelaide, S. Aust. Australia: ACT Institution of Engineers, 1984. p. 67-71. Disponível em: https://search.informit.com.au/documentSummary;dn=826707075531321;res=IELENG. ISBN: 0858252171.

KANJI, M. A. The relationship between drained friction angles and Atterberg Limits of natural soils. *Géotechnique*, v. 24, n. 3, p. 671-671, 1974.

KJELLMAN, W. Testing The Shear Strength of Clay in Sweden. *Géotechnique*, [S. l.], v. 2, n. 3, p. 225-232, jun. 1951. Disponível em: http://dx.doi.org/10.1680/geot.1951.2.3.225.

KORMANN, A. C. M. *Comportamento geomecânico da Formação Guabirotuba*: estudos de campo e laboratório. 2002. Tese (Doutorado em Engenharia Geotécnica) – Escola Politécnica, Universidade de São Paulo, São Paulo, 2002. Acesso em: 29 jan. 2018. DOI: 10.11606/T.3.2002.tde-20072009-092526.

LAMBE, T. W. *Soil testing for engineers*. [S. l .]: LWW, 1951.

LAMBE, T. W.; WHITMAN, R. V. *Soil mechanics*. [S. l.: s. n.], 1969a. 553 p.

LAMBE, T. W.; WHITMAN, R. V. *Soil testing for engineers*. [S. l .]: LWW, 1969b.

LA ROCHELLE, P. Membrane, drain, and area correction in triaxial test on soil samples failing along a single shear plane. *In*: *Proc. 3rd Pan-American Conf. on Soil Mechanics and Foundation Engineering*, 1967. p. 273-292.

LAW, K. T.; HOLTZ, R. D. A note on Skempton's A parameter with rotation of principal stresses. *Géotechnique*, v. 28, n. 1, p. 57-64, 1978.

LEONG, E. C.; HE, L.; RAHARDJO, H. Factors Affecting the Filter Paper Method for Total and Matric Suction Measurements. *Geotechnical Testing Journal*, GTJODJ, v. 25, n. 3, p. 321-332, September 2002.

LIMA, V. A. *Uso das técnicas HCT e TDR no monitoramento do processo de consolidação em reservatórios de barragens de rejeitos*. 2009. Tese (Doutorado) – Universidade de São Paulo, 2009.

LIU, J.-C. *Determination of soft soil characteristics*. 1990. Tese (Doutorado) – University of Colorado, 1990.

MARINHO, F. A. M. A técnica do papel-filtro para medição de sucção. *In*: ENCONTRO SOBRE SOLOS NÃO SATURADOS, 1994. Porto Alegre, 1994. p. 112-125. v. 1.

MARINHO, F. A. M. A técnica do papel-filtro para a medição de sucção. Encontro sobre solos não saturados. *Anais*... Porto Alegre, 18-20 out. 1995. p. 112-125.

MARINHO, F. A. M. *Os solos não saturados*: aspectos teóricos, experimentais e aplicados. Livre docência – Universidade de São Paulo, São Paulo, 2005.

MARINHO, F. A. M.; OLIVEIRA, O. M. The filter paper method revised. Geotechnical *Testing Journal*, USA, v. 29, n. 3, p. 250-258, 2006.

MARINHO, F. A. M.; GENS, A.; JOSA, A. A. Suction measure with filter paper method. Imperial College, United Kingdom, 1994. *In*: X BRAZILIAN CONFERENCE ON SOIL MECHANICS AND FOUNDATION ENGINEERING, v. 2, p. 515-52, 1994.

MITCHELL, J. M. *Fundamentals of Soil Behavior*. New York: John Wiley & Sons Inc., 1993.

PASTOR, M.; ZIENKIEWICZ, O. C.; LEUNG, K. H. Simple Model for Transient Soil Loading in Earthquake Analysis. II. Non-Associative Models for Sands. *Intl. J. for Num. & Analytical Methods in Geomechanic*, v. 9, n. 5, 1985.

PERAZZOLO, L. *Desenvolvimento de equipamento para ensaios* simple shear. 2008. 302 f. Tese (Doutorado) – Curso de Programa de Pós-Graduação em Engenharia Civil, Escola de Engenharia, Universidade Federal do Rio Grande do Sul, Porto Alegre, 2008.

PEREIRA, E. M.; PEJON, O. J. Estudo do potencial expansivo dos sedimentos argilosos da Formação Guabirotuba na Região de Alto Iguaçu, PR. *In*: CONGRESSO BRASILEIRO DE GEOLOGIA DE ENGENHARIA, 9., 1999. ABGE, 1999.

PINTO, C. S. *Curso Básico de Mecânica dos Solos*. São Paulo: Oficina de Textos, 2006. 3 ed., 366 p.

POULOS, H. G.; DAVIS, E. H. Laboratory determination of *in situ* horizontal stress in soil masses. *Géotechnique*, v. 22, p. 177-182, 1972.

RAO, R. R.; RAHARDJO, H.; FREDJUND, D. G. Close from heave solutions for expansive soils. *Journal of Geotechnical Engineering*, ASCE, v. 114, n. 5, p. 573-588, 1988.

ROBINSON, R. G.; ALLAN, M. M. Determination of coefficient of consolidation from early stage of log t plot. *Geotechnical Testing Journal*, ASTM, v. 19, n. 3, p. 316-320, 1996.

ROMANEL, C. Mecânica dos Solos – CIV2530. Notas de Aula. Rio de Janeiro: Pontifícia Universidade Católica do Rio de Janeiro (PUC-Rio), 2020.

ROSCOE, K. H.; BURLAND, J. B. *On the Generalized Stress-Strain Behaviour of Wet Clay*. [S. l.: s. n.], 1968.

ROSCOE, K. H.; SCHOFIELD, A.; WROTH, A. P. On the yielding of soils. *Géotechnique*, v. 8, n. 1, p. 22-53, 1958.

SANDRONI, S. S. Amostragem indeformada em argilas moles. *In*: 1° SIMPÓSIO ABMS/NE – PROSPECÇÃO DO SUBSOLO, Recife, 1977. p. 81-106.

SANTOS, R. M. *Estudo experimental da parcela viscosa na tensão normal efetiva de solo argiloso*. 2006. 95 p. Dissertação (Mestrado) – COPPE, Universidade Federal do Rio de Janeiro, 2006.

SILVA, W. S.; AZEVEDO, R. F. Ensaio de adensamento hidráulico. *In*: PROC. OF 4° CONGRESSO BRASILEIRO DE GEOTECNIA AMBIENTAL, 1999.

SKEMPTON, A. W. Residual strength of clays in landslides, folded strata and the laboratory. *Géotechnique*, v. 35, n. 1, p. 3-18, 1985.

SKEMPTON, A. W. The Pore Pressure Coefficients A and B. *Géotechnique*, v. 4, p. 143, 1954.

SKEMPTON, A. W.; SOWA, V. A. The Behaviour of Saturated Clays during Sampling and Testing. *Géotechnique*, v. 13, n. 4, p. 269-290, 1963.

TAYLOR, D. W. *Fundamentals of Soil Mechanics*. New York: J. Wiley, 1948.

TEIXEIRA, E. K. C. *Estudo da influência da infiltração de água pluviais na estabilidade de um talude de solo residual*. Dissertação (Mestrado) – Universidade Federal de Viçosa, Viçosa, 2014.

TERZAGHI, K. *Erdbaumechanik auf bodenphysikalischer Grundlage*. Deustchland: Leipzig u. Wien, F. Deuticke, 1925a.

TERZAGHI, K. Principles of soil mechanics. IV: Settlement and consolidation of clay. *Engineering News-Record*, v. 95, n. 3, p. 874-878, 1925b.

TERZAGHI, K. The Shearing Resistance of Saturated Soils and the Angle Between the Planes of Shear. *In*: FIRST INTERNATIONAL CONFERENCE ON SOIL MECHANICS, 1936. p. 54-59.

TERZAGHI, K.; FROHLICH, O. K. Theory of settlement of clay layers. Franz Deuticke, Leipzig, 1936.

THOMASI, L. *Sobre a existência de uma parcela viscosa na tensão normal efetiva*. 2000. 121 p. Dissertação (Mestrado) – COPPE, Universidade Federal do Rio de Janeiro, 2000.

VAN GENUCHTEN, M. T. H. A closed form equation predicting the hydraulic conductivity of unsaturated soils. *Soil Science Society of American Journal*, v. 44, n. 5, p. 892-898, 1980.

VAUGHAN, P. R. Pore pressures due to infiltration into partly saturated slopes. *In*: INT. CONF. TROPICAL, LATERITIC AND SAPROLITIC SOILS, 1., Brasília, 1985. *Proceedings*..., 1985. p. 61-71.

VICKERS, B. *Laboratory Work in Soil Mechanics*. 2 ed. London: Granada, 1983.

VILAR, O. M.; RODRIGUES, R. A. Métodos expeditos para previsão da resistência de solos não saturados e identificação de solos colapsíveis. *In*: VI Simpósio Brasileiro de Solos Não Saturados, Salvador, v. 2, p. 575-592, 2007.

ZORZAN, L. G. *Resistência ao cisalhamento do solo pelos ensaios de cisalhamento direto e DSS*: análise experimental e aplicação na estabilidade de taludes. 2018. 125 p. Trabalho Final de Curso (TCC) – Universidade Federal do Paraná, Curitiba, 2018.